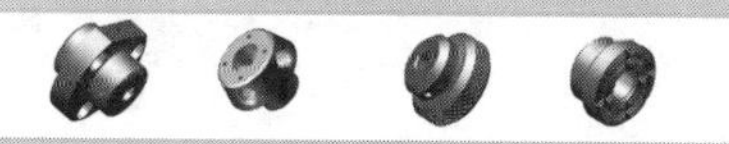

HANJIE GONGZHUANG
JIAJU SHEJI JI YINGYONG

焊接工装夹具设计及应用

第3版

王纯祥　主编

化学工业出版社
·北京·

图书在版编目（CIP）数据

焊接工装夹具设计及应用/王纯祥主编．—3 版．—北京：化学工业出版社，2020.1（2024.7重印）

ISBN 978-7-122-35925-4

Ⅰ.①焊…　Ⅱ.①王…　Ⅲ.①焊接机械装备　Ⅳ.①TG431

中国版本图书馆 CIP 数据核字（2020）第 002563 号

责任编辑：周　红　　　　文字编辑：张燕文

责任校对：宋　玮　　　　装帧设计：王晓宇

出版发行：化学工业出版社（北京市东城区青年湖南街 13 号　邮政编码 100011）

印　　装：河北延风印务有限公司

710mm×1000mm　1/16　印张 17　字数 342 千字　2024 年 7 月北京第 3 版第 7 次印刷

购书咨询：010-64518888　　　　售后服务：010-64518899

网　　址：http://www.cip.com.cn

凡购买本书，如有缺损质量问题，本社销售中心负责调换。

定　　价：69.00 元

前言 PREFACE

焊接工装夹具就是将焊件准确定位和可靠夹紧，便于焊件进行装配和焊接，保证焊件结构精度方面要求的工艺装备。在焊接生产过程中，焊接所需要的工时较少，而约占全部加工工时 2/3 以上的时间是用于备料、装配及其他辅助的工作，极大地影响着焊接的生产速度。为此，必须大力推广使用机械化和自动化程度较高的焊接装备。

众所周知，焊接加工要求焊工具有熟练的操作技能、丰富的实践经验、稳定的焊接水平，同时焊接又是一种劳动条件差、烟尘多、热辐射性大的工作。工业机器人的出现使人们自然而然想到用它代替人的手工焊接，减轻焊工的劳动强度，同时也可以改善焊接质量和提高焊接效率。目前用得最多的是模仿人手臂功能的多关节式机器人，可以使焊枪的空间和姿态调至任意状态，以满足不同位置及不同接头形式的焊接需要。

焊接变位机械是通过改变焊件、焊机或焊工空间位置来实现机械化、自动化焊接的各种机械装置。焊件变位机械包括焊接变位机、滚轮架、回转台和翻转机等，焊机变位装置包括焊接操作机、电渣焊立架等，工业机器人可以认为是特殊的焊接操作机。焊工升降台是改变工人空间操作位置的机械装置。以上装置可以大大减轻工人劳动强度，提高工作效率，但是这些装备必须借助于焊接工装夹具才能实现正常的生产，否则仅靠人力是无法完成工件装夹工作的。

为配合焊工、焊接变位机械或机器人能够进行快速高质量的焊接，需要提供优质可靠的焊接工装夹具。工装夹具的合理设计、正确定位及可靠夹紧已成为进行零部件焊接的先决条件。未来的焊接工装夹具正朝着高效、系统、自动化、环保、智能化方向发展，而如何快速、科学、正确而经济地设计这些装备，也是不少企业面临的一个难题。

《焊接工装夹具设计及应用》自出版以来，颇受广大读者的认同与欢迎。随着焊接技术的飞速发展，特别是智能制造等工业技术的出现，使该书有些内容无法适应当前社会的需要。这些年来，国内外的焊接工装夹具发展较快，特别是随着时代的变化、应用型教育的突出，促使本书要进行修订，以适应与时俱进的要求。

《焊接工装夹具设计及应用》第 3 版内容反映了当前焊接工装夹具及其他一些装备的应用现状，在第 2 版的基础上增加了一些新内容，例如增加了机器人焊接工作站及典型工件的工装夹具设计过程、工装夹具防错介绍，还有工装夹具的设计管理、使用管理及维护保养；对机器人目前国内外发展情况作了补充，增加了点焊机器人基本知识。但从实际要求看，仍存在许多没有回答的问题和欠缺，需待新的研究展开，并取得一定成果后再行增补。

本书可作为高等工科院校焊接技术与工程专业、材料成形及控制工程专业的教材和专业课程设计、毕业设计参考书，也可供有关专业师生和从事焊接工装夹具设计的工程技术人员、管理人员和操作人员参考使用。

在此向所援引文献的各位作者和工装案例提供者（易平军、段云伦、邓宏胜、周洪、黄尧、康洽惠、曾鸿波、邬波涛等）表示诚挚的谢意，这些文献及案例充实了本书的内容，有助于修订工作，对焊接工装夹具设计技术的发展起到推动作用。

限于笔者水平，错漏之处在所难免，欢迎读者不吝指正。

编　者

目录

绪论

一、焊接机械装备的作用与分类

随着焊接技术的进步，焊接机械自动化水平的提高，焊接产品质量和可靠性得到保证，使焊接结构件的应用范围不断扩大，广泛应用于能源、交通、化工、炼油、冶金、建筑、重型和通用机械、管道、航空航天等各个领域。在国外无论是小型零件还是大型结构件，都在不断扩大焊接结构的应用。目前焊接结构正朝着超大型、高容量、高参数、高精度、耐磨、耐蚀、耐低温、耐动载的方向发展。

在实际生产中，除提供质量更高、性能更好的各种焊机、焊接材料和制定正确的焊接工艺外，还要求提供各种性能优异的焊接机械装备，使焊接生产实现机械化、自动化、智能化，减少人为因素干扰，达到保证和稳定焊接质量、改善焊工劳动条件、提高生产率、降低综合成本、促进文明生产的目的。焊接机械装备的分类见表 0-1。

表 0-1 焊接机械装备的分类

<table>
<tr><td rowspan="25">焊接机械装备</td><td rowspan="7">焊接工装夹具（按动力源分）</td><td>手动夹具</td><td></td></tr>
<tr><td>气动夹具</td><td></td></tr>
<tr><td>液压夹具</td><td></td></tr>
<tr><td>磁力夹具</td><td></td></tr>
<tr><td>电动夹具</td><td></td></tr>
<tr><td>真空夹具</td><td></td></tr>
<tr><td>混合式夹具</td><td></td></tr>
<tr><td rowspan="7">焊接变位机械</td><td>焊工变位机械</td><td>焊工升降台</td></tr>
<tr><td rowspan="2">焊机变位机械</td><td>焊接操作机</td></tr>
<tr><td>电渣焊立架</td></tr>
<tr><td rowspan="4">焊件变位机械</td><td>焊接变位机</td></tr>
<tr><td>焊接回转台</td></tr>
<tr><td>焊接翻转机</td></tr>
<tr><td>焊接滚轮架</td></tr>
<tr><td rowspan="5">焊件输送机械</td><td>上料装置</td><td></td></tr>
<tr><td>配料装置</td><td></td></tr>
<tr><td>卸料装置</td><td></td></tr>
<tr><td>传送装置</td><td></td></tr>
<tr><td>各种专用吊具</td><td></td></tr>
<tr><td rowspan="6">其他从属装置</td><td>导电装置</td><td></td></tr>
<tr><td>焊剂输送与回收装置</td><td></td></tr>
<tr><td>焊丝清理及盘丝装置</td><td></td></tr>
<tr><td>埋弧焊焊剂垫</td><td></td></tr>
<tr><td>坡口准备及焊缝清理与精整装置</td><td></td></tr>
<tr><td>吸尘及通风设备</td><td></td></tr>
</table>

从使用范围来分，焊接机械装备又分为通用和专用两大类。本书所讲述的内容，重点介绍通用焊接机械装备，适当讲解专用焊接机械装备。其中，着重从焊接结构、焊接工艺的角度来阐述焊接工装夹具和焊接变位机械的性能、设计及使用要求，以达到正确设计和选用焊接机械装备的目的。

二、焊接工装的作用

焊接工装的主要作用有以下几个方面。

① 准确、可靠的定位和夹紧，可以减轻甚至取消下料和划线工作，减小制品的尺寸偏差，提高零件的精度和互换性。

② 有效地防止和减轻焊接变形，从而减轻焊接后的矫正工作量，达到减少工时消耗和提高劳动生产率的目的。

③ 使工件处于最佳的施焊部位（平焊、船形焊），焊缝的成形性良好，工艺缺陷明显降低，可获得满意的焊接接头，焊接速度得以提高。

④ 以机械装置完成手工装配零部件时的定位、夹紧及工件翻转等繁重的工作，改善工人的劳动条件。

⑤ 可以扩大先进工艺方法（如等离子弧焊、激光焊）的使用范围，促进焊接结构的生产机械化和自动化的综合发展。

总之，焊接机械装备对焊接生产的有利作用有保证焊接质量、提高焊接生产率、改善工人的作业条件、实现机械化及自动化焊接生产过程。因此，无论在焊接车间还是在施工现场，焊接机械装备已成为焊接生产中不可缺少的装备之一，从而获得了越来越广泛的应用。

三、焊接工装的特点

焊接工装的特点，是由装配焊接工艺和焊接结构决定的。其与机床夹具相比，特点如下。

① 在焊接工装中进行装配和焊接的零件有多个，它们的装配和焊接按一定的顺序逐步进行，其定位和夹紧也都是单独地或一批批联动地进行，其动作顺序和功能要与制造工艺过程相符合。而机床夹具对工件的定位和夹紧是一次性的。

② 焊件在工装中比机加工零件在机床夹具中所受的夹持力小，而且不同零件、不同部件的夹持力也不相同。在焊接过程中，为了减少焊接应力，又允许某些零件在某一方向如纵向及横向收缩是自由的。因此，在焊接工装中不是对所有的零件都进行刚性固定的。

③ 由于工装往往是焊接电源二次回路的一个部分，有时为了防止焊接电流流过机件（齿轮、轴承、滑轨、链条、螺杆）而使其烧坏，需要对某些部位进行绝缘。

④ 焊接工装要与焊接方法相适应，不同焊接方法对工装的具体要求是不一样

的。例如，激光焊工装夹具精度高于一般弧焊工装夹具精度。

⑤ 焊接件为薄板冲压件时，其刚性比较差，极易变形，如果仍然按刚体的六点定位原理定位，工件就可能因自重或夹紧力的作用，使定位部位发生变形而影响定位精度。此外，薄板焊接主要产生波浪变形，为了防止变形，通常采用比较多的辅助定位点和辅助夹紧点以及依赖于冲压件外形来定位。因此，薄板焊接工装与机床夹具有显著的差别，不仅要满足精确定位的共性要求，还要充分考虑薄板冲压件的易变形和制造尺寸偏差较大的特点，在第一基面上的定位点数目 N 允许大于 3，即采用 N-2-1 定位原理。

四、焊接机械装备的设计原则和应注意的问题

焊接机械装备的设计原则与其他机械的设计原则一样，首先必须使焊接机械装备满足工作职能的要求，在这个前提下还应满足操作、安全、外观、经济上的要求。应该按照适用、经济、美观的原则来设计焊接机械装备。

根据这一原则设计焊接机械装备时，先根据工作职能要求，确定装备的工作原理，选择工作机构和传动方式（液压、气动、磁力、电力、机械），然后在运动分析的基础上进行动力分析，确定机构各部分传递的功率、转矩和力的大小，根据这些数据和使用要求进行强度、刚度、发热、效率等方面的计算或校核，使设计出的装备能在给定的年限内正常工作。

另外，在考虑满足职能要求的同时，要注意取得较好的经济效果，使设计出的装备成本低，动力消耗及维修费用少，能满足给定的生产效率。

装备的经济性可按式(0-1) 进行评估。

$$A_j+W_j+F_j+J/N<A_0+W_0+F_0 \tag{0-1}$$

式中 A_j，W_j，F_j——采用装备后进行单个焊件装配、焊接、机械加工工序的费用；

A_0，W_0，F_0——未采用装备进行单个焊件装配、焊接、机械加工工序的费用；

J——装备制造费用；

N——采用装备制造的焊件数。

只有满足式 (0-1)，焊接机械装备的制造和使用才有经济性。但是否符合低成本自动化的要求，还要考虑使用装备后所发生的连带效益，一并计入才对。

设计方案的好坏，对装备的技术性能、使用性能以及经济上的合理性有着至关重要的作用，为此，要慎重地确定设计方案（对重要装备，从方案的论证分析到最后确定，一般要占设计时间的 1/3 左右），要注意整体结构的合理性和动作的协调性，装备的零件要有良好的加工工艺性能，要合理选用原材料，尽量采用标准化的零部件等。

最后，要特别注意操作简便、安全、可靠。对一些外露的运动部件（齿轮、轴承、链条、滑台等），要有防护设施，尽量减少各种危险因素。对于大型的焊接机

械装备还要考虑通风、防尘、防辐射等设备的配置，尽量减少影响焊工身体健康的有害因素。

以上是焊接机械装备设计的一般原则。在具体进行设计时，由于焊接机械装备的特点，还应处理好以下问题。

① 在焊接过程（焊条电弧焊、MAG焊）中，往往会有熔融金属的飞溅，因此设计时，应使整个设备具有较好的密闭性，特别是定位基面、滑道、传动机构（齿轮、链条、轴承、螺杆）等应有可靠的防护。接近焊接部位的夹具，应考虑操作手把的隔热和防止焊接飞溅物对夹紧机构和定位器表面的损伤。一些定位和安装基面无法密封时，应布置在飞溅区之外或者在施焊部位采取相应的遮挡措施。

② 焊接机械装备往往是焊接电源二次回路的组成部分，因此施焊时，在装备上各传动机件的啮合处容易起弧，特别是当焊接机械装备边运转边施焊时，起弧现象更易发生。为了避免因起弧而导致工件表面的烧损，避免焊接电流从装备的周身流过，应设法使二次回路的一端从离焊件最近的地方引出。对于要求边施焊边运转的焊接机械装备，还应设置专用的导电装置。

如图0-1所示，在对两个杆件进行CO_2焊接时，原来的负极线接在工作台桌腿下，这也是很多厂家的习惯，由于负极线与焊枪位置比较远，导致焊接时飞溅大，偏弧严重。将负极线放在焊枪正下方的桌面背后，飞溅大大减少，偏弧现象也消除了，焊接成形更好了。

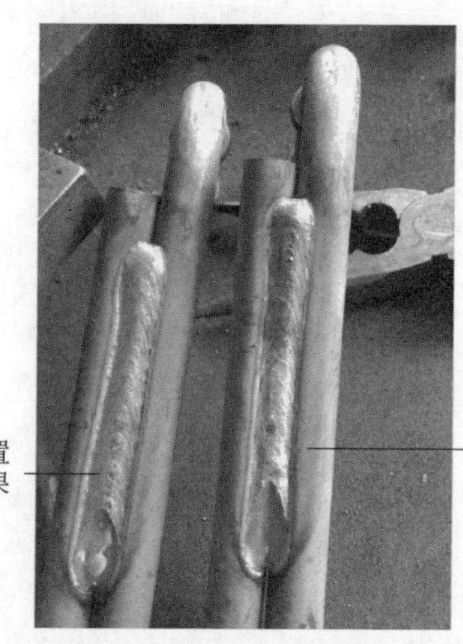

图0-1 负极线位置对CO_2焊接成形的影响

③ 在焊接机械装备的传动系统中，应具有反行程自锁性能，为此，在焊接工装夹具、焊接变位机械、焊件输送机械的传动系统中必须设有一级具有自锁性能的传动。这样，不仅有利于安全操作，而且有利于装备的定位和节能。

④ 焊接过程也是焊件局部受热的过程，为了减少装备因受热而引起的变形，装备本身应具有较好的传热性能，应能将焊件上的热量尽快传递出去。

⑤ 焊接机械装备应具有良好的通风条件，能使焊接烟尘很快散走。为此，在大型的焊接机械装备上，应安装通风设备或抽气罩，有条件的还可以进行整体厂房的换气。

⑥ 焊接机械装备的结构形式应有利于将积聚在其上的焊渣、焊剂、金属飞溅物、铁锈等杂物方便地清除出去。

⑦ 焊接机械装备不能影响施焊工艺的实施，要保证焊接机头或焊枪有良好的焊接可达性。

⑧ 焊接机械装备上的夹紧机构，不能由于焊接变形产生的阻力而使其松夹时不能复位。

⑨ 当设计用于厚大件的焊接机械装备时，为了避免在起弧处产生未焊透，收弧处出现气孔、收缩裂纹等缺陷，应注意在焊缝始末端分别设置引弧板和引出板，如图 0-2 所示。

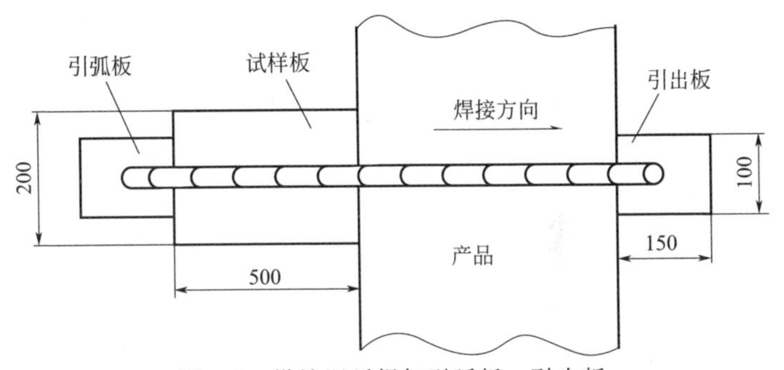

图 0-2　纵缝埋弧焊加引弧板、引出板

⑩ 设计焊接机械装备的控制系统时，应处理好焊件启动、停止与焊机起弧、收弧的顺序关系，如图 0-3（在滚轮架上焊接环缝时）所示。

图 0-3　筒体环缝埋弧焊

上述注意事项，对每种装备来说也不尽相同，仅是设计大多数焊接机械装备时应注意的共性问题。

五、焊接工装与焊接生产过程低成本机械化和自动化

随着工业机器人价格的不断降低和性能的不断提高，劳动力成本也一直在不断上升，尤其是汽车业的快速发展，我国工业机器人应用情况将发生质的变化。

国际机器人联合会预测，到2020年我国工业机器人销量将超过21万台。我国已连续5年成为全球工业机器人的最大消费市场，我国工业机器人市场正在进入加速成长阶段，国际机器人联合会预测我国未来工业机器人销量会维持20%左右的增速。

据统计，2017年全球工业机器人销量为38.1万台，中国、日本、韩国、美国、德国五大市场占据了市场总额的70%。其中中国更是以13.8万台的销量一举超过欧洲与美洲市场总和（11.24万台），成为当之无愧的全球第一大工业机器人市场。然而从供应商角度来看，在这近14万台工业机器人的销量中，仅有25%来自本土品牌，同比下降6%。

假设到2020年我国品牌产量占比达到50%，则2020年产量约为20万台。由此可以计算出2017～2020年工业机器人产量CAGR（复合年均增长率）为15.12%，即2018年、2019年、2020年工业机器人产量分别为15.09万台、17.37万台、20万台。2020年国内工业机器人密度目标达到150台/万名工人。

在世界范围内，以ABB、库卡、发那科、安川为首的工业机器人“四大家族”仍然牢牢把持着全球50%的市场份额。尤其在高端工业机器人领域，国产品牌占有率还不到5%。我国由制造大国到制造强国的转型之路，仍然任重道远。

目前国内工业机器人行业具有代表性的企业有新松、华数、广数、埃斯顿、埃夫特、新时达、华昌达、欢颜等，这些企业正在通过自主研发、收购等方式逐渐掌握零部件与本体研发技术，向产业链中上游进行拓展。结合本土服务优势，这些企业已经具备一定的竞争力，其产品有望在未来逐步替代进口产品。

在机器人应用工程方面，我国主要行业对工业机器人的需求分布及应用类型如图0-4、图0-5所示。

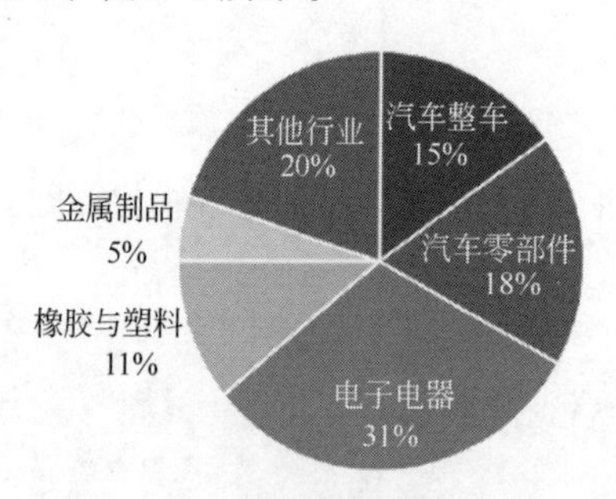

图0-4 2016年我国工业机器人行业主要应用领域

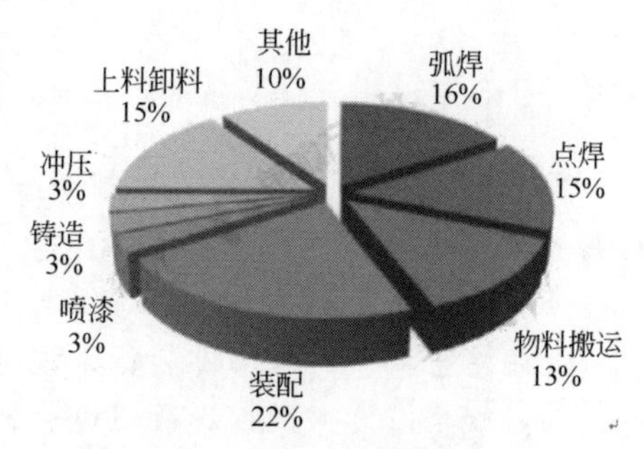

图0-5 2017年我国工业机器人应用类型

焊接机器人占有的比重较大（图0-5），它作为主要装备，在机械化、自动化生产线上，焊接柔性加工单元中，得到了广泛应用。但从全局来看，焊接机器人并不是实现焊接机械化、自动化的唯一手段。因为目前生产上使用的焊接机器人许多是示教再现型的，特别是弧焊机器人对焊件的尺寸精度、装配精度要求很高，并需要很强的调试维修力量。另外，有了机器人，还需要有上下工序和相应设备的配合。若缺少控制水平较高的外围设备，机器人的自动化作用和效益就不能充分发挥。

只有形成一个以机器人为核心的焊接自动化生产系统（或工作站），才能真正达到使用机器人的目的。这样一个系统，往往投资很大，一般小型工厂难以承受。另外，从工作职能来看，用电弧焊完成的焊接结构中，大多数是很有规则的角焊缝和对接焊缝，其中直线焊缝占70%，圆环焊缝占17.5%，复杂的空间曲线焊缝很少（图0-6），这就为不用昂贵的焊接机器人而用一些价格较低、结构不太复杂而又有一定控制水平的机械装备实现焊接作业机械化、自动化提供了可能。

例如，装有焊接机头的操作机与焊接滚轮架、焊接变位机等焊件变位机械相配合，在一定范围内仍可实现焊接作业的机械化、自动化，而设备本身也有一定工作柔性，工艺适应性比较强。

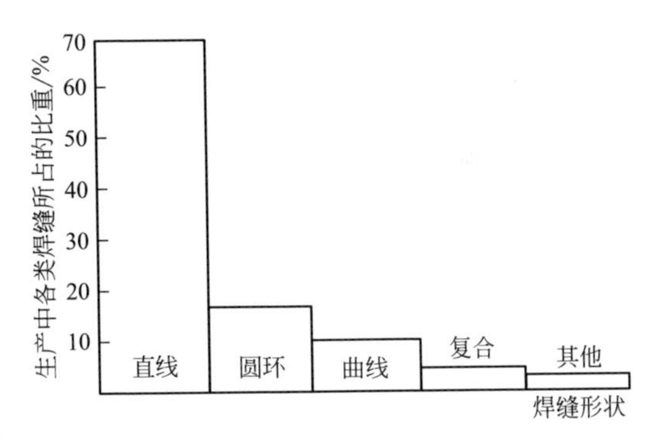

图0-6 焊接结构焊缝的构成比例（按焊缝长度计算）

根据我国学者林尚扬院士的观点，焊接低成本自动化有两方面的含义：技术方面和经济方面。从技术方面看，弧焊过程低成本自动化应包括表0-2所列的技术内容，焊接装备只要包括表0-2中的一部分内容，并组成一套能完成某种机械化或自动化焊接操作的设备，即可认为具有低成本自动化的技术内容。

表0-2 低成本机械化自动化所包括的技术内容

<table>
<tr><td rowspan="19">弧焊过程的低成本机械化、自动化</td><td rowspan="2">焊接设备</td><td>送丝装置</td><td rowspan="10">机械化系统</td><td rowspan="19">自动化系统</td></tr>
<tr><td>焊接电源</td></tr>
<tr><td rowspan="4">机头移动装置</td><td>小车+轨道</td></tr>
<tr><td>电渣焊立架</td></tr>
<tr><td>操作机</td></tr>
<tr><td>龙门架</td></tr>
<tr><td rowspan="4">焊件移动装置</td><td>回转台</td></tr>
<tr><td>翻转机</td></tr>
<tr><td>变位机</td></tr>
<tr><td>滚轮架</td></tr>
<tr><td rowspan="3">控制装置</td><td colspan="2">启、停控制(继电器)</td></tr>
<tr><td colspan="2">程序控制(PLC)</td></tr>
<tr><td colspan="2">参数稳定/自适应控制(微机)</td></tr>
<tr><td rowspan="3">传感装置</td><td colspan="2">跟踪传感技术</td></tr>
<tr><td colspan="2">参数传感技术</td></tr>
<tr><td colspan="2">坡口形状/尺寸传感检测技术</td></tr>
<tr><td>机械手</td><td colspan="2">具有三个以下可编程轴</td></tr>
<tr><td>机器人</td><td colspan="2">具有四个以上可编程轴(示教再现型)</td></tr>
</table>

从表 0-2 看出，所列内容很广泛，从最简单的机械化过程到较复杂的自动化过程都包括在内。至于表 0-2 中所列的机器人是否是低成本自动化的技术内容，国内外意见并不一致。由于焊接机器人价格昂贵（2 万～3 万美元），在目前，特别是在发展中国家还不适合列入低成本自动化的技术内容之中。

低成本自动化经济方面的含义是“凡投资能在三年内回收的可考虑属于低成本”。根据林尚扬的意见，在计算效益时，除把生产过程降低物耗和工耗作为计算依据外，还应考虑：提高产品质量所带来的效益（企业声誉及销售量等）；减少返修量的效益；增加产量在新增利润中的份额；减少工伤、降低劳动强度、改善劳动环境的长远效益；选用低技术级别操作工取代高级别熟练焊工的效益。

与世界先进工业国家相比，我国仍然是发展中国家，低成本自动化适合我国国情，是当前我国焊接技术改造的主攻方向。因此，研制和推广使用焊接机械装备，提高焊接机械装备的质量与技术水平，增加品种规格，是我国焊接工程技术人员面临的主要任务之一。

第一章

焊件的定位原理及定位器设计

第一节　焊件的定位原则

一、六点定则原理

在进行装焊作业时，首先应使焊件在夹具中得到确定的位置，并在装配、焊接过程中一直将其保持在原来的位置上。把焊件按图样要求得到确定位置的过程称为定位；把焊件在装焊作业中一直保持在确定位置上的过程称为夹紧。

为了使焊件在夹具中得到要求的确定位置，应先研究一下物体在空间的位置是怎样被确定下来的。一个尚未定位的工件，其位置是不确定的。如图 1-1(a) 所示，将未定位的工件（长方体）放在空间直角坐标系中，用 X、Y、Z 三个互相垂直的坐标轴来描述工件位置不确定性。长方体可以沿 X、Y、Z 轴移动，也可以绕 X、Y、Z 轴自由转动，共有六个自由度。

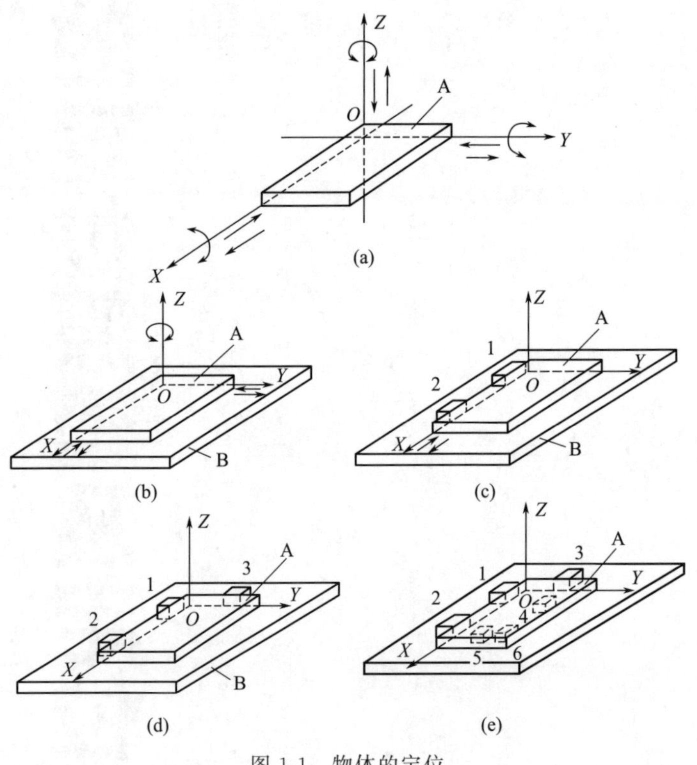

图 1-1　物体的定位

工件要正确定位，首先要限制工件的自由度，这六个自由度被消除了，则物体在空间的位置就完全被确定了，所以自由度也是决定物体空间位置的独立参数。

如图 1-1(b) 所示，如果在 XOY 平面上放一块平板 B 来支承物体 A，这时物体 A 在这个平面上只能沿 X 轴、Y 轴移动和绕 Z 轴旋转，而不能沿 Z 轴移动和绕 X 轴、Y 轴旋转，否则，物体 A 将脱离平板 B。这说明平板 B 消除了物体 A 的三个自由度。如果再在 XOZ 平面上放置两块挡铁 1 和 2 [图 1-1(c)]，物体 A 也就不能沿 Y 轴移动和绕 Z 轴旋转了，从而又消除了两个自由度。最后，只要在 YOZ 平面上再设置一块挡铁 3，消除物体沿 X 轴移动的自由度，则物体 A 的空间位置就被完全确定下来了 [图 1-1(d)]。

从几何学中知道，三点可以决定一个平面，可以用三个定位支承点 4、5、6 [图 1-1(e)] 代替图 1-1(d) 中的支承平板 B，同时也把挡铁 1、2、3 作为定位支承点，从而一个定位支承点平均消除了一个自由度。因此，确定物体的空间位置，就需要按图 1-1(e) 布置的六个支承点消除物体活动的六个自由度，这种用适当分布的六个支承点限制工件六个自由度的原则称为“六点定位原则”。

由图 1-1(e) 可知，三个支承点在 XOY 平面上，两个支承点在 XOZ 平面上，一个支承点在 YOZ 平面上。有三个支承点的平面称为安装基面。支承点的分布必须适当，否则六个支承点限制不了工件的六个自由度。在这个面上，三个支承点不能在一条直线上，被支承工件的重心必须落在这三个支承点作为顶点所构成的三角形内。这三个定位支承点之间的距离越远，则安装基面越大，焊件的安装稳定性和相关位置精度就越高，因此，应选择焊件轮廓尺寸最大的表面与安装基面接触。有两个定位支承点的平面称为导向基面。这两个支承点的连线应平行于安装基面，而且两点间的距离越远越有利于提高安装精度，因此应选焊件尺寸最长的表面与导向基面接触。有一个定位支承点的平面称为定程基面。显然，安装一个定位支承点就不需要很大的面积与长度，因此通常是选择焊件较小的表面与定程基面接触。

如图 1-2 所示，圆柱在两个短 V 形铁上的定位限制了 X 方向的移动和旋转、Y 方向的旋转、Z 方向的移动和旋转。

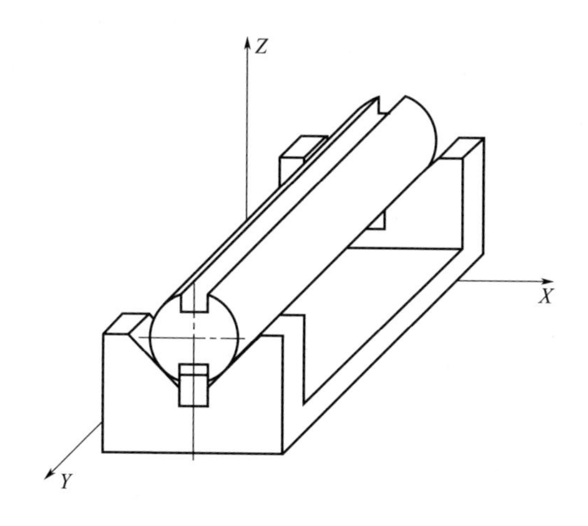

图 1-2 圆柱在两个短 V 形铁上定位

二、焊件在夹具中的定位方法

前已述及，在装焊作业中，焊件按图样要求，在夹具中得到确定位置的过程称为定位。焊件在夹具中要得到确定的位置，必须遵循物体定位的六点定位原则。但对焊接金属结构件来说，被装焊的零件多是成形的板材和型材，未组焊前刚度小、易变形，所以常以工作平台的台面作为焊件的安装基面进行装焊作业，此时，工作平台不仅具有夹具体的作用，而且具有定位器的作用。

另外，对焊接金属结构的每个零件，不必都设六个定位支承点来确定其位置，因为各零件之间都有确定的位置关系，可利用先装好的零件作为后装配零件某一基面上的定位支承点，这样，就可以简化夹具结构，减少定位器的数量。

如图 1-3 所示，排气歧管由圆形法兰、歧管、四孔矩形法兰组焊而成，歧管以法兰孔作为定位孔，减少了定位工装。焊接时先装配并用气缸夹紧好，再点固几点，最后再用机器人满焊。

(a) 排气歧管

(b) 排气歧管的定位夹紧

图 1-3 排气歧管及其定位夹紧

为了保证装配精度，应将焊件几何形状比较规则的边和面与定位器的定位面接触，并得到完全覆盖。

在夹具体上布置定位器时，应注意不妨碍焊接和装卸作业的进行，同时要考虑焊接变形的影响。如果定位器对焊接变形有限制作用，则多做成拆卸式或退让式的。定位器应设置在便于焊工操作的位置上。

三、N-2-1定位原理

汽车工业是各个工业发达国家的支柱产业之一，汽车覆盖件作为汽车结构的重要零部件之一，其焊装方式也由传统的手工焊接发展为流水线、自动化加工方式。焊装夹具设计是决定汽车车身质量的主要因素，据美国汽车工业统计数据，72%的车身误差源于焊装夹具的定位误差。

汽车车身主要由众多冲压部件装配而成，薄壁零件在白车身的装配中占到了70%以上，由于薄板件的刚性较差、易变形，在焊装过程中通常要用到多点定位夹紧的专用夹具，以保证各个部分在焊接位置上的贴合。由于薄板件柔性较大，在加工载荷下容易变形，在工业生产中可能导致较大的尺寸偏差。

传统的刚性夹具设计广泛应用 N-2-1 定位原理，在 N-2-1 定位原理中，第一基准面所需的定位点数假设为一个大于 3 的变量 N，第二、第三基准面分别设定两个和一个定位点以限制工件刚体运动。这是由于加工载荷和工件自重所引起的变形主要集中在薄板件法线方向，因此第一基准面上采用过定位的方式，以增强薄板件的刚性，限制和减少焊接加工中该方向上的变形；而由于加工过程中所产生的力一般不会作用或者较少作用在第二、第三基准面上，两个和一个定位点一般可以避免薄板件的弯曲和翘曲。同时由于薄板件特殊的几何特性，微小的几何缺陷都可能引起工件在加工过程中产生相对较大的挠度，必须避免在薄板件正反面上同时存在定位点。

如图 1-4 所示为货车车门定位夹紧，夹紧点压在定位点上方，可以避免工件产生挠度。

图 1-4　薄板件的定位和夹紧

针对夹具定位点优化布局问题，已经有研究者提出了优化选择工件定位布局的方法。其中，以定位点到被加工特征关键点的误差传递系数作为优化目标，采用特征值优化方法，较为真实地反映了优化参数，能够满足各个待加工特征定位精度要求。但是这种方法还是基于传统的 3-2-1 定位原理，并没有讨论薄板件焊装所需要解决的柔性较大、工件易变形等问题，而且生产实践证明，N-2-1 定位原理能够较好地满足薄板件焊装加工定位的精度要求，因此考虑基于 N-2-1 定位原理进行定位点优化布局分析。

当 $N=3$ 时，N-2-1 定位原理就是传统的六点定位原理。N-2-1 定位原理是在刚体夹具设计基础上，针对柔性易变形工件对六点定位原理的扩展，它对薄板件的焊装夹具设计具有指导作用。

第二节 定位方法及定位器与夹具体

一、基准的概念及分类

零件上用以确定其他点、线、面的位置所依据的那些点、线、面称为基准。根据其功用的不同，可分为设计基准和工艺基准两大类。

1. 设计基准

在零件图上用以确定其他点、线、面的基准，称为设计基准。

2. 工艺基准

零件在加工、测量、装配等工艺过程中使用的基准统称工艺基准。工艺基准又可分为以下几类。

(1) 装配基准 在零件或部件装配时用以确定它在机器中相对位置的基准。

(2) 测量基准 用以测量工件已加工表面所依据的基准。例如，以内孔定位用百（千）分表测量外圆表面的径向跳动，则内孔就是测量外圆表面径向跳动的测量基准。

(3) 工序基准 在工序图中用以确定被加工表面位置所依据的基准。所标注的加工面的位置尺寸称工序尺寸。工序基准也可以视为工序图中的设计基准。

(4) 定位基准 用以确定工件在机床上或夹具中正确位置所依据的基准。如轴类零件的中心孔就是车、磨工序的定位基准。

作为基准的点、线、面有时在工件上并不一定实际存在（如孔和轴的轴线、某两面之间的对称中心面等），在定位时是通过有关具体表面起定位作用的，这些表面称为定位基面。

二、定位基准的选择原则

根据定位基面表面状态，定位基准又可分为粗基准和精基准。凡是以未经过机械加工的毛坯表面作定位基准的，称为粗基准，粗基准往往在第一道工序第一次装夹中使用。如果定位基准是经过机械加工的，称为精基准。精基准和粗基准的选择原则是不同的。

1. 粗基准的选择

粗基准的选择，主要考虑如何保证加工表面与不加工表面之间的位置和尺寸要求，保证加工表面的加工余量均匀和足够，以及减少装夹次数等。具体原则有以下几方面。

① 如果零件上有一个不需要加工的表面，在该表面能够被利用的情况下，应尽量选择该表面作粗基准。

② 如果零件上有几个不需要加工的表面，应选择其中与加工表面有较高位置精度要求的不加工表面作第一次装夹的粗基准。

③ 如果零件上所有表面都需机械加工，则应选择加工余量最小的毛坯表面作粗基准。

④ 同一尺寸方向上，粗基准只能用一次。

⑤ 粗基准要选择平整、面积大的表面。

2. 精基准的选择

选择精基准时，主要应考虑如何保证加工表面之间的位置精度、尺寸精度和装夹方便，其主要原则如下。

(1) 基准重合原则　选设计基准作本道加工工序的定位基准，也就是说应尽量使定位基准与设计基准重合。这样可避免因基准不重合而引起的定位误差。

(2) 基准统一原则　在零件加工的整个工艺过程中或者有关的某几道工序中尽可能采用同一个（或一组）定位基准来定位。

(3) 互为基准原则　若两表面间的相互位置精度要求很高，而表面自身的尺寸和形状精度又很高时，可以采用互为基准、反复加工的方法。

(4) 自为基准原则　如果只要求从加工表面上均匀地去掉一层很薄的余量时，可采用已加工表面本身作定位基准。

三、平面定位

焊件以平面作为定位基准，是生产中常见的定位方式之一。平面定位用定位器常用以下几种。

(1) 挡铁　是一种应用较广且结构简单的定位元件。除平面定位外，也常利用挡铁对板焊结构或型钢结构的端部进行边缘定位。

挡铁的形式有固定式、可拆式、永磁式、可退出式，如图 1-5 和图 1-6 所示。

图 1-6 所示的用永磁材料及软钢制成的定位挡铁，可装配铁磁性金属材料的焊接件，特别适用于中小型板材及管材的装配。

(2) 支承钉和支承板　主要用于平面定位。固定式支承钉［图 1-7(a)］分为平头支承钉、球头支承钉、带花纹头的支承钉。可调式支承钉用于零件表面未经加工或表面精度相差较大，而又需以此平面作定位基准时选用。

支承板［图 1-7(b)］适用于零件的侧面和顶面定位。

图 1-8 所示的可调支承钉适用于毛坯分批制造，其形状和尺寸变化较大的粗基准定位，也可用于同一夹具加工形状相同而尺寸不同的工件，或用于专用可调整夹具和成组夹具中。

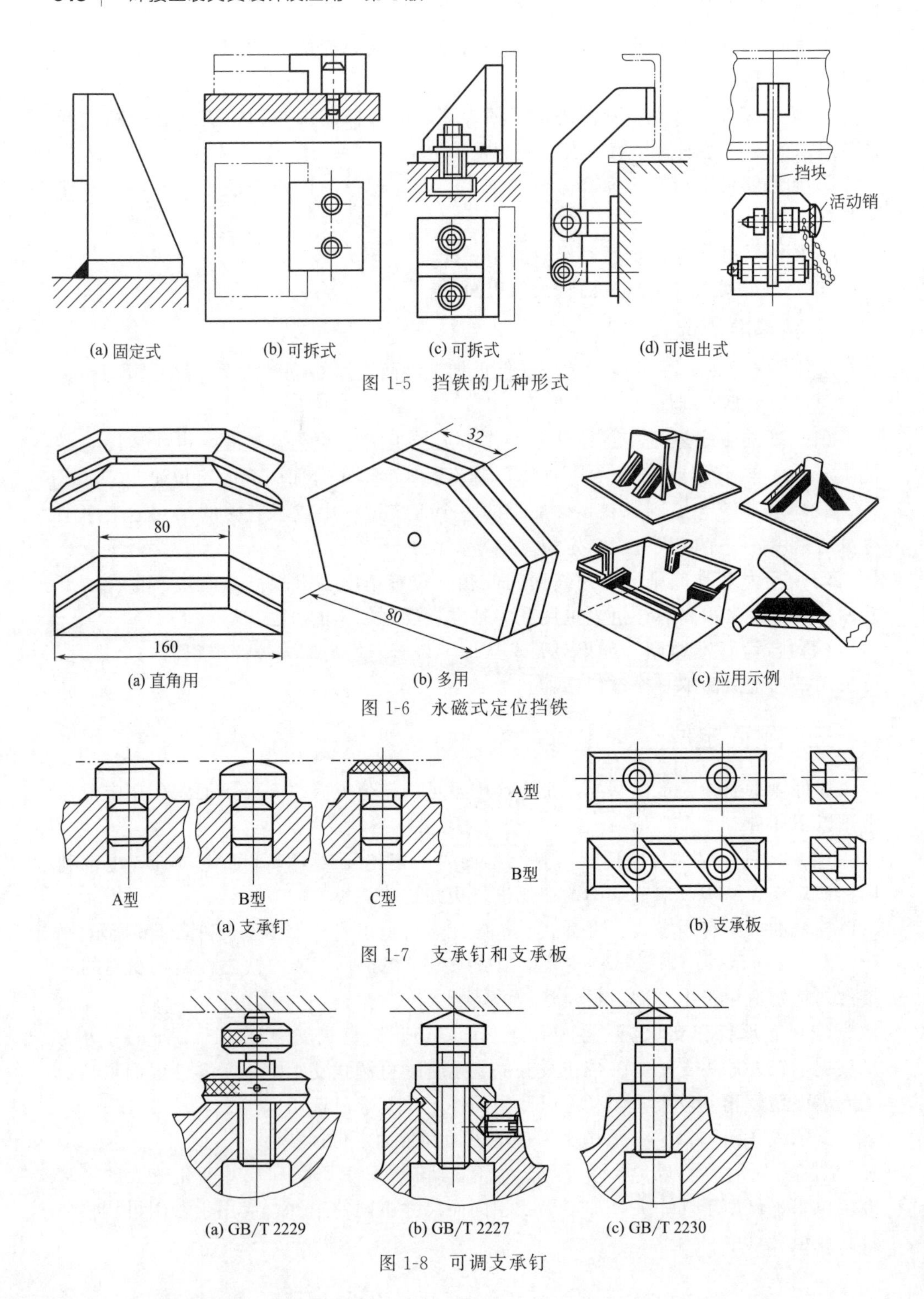

图 1-5 挡铁的几种形式

图 1-6 永磁式定位挡铁

图 1-7 支承钉和支承板

图 1-8 可调支承钉

图 1-9 所示为自动调节支承，未装入工件前，支承栓在弹簧作用下，其高度总是高于基本支承。当工件在基本支承上定位时，支承柱被压下，并在弹簧力作用下始终与工件保持接触，然后锁紧，即可相当于刚性支承。每次新装入工件前，应将锁紧销松开，以免破坏定位。

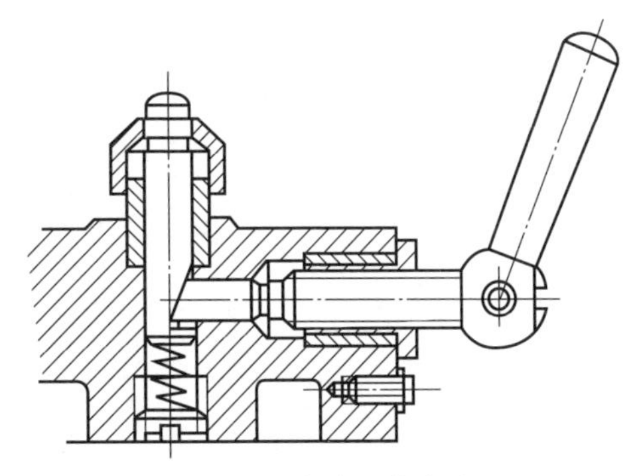

图 1-9　自动调节支承

四、圆孔定位

焊件以圆孔为定位基准，也是生产中常见的定位方式之一。利用零件上的装配孔、螺孔及专用定位孔等作为定位基准时多采用定位销定位。定位销一般按过渡配合或过盈配合压入夹具体内，其工作面应根据零件上的孔径按间隙配合制造。有固定式定位销、可换式定位销、可拆式定位销、可退出式定位销几种。图 1-10 所示定位销均已标准化（GB/T 2202～2204）。

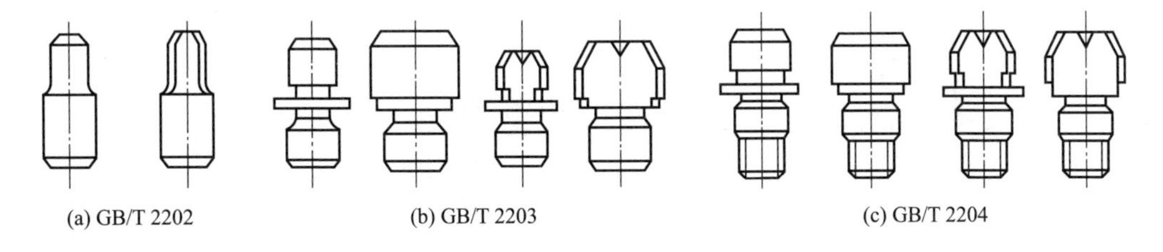

图 1-10　定位销

图 1-11 所示工件以孔缘在圆锥销上定位，圆锥销相当于三个支承点。

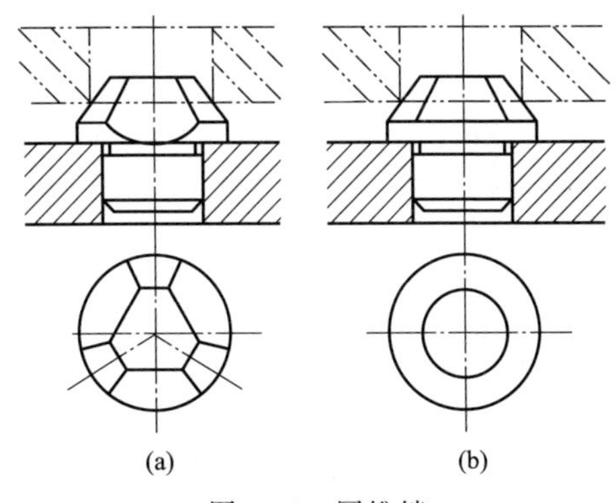

图 1-11　圆锥销

五、外圆柱面定位

焊件以外圆柱面作为定位基准，也是生产中常见的定位方式之一。生产中，外圆柱面的定位多采用 V 形块，V 形块上两斜面的夹角 α 一般选用 60°、90°、120°三种，焊接夹具中 V 形块的两斜面夹角多为 90°。有固定式 V 形块、调整式 V 形块、活动式 V 形块几种形式。V 形块（GB/T 2208）的结构和尺寸如图 1-12 所示。

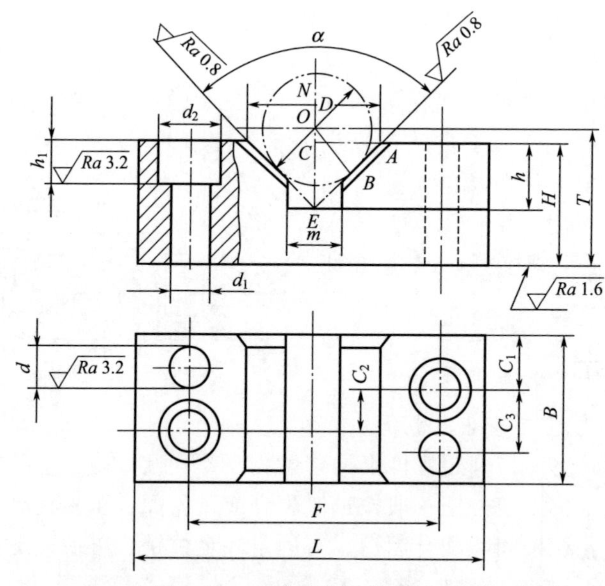

图 1-12　V形块的结构和尺寸

标准V形块是根据工件定位面外圆直径来选取的，如果需要自行设计非标准V形块，可按表1-1计算图1-12所示有关尺寸。

表 1-1　V形块尺寸计算

计算项目	符号	计算公式		
工作角度	α	60°	90°	120°
标准定位高度	T	$T=H+D-0.866N$	$T=H+0.707D-0.5N$	$T=H+0.577D-0.289N$
开口尺寸	N	$N=1.15(D-k)$	$N=1.41D-2k$	$N=2D-3.46k$
参数	k	$k=(0.14\sim0.16)D$		

V形块高度 H 的选取：大直径定位时，取 $H\leqslant0.5D$；小直径定位时，取 $H\leqslant1.2D$。T 的计算式为

$$T-H=OE-CE$$

$$OE=0.5D/\sin(\alpha/2)$$

$$CE=0.5N/\tan(\alpha/2)$$

即

$$T=H+0.5D/\sin(\alpha/2)-0.5N/\tan(\alpha/2) \tag{1-1}$$

图1-13所示为间断型V形块，用于较长的工件定位。

当零件的直径不定时，最好采用可调节的V形铁，如图1-14所示。

当工件需要转动时，V形块［图1-15(a)］的两个斜面也可用两个滚轮或长辊轴［图1-15(b)］来代替，这样可以减少定位面的磨损。

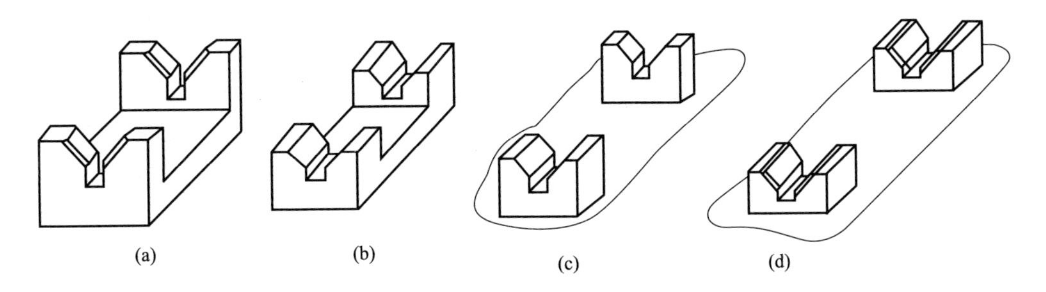

图 1-13　间断型 V 形块

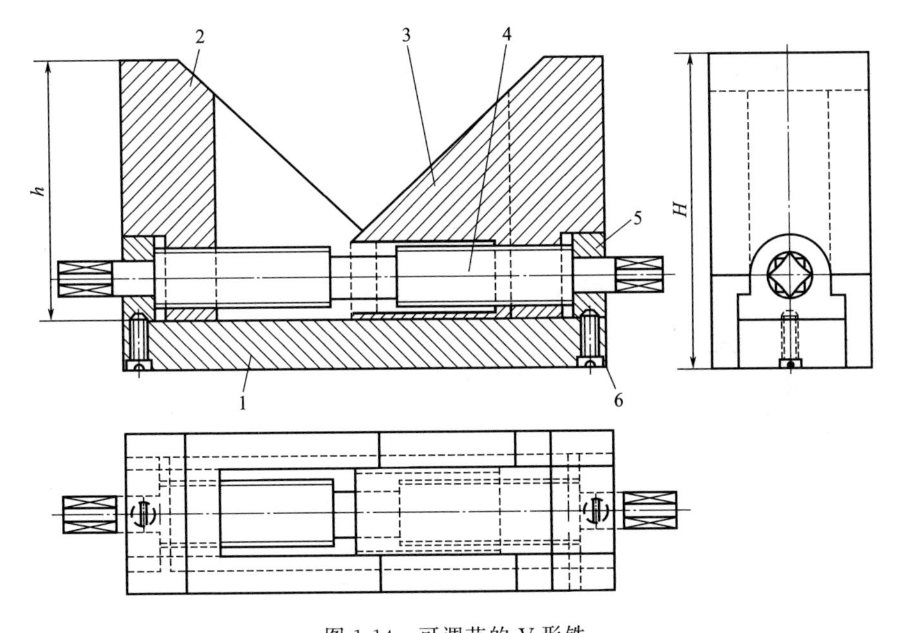

图 1-14　可调节的 V 形铁

1—底座；2,3—夹板；4—调节螺杆；5—滑动轴承；6—止动螺钉

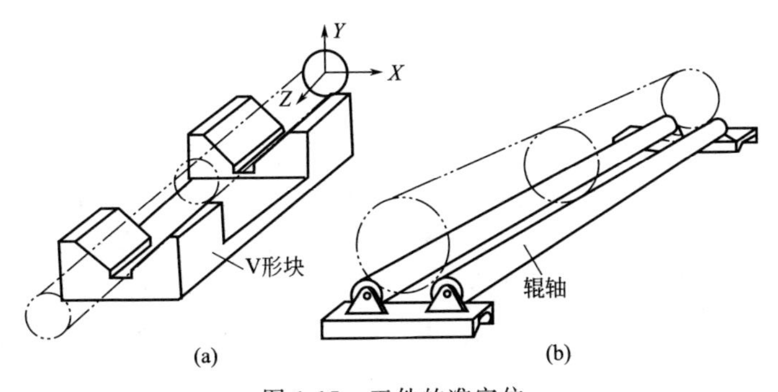

图 1-15　工件的准定位

六、组合表面定位

以工件上两个或两个以上表面作为定位基准时，称为组合表面定位。

图 1-16 所示为采用工件的部分外形组合定位。图 1-17 所示为定位样板，它利用工件的轮廓进行定位，装配迅速，图 1-17(a) 的样板用于确定圆柱体的位置，图 1-17(b) 的样板用于确定筋板的位置及垂直度。

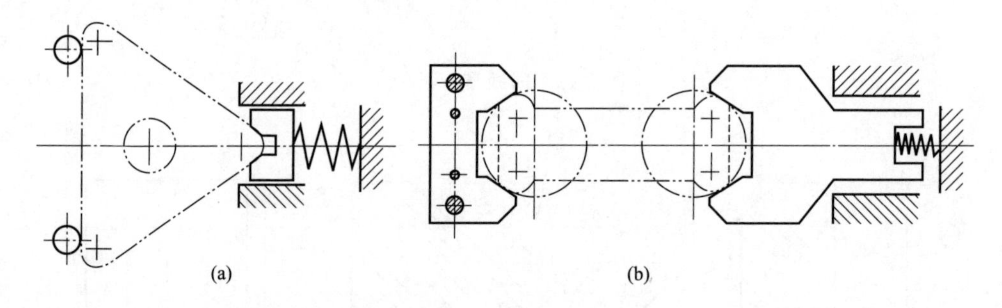

图 1-16 采用工件的部分外形组合定位

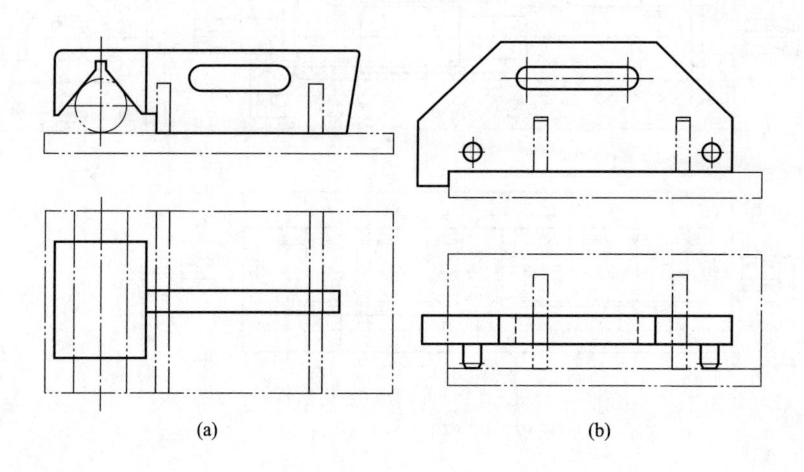

图 1-17 定位样板

七、型面定位

对于复杂外形的薄板焊接件，一般采用与工件的型面相同或相似的定位件来定位，这就是型面定位。如图 1-18 所示，托板 1 和 2 确定了工件的位置和形状，托板 2 上的凹槽是为了减少夹具与工件的接触面积及作为工件变形的补偿，同时还可以减少型面的加工量。汽车车门的装焊胎具也是采用型面定位，如图 1-19 所示。

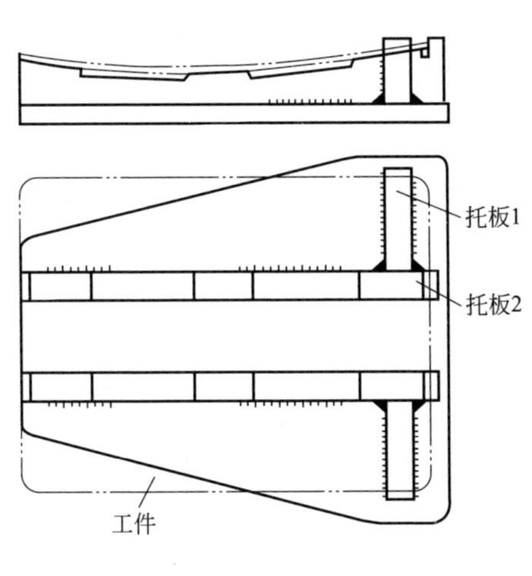

图 1-18　型面定位

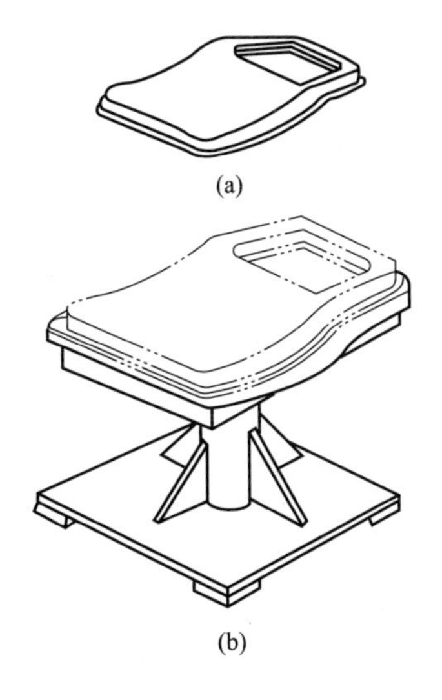

图 1-19　汽车车门的装焊胎具

八、定位器

定位器是保证焊件在夹具中获得正确装配位置的零件或部件，又称定位元件或定位机构。定位器的结构主要有挡铁、支承钉、定位销、V 形铁、定位样板五类。挡铁［图 1-20(a)］和支承钉［图 1-20(b)］用于平面的定位，定位销［图 1-20(c)］用于焊件依孔定位，V 形铁［图 1-20(d)］用于圆柱体、圆锥体焊件的定位，定位样板［图 1-20(e)］用于焊件与已定位焊件之间的定位。定位器可制成拆卸式的［图 1-20(f)］、进退式的［图 1-20(g)］和翻转式的［图 1-20(h)］。

对定位器的技术要求有耐磨性、刚度、制造精度和安装精度。在安装基面上的定位器主要承受焊件的重力，其与焊件的接触部位易磨损，要有足够的硬度。在导向基面和定程基面上的定位器，常承受焊件因焊接而产生的变形力，要有足够的强度和刚度。

如果夹具承重很大，焊件装卸又很频繁，也可考虑将定位器与焊件接触而易磨损的部位制成可拆卸或可调节的，以便适时更换或调整，保证定位精度。

定位方案的设计，不仅要求符合定位原理，而且应有足够的定位精度。不仅要求定位器的结构简单、定位可靠，而且应使其加工制造和装配容易。因此要对定位误差大小、生产适应性、经济性等多方面进行分析和论证，才能确定出最佳定位方案。

表 1-2 列出了工件的典型定位方式。

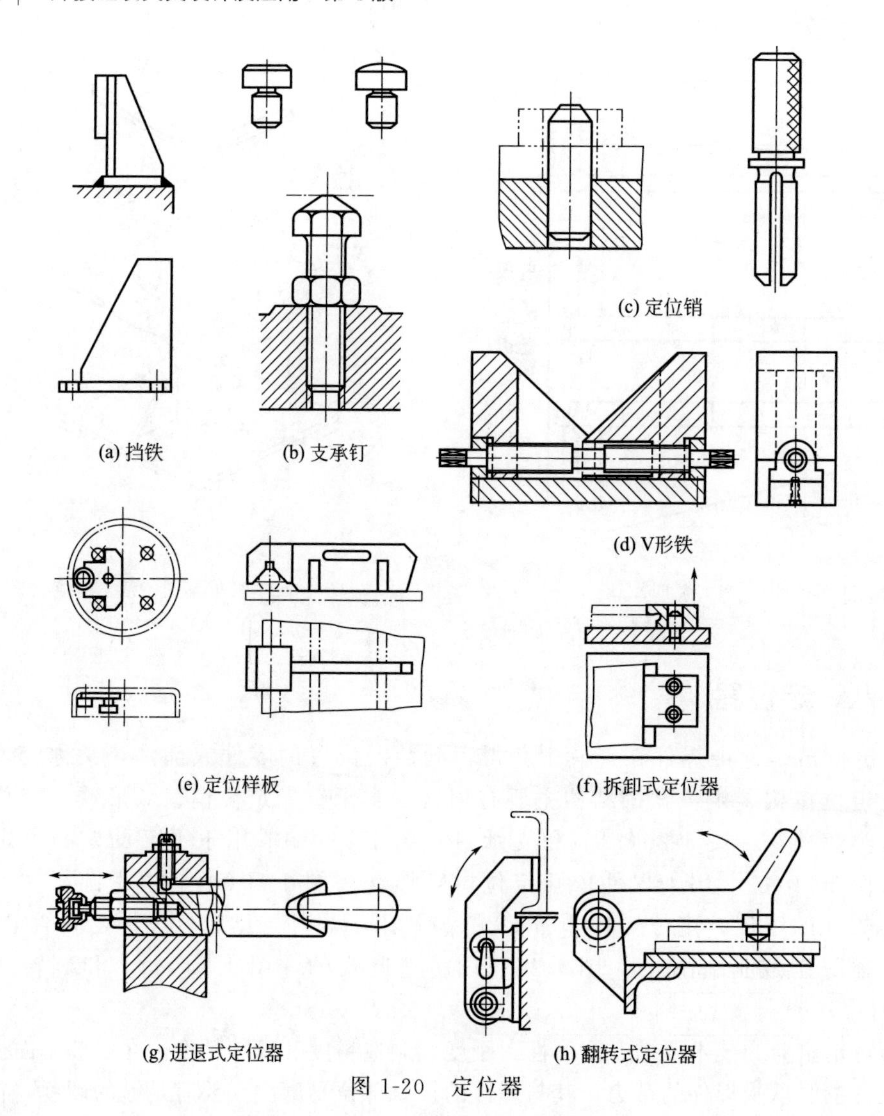

(a) 挡铁　(b) 支承钉　(c) 定位销　(d) V形铁　(e) 定位样板　(f) 拆卸式定位器　(g) 进退式定位器　(h) 翻转式定位器

图 1-20　定位器

表 1-2　工件的典型定位方式

工件的定位面	夹具的定位元件				
平面	支承钉	定位情况	一个支承钉	两个支承钉	三个支承钉
		图示			
		限制的自由度	$\vec{X}$	$\vec{X}$ $\overset{\frown}{Z}$	$\vec{Z}$ $\overset{\frown}{X}$ $\overset{\frown}{Y}$

续表

工件的定位面	夹具的定位元件				
平面	支承板	定位情况	一块条形支承板	两块条形支承板	一块矩形支承板
		图示	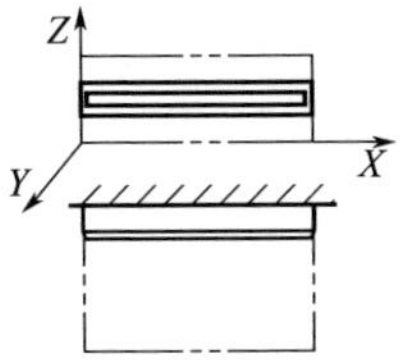	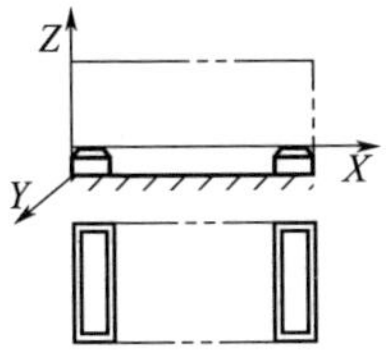	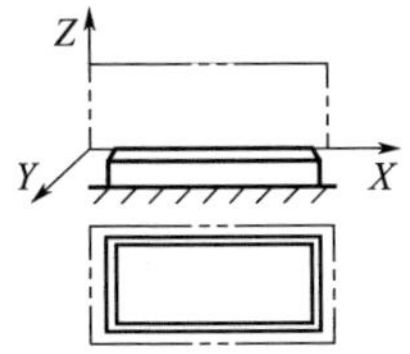
		限制的自由度	$\vec{Y}$　$\overset{\frown}{Z}$	$\vec{Z}$　$\overset{\frown}{X}$　$\overset{\frown}{Y}$	$\vec{Z}$　$\overset{\frown}{X}$　$\overset{\frown}{Y}$
圆孔	圆柱销	定位情况	一个短圆柱销	一个长圆柱销	两个短圆柱销
		图示	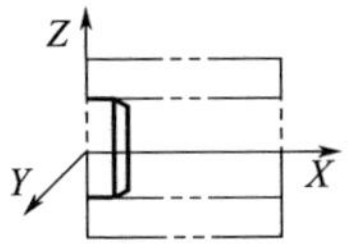	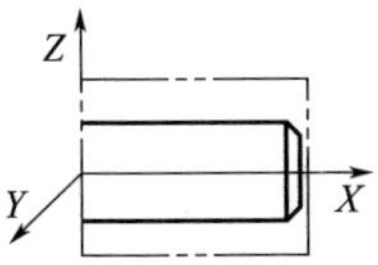	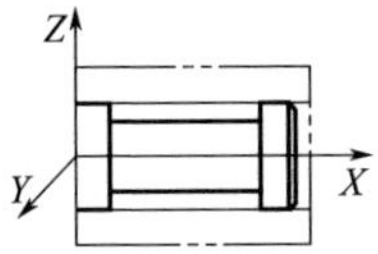
		限制的自由度	$\vec{Y}$　$\vec{Z}$	$\vec{Y}$　$\vec{Z}$　$\overset{\frown}{Y}$　$\overset{\frown}{Z}$	$\vec{Y}$　$\vec{Z}$　$\overset{\frown}{Y}$　$\overset{\frown}{Z}$
	圆柱销	定位情况	菱形销	长销小平面组合	短销大平面组合
		图示	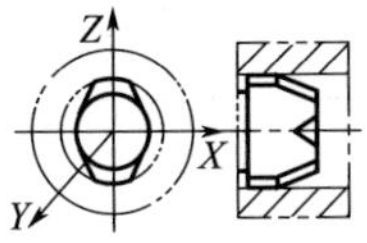	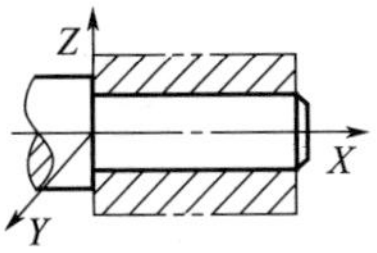	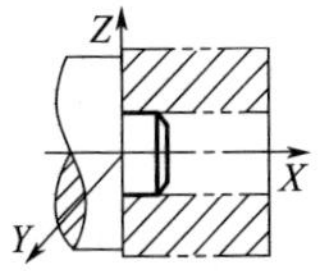
		限制的自由度	$\vec{Z}$	$\vec{X}$　$\vec{Y}$　$\vec{Z}$　$\overset{\frown}{Y}$　$\overset{\frown}{Z}$	$\vec{X}$　$\vec{Y}$　$\vec{Z}$　$\overset{\frown}{Y}$　$\overset{\frown}{Z}$
	圆锥销	定位情况	固定锥销	浮动锥销	固定锥销与浮动锥销组合
		图示	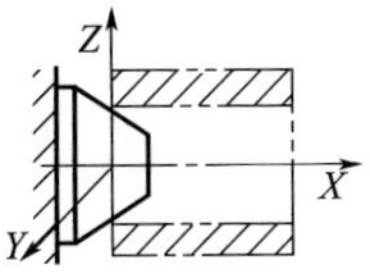	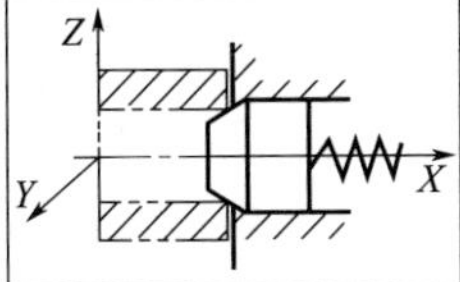	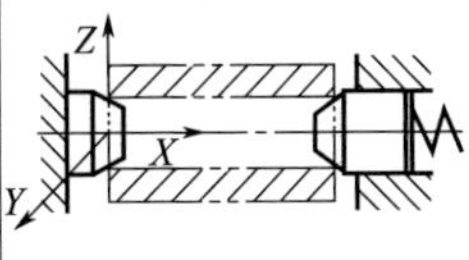
		限制的自由度	$\vec{X}$　$\vec{Y}$　$\vec{Z}$	$\vec{Y}$　$\vec{Z}$	$\vec{X}$　$\vec{Y}$　$\vec{Z}$　$\overset{\frown}{Y}$　$\overset{\frown}{Z}$
	心轴	定位情况	长圆柱心轴	短圆柱心轴	小锥度心轴
		图示	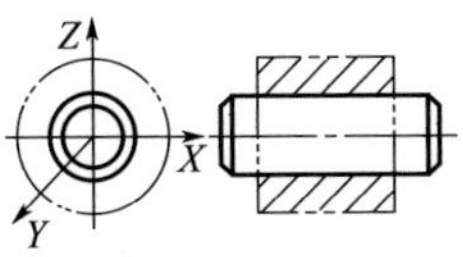	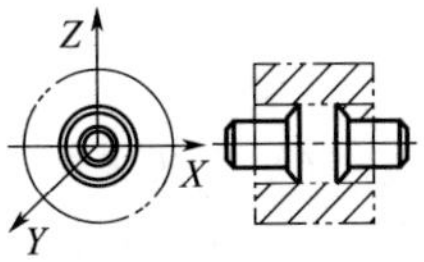	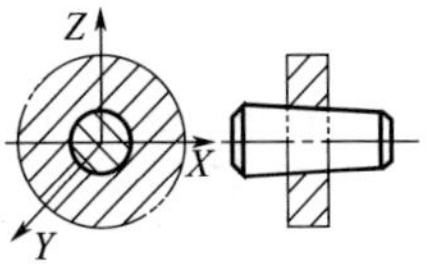
		限制的自由度	$\vec{X}$　$\vec{Z}$　$\overset{\frown}{X}$　$\overset{\frown}{Z}$	$\vec{X}$　$\vec{Z}$	$\vec{X}$　$\vec{Z}$

续表

工件的定位面	夹具的定位元件				
外圆柱面	V形块	定位情况	一块短V形块	两块短V形块	一块长V形块
		图示	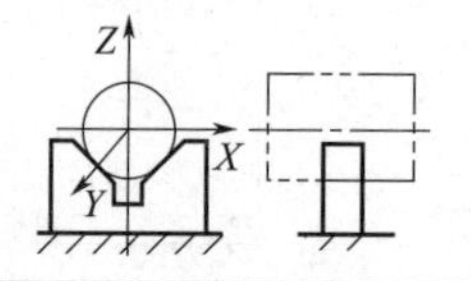	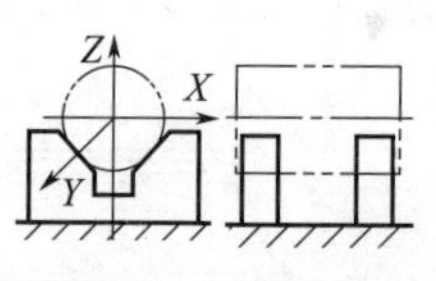	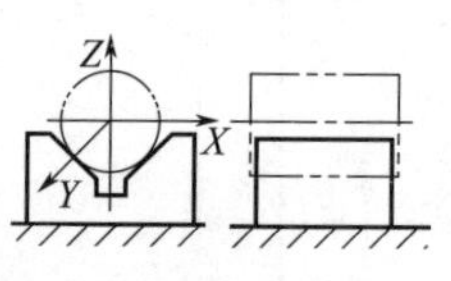
		限制的自由度	$\vec{X}$ $\vec{Z}$	$\vec{X}$ $\vec{Z}$ $\overset{\frown}{X}$ $\overset{\frown}{Z}$	$\vec{X}$ $\vec{Z}$ $\overset{\frown}{X}$ $\overset{\frown}{Z}$
	定位套	定位情况	一个短定位套	两个短定位套	一个长定位套
		图示	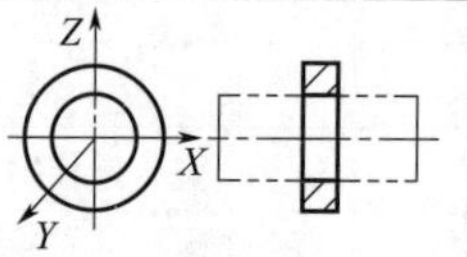	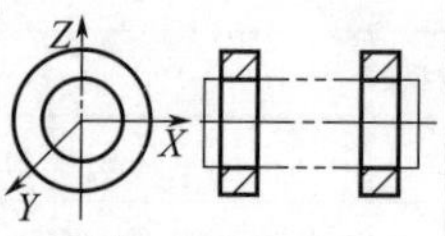	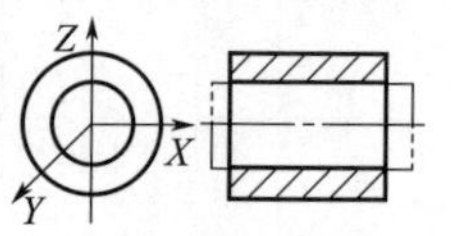
		限制的自由度	$\vec{X}$ $\vec{Z}$	$\vec{X}$ $\vec{Z}$ $\overset{\frown}{X}$ $\overset{\frown}{Z}$	$\vec{X}$ $\vec{Z}$ $\overset{\frown}{X}$ $\overset{\frown}{Z}$
圆锥孔	锥顶尖和锥度心轴	定位情况	固定顶尖	浮动顶尖	锥度心轴
		图示	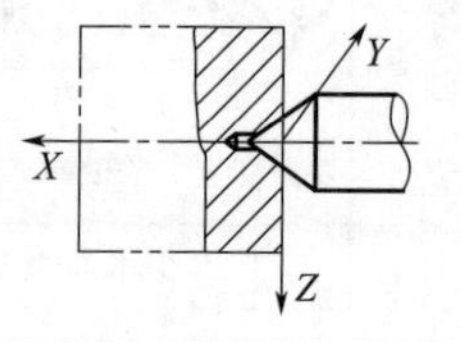	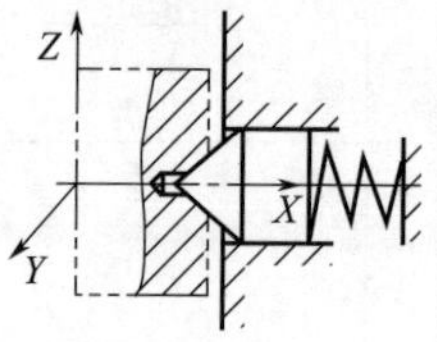	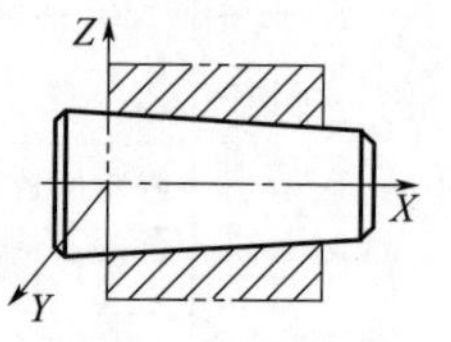
		限制的自由度	$\vec{X}$ $\vec{Y}$ $\overset{\frown}{Z}$	$\vec{Y}$ $\overset{\frown}{Z}$	$\vec{X}$ $\vec{Y}$ $\vec{Z}$ $\overset{\frown}{Y}$ $\overset{\frown}{Z}$

九、夹具体

夹具体是在夹具上安装定位器和夹紧机构以及承受焊件重量的部分。夹具体是夹具中一个设计、制造劳动量大，耗费材料多，加工要求高的零部件。在夹具成本中所占比重较大，制造周期也长，设计时，应予以足够的重视。

各种焊件变位机械上的工作台以及装焊车间里的各种固定式平台，就是通用的夹具体，在其台面上开有安装槽、孔，用来安放和固定各种定位器和夹紧机构。

图1-21所示为夹具体的几种结构，生产中一般以焊接或装配结构比较常见。

铸造夹具体的优点：工艺性好，可铸造出各种复杂的内、外轮廓形状，有较好的抗压强度、刚度和抗振性；易于加工，价格低廉，成本低。缺点：生产周期长，单件制造成本高，需时效处理。材料：灰铸铁HT150或HT200，高精度夹具可用合金铸铁或磷铸铁，用铸钢件有利于减轻重量，轻型夹具可用铸铝（ZC104）件，铸件均需时效处理，精密夹具体在粗加工后需进行第二次时效处理。

锻造夹具体的优点：有较高的强度和刚度。缺点：只适用于尺寸较大且形状简单的夹具体。材料：优质碳素结构钢45钢，合金结构钢40Cr、38CrMoAl等，锻

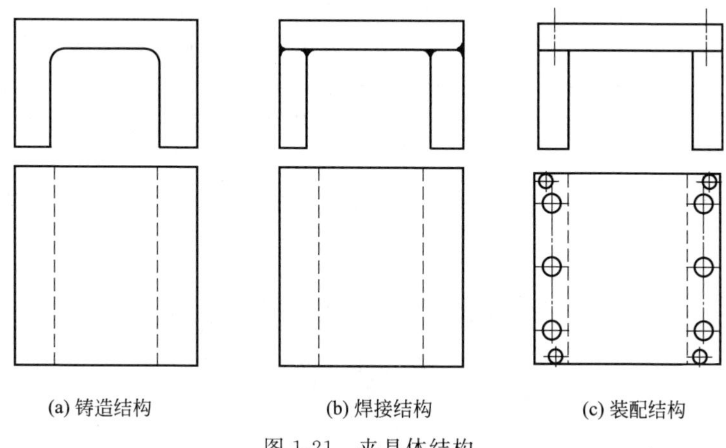

图 1-21　夹具体结构

造后酌情采用调质、正火或回火。

焊接夹具体的优点：容易制造、生产周期短；采用钢板、型材，如结构合理，布置得当，可减轻重量；成本低、使用也较灵活；当发现夹具体刚度不足时，可补焊肋板和隔板。缺点：焊接变形较大，抗振性不好。材料：焊接件材料的可焊性要好，适用材料有碳素结构钢 Q195、Q215、Q235，优质碳素结构钢 20 钢、15Mn 等，焊接后需经退火处理，局部热处理后进行低温回火。

在批量生产中使用的专用夹具，其夹具体是根据焊件形状、尺寸、定位及夹紧要求、装配施焊工艺等专门设计的。图 1-22 所示为一种年产 1 万件的装焊拖拉机扇形板的工装夹具，其夹具体就是根据焊件（图中双点画线所示）形状、尺寸、定位及夹紧要求由型钢和厚钢板拼焊而成的结构。夹具体上安装着定位器总成以保证零件 2 相对零件 1 的垂直度和相对高度。零件定位后，用圆偏心-杠杆夹紧机构夹

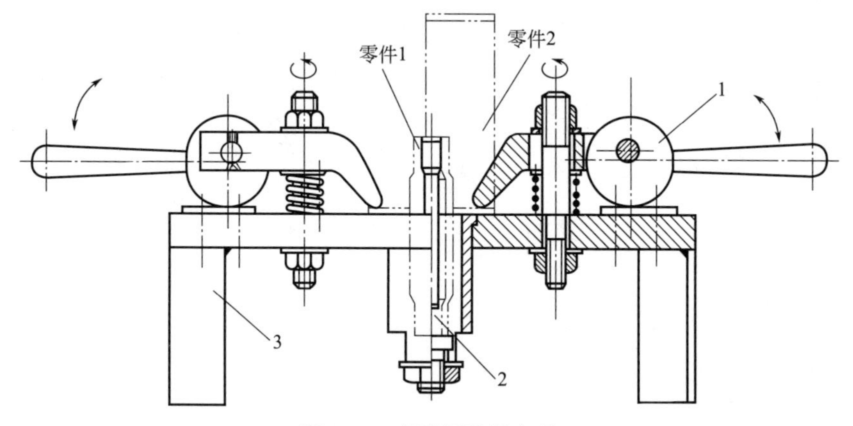

图 1-22　扇形板装焊夹具

1—圆偏心-杠杆夹紧机构；2—定位器总成；3—夹具体

紧，以保证施焊时零件的相互位置不发生改变。

对夹具体的要求是：有足够的强度和刚度；便于装配和焊接作业的实施；能将装焊好的焊件方便地卸下；满足必要的导电、导热、通水、通气及通风条件；容易清理焊渣、锈皮等；有利于定位器、夹紧机构位置的调节与补偿；必要时，还应具有反变形的功能。

通常，作为通用夹具体的装焊平台多为铸造结构，而专用夹具体多为板焊结构。

第三节 焊接工装夹具定位方案的设计方法及步骤

一、定位基准的确定

在装配过程中把待装零部件的相互位置确定下来的过程称定位。通常的做法是先根据焊件结构特点和工艺要求选择定位基准，然后考虑它的定位方法。它们必须事先按定位原理、工件的定位基准和工艺要求在夹具上精确布置好，然后每个被装零部件按一定顺序“对号入座”地安放在定位元件所规定的位置上（彼此必须发生接触）才完成定位。

定位基准按定位原理分为主要定位基准、导向定位基准和止推定位基准。定位基准的选择是定位器设计中的一个关键问题，选择定位器时应注意以下几点。

① 定位基准应尽可能与焊件起始基准重合，以便消除由于基准不重合造成的误差。

② 应选用零件上平整、光洁的表面作为定位基准。

③ 定位基准夹紧力的作用点应尽量靠近焊缝区。

④ 可根据焊接结构的布置、装配顺序等综合因素考虑。

⑤ 应尽可能使夹具的定位基准统一。

例如，装配工字梁时，有两个面可作组装基准，如图1-23所示，图（b）定位更可靠。

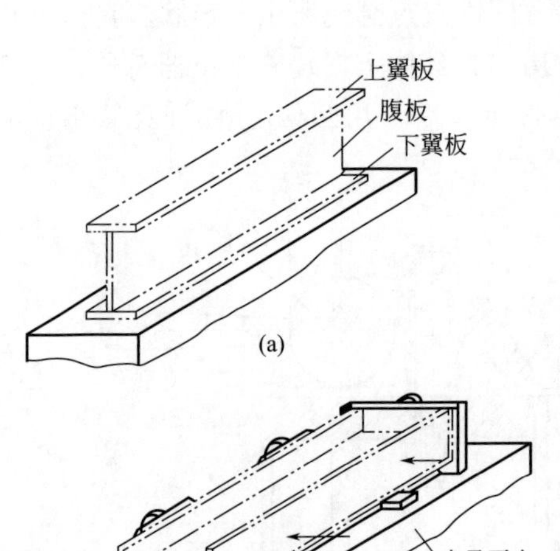

图1-23 工字梁组装基准面的选择

根据实践经验，常以产品图样上或工艺规程上已经规定好的定位孔或定位面作定位基准。若图样上没有规定出，则尽量选择图样上用以标注各零部件位置尺寸的基准作定位基准，如边线、中心线等。当零部件表面上既有平面又有曲面时，优先选择平面作主要定位基准。若表面上都是平面，则选择其中最大的平面作主要定位基准，选择窄而长的表面作导向定位基准，窄而短的表面作止推定位基准。尽量利用零部件上经过加工的表面或孔等作定位基准，或者以上道工序的定位基准作为本道工序的定位基准。

二、定位器结构及布局的确定

定位基准确定后，设计定位器时，应结合基准结构形状、表面状况，限制工件自由度的数目，定位误差的大小，以及辅助支承的合理使用等，并在兼顾夹紧方案的同时进行分析比较，以达到定位稳定、安装方便、结构工艺性和刚性好等设计要求。

如果六点定位时支承点按图 1-24(a) 所示分布，A、B、C 三点位于同一直线上，工件的 $\overset{\frown}{X}$ 自由度没有限制，这时工件为不完全定位。同样，如果支点按图 1-24(b) 的方式分布，侧面上的两个支点布置在垂直于底面的同一直线上，工件的 $\overset{\frown}{Z}$ 自由度没有限制，工件也是不完全定位。同时，图 1-24(a) 中的 B 点，图 1-24(b) 中的 D 点却分别由于重复限制了自由度 $\vec{Z}$ 和 $\vec{Y}$，成了过定位点。可以推论，六个支点在底面布置四个，其余两个定位面上各布置一个，或者在三个定位面上各布置两个或六个支点布置在两个平面上，均会出现不完全定位和过定位现象。只有按图 1-24（c）布置才合理。

因此，六个支点在三个相互垂直的平面上必须按 3-2-1 的规律分布，并将工件三个定位基准面与这些支点接触，使每个支点限制着一个自由度。

三、定位原理的应用

被视为刚体的工件与定位元件之间除了靠点接触定位外，还可以与线或面相接触定位。两点决定一条直线，以直线相接触就可代替两个支承钉的作用，能限制工件两个自由度。三点决定一个平面，以平面相接触就可代替三个支承钉的作用，能限制工件的三个自由度。运用时，要根据工件定位基准形状特点而定。

当选择工件上的圆孔作定位基准时，相应地选用定位销（心轴）作定位元件［图 1-25(a)］，这时工件被定位销限制了四个自由度，它还能沿 Z 轴移动和绕 Z 轴转动；圆柱形工件常选其外圆柱面作定位基准，一般选用 V 形块作定位元件［图 1-25(b)］，该 V 形块限制了四个自由度，它还能沿 X 轴移动和绕 X 轴转动。

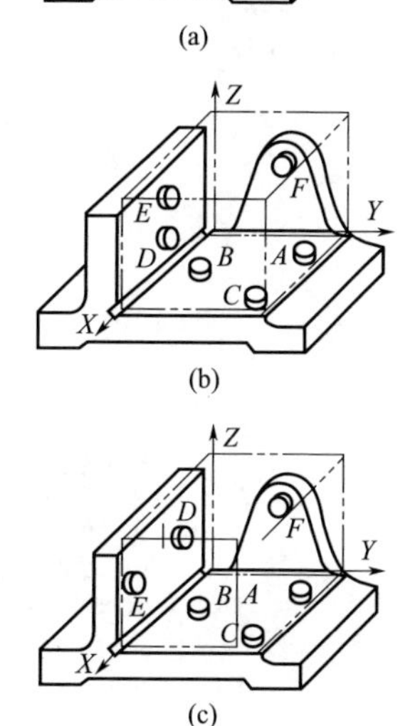

图 1-24　定位分析

工件的六个自由度均被限制的定位称完全定位；工件被限制的自由度少于六个，但仍能保证加工要求的定位称不完全定位或部分定位。焊接夹具中有时采用部分定位，因焊接过程不可避免要产生焊接应力与变形，为了调整和控制应力与变形而有些自由度是不宜限制的。按加工要求应限制的自由度而没有被限制的定位称欠定位，这在夹具设计中是不允许的。如图 1-26 所示，由于加工制作不当，压头没有压住管子，造成管子的欠定位。

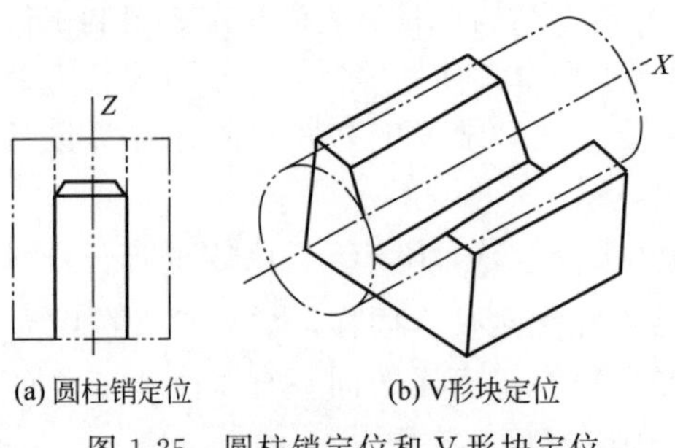

图 1-25 圆柱销定位和 V 形块定位

图 1-26 管子欠定位

一个或几个自由度被重复限制的定位称过定位，它引起工件位置不确定，一般也是不允许的。如工件上以形状精度和位置精度很低的毛坯表面作定位基准时，就不允许过定位。为了提高工件定位时的稳定性和刚度，可以有条件地采用过定位。例如焊接结构中的零件多为轧制的薄板，常选板平面作主要定位基准，由于薄板在垂直于板平面方向上的刚度小，而且板平面经轧制而平整光洁，故常采用一个平面代替三个支承钉进行定位。这里以定位元件上的平面与工件接触进行的定位，就是一种过定位。如图 1-27 所示为合理的过定位现象，薄板在水平方向的收缩不作限制。

图 1-27 薄板的过定位

四、确定定位器的材料及技术要求

定位器本身质量要高，其材料、硬度、尺寸公差及表面粗糙度要满足技术要求，要有足够的强度和刚性，受力定位元件一般要进行强度和刚度计算。

焊接组合件的制造精度一般不超过 IT14 级，夹具的精度必须高出制件精度 3 个等级，即夹具精度应不低于 IT11 级。对于定位元件，与工件定位基准面或与夹具体接触或配合的表面，其精度等级可稍高一些，可取 IT9 或 IT8 级。装焊夹具定位元件工作表面的粗糙度应比工件定位基准面的粗糙度好 1～3 级。定位元件工作表面的粗糙度 Ra 值一般不应大于 3.2μm，常选 1.6μm。

定位器的工作表面在装配过程中与被定位零件频繁接触且为零部件的装配基准，因此，不仅要有适当的加工精度，还要有良好的耐磨性（表面硬度为 40～65HRC），以确保定位精度的持久性。

夹具定位元件可选用 45、40Cr 等优质碳素结构钢或合金钢制造，或选用 T8、T10 等碳素工具钢制造，并经淬火处理，以提高耐磨性。对于尺寸较大或需装配时配钻、铰定位销孔的定位元件（如固定 V 形块），可采用 20 钢或 20Cr 钢，其表面渗碳深度 0.8～1.2mm，淬硬达 54～60HRC。但是，如果 V 形块作为圆柱形等工件的定位元件，且在较大夹紧力等负荷下工作时，即使 V 形块的尺寸较大，也不宜采用低碳钢渗碳淬火，否则可能因单位面积压力过大，表硬内软而产生凹坑，此时仍以选用碳素工具钢或合金工具钢制造为宜。

部分定位元件选材及技术要求见表 1-3。

表 1-3　部分定位元件选材及技术要求

定位元件名称	推荐材料	热处理要求	标准
支承钉	$D \leqslant 12$mm，T7A $D > 12$mm，20 钢	淬火 60～64HRC 渗碳深 0.8～1.2mm，淬火 60～64HRC	GB 2226—80
支承板	20 钢	渗碳深 0.8～1.2mm，淬火 60～64HRC	GB 2236—80
可调支承螺钉	45 钢	头部淬火 38～42HRC，$L > 50$mm 整体淬火 33～38HRC	
定位销	$D \leqslant 16$mm，T7A $D > 16$mm，20 钢	淬火 53～58HRC 渗碳深 0.8～1.2mm，淬火 53～58HRC	GB 2203—80A GB 2204—80A
定位心轴	$D \leqslant 35$mm，T8A $D > 35$mm，45 钢	淬火 55～60HRC 淬火 43～48HRC	
V 形块	20 钢	渗碳深 0.8～1.2mm，淬火 60～64HRC	GB 2208—80

习题与思考题

1. 什么是六点定位原则？是否一定要完全限制工件的六个自由度才算定位合理？

2. N-2-1 定位原理的主要内容是什么？

3. 工件以平面、圆孔、外圆柱面作为定位基准时，常用哪些定位元件？

4. 什么是型面定位？

5. 定位方案设计的步骤有哪些？

第二章

焊接工装夹具的结构分析

第一节　对夹紧装置的基本要求

工件在夹具上的安装包括定位和夹紧两个密切联系的过程。为使工件在定位件上所占有的规定位置在焊接过程中保持不变，就要用夹紧装置将工件夹紧，才能保证工件的定位基准与夹具上的定位表面可靠接触，防止装焊过程中工件的移动或变形。

一、夹紧装置的组成

图 2-1 所示为夹紧装置组成示意，它主要由以下三部分组成。

(1) 力源装置　产生夹紧作用力的装置。所产生的力称为原始力，如气动、液动、电动等，图 2-1 中的力源装置是气缸。对于手动夹紧来说，力源来自人力。

(2) 中间传力机构　介于力源和夹紧元件之间传递力的机构，如图 2-1 中的连接板 2。在传递力的过程中，它能够改变作用力的方向和大小，起增力作用，还能使夹紧实现自锁，保证力源提供的原始力消失后，仍能可靠地夹紧工件，这对手动夹紧尤为重要。

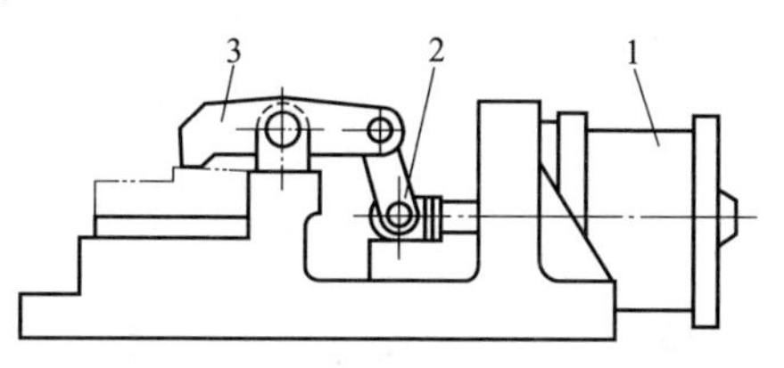

图 2-1　夹紧装置组成示意
1—气缸；2—连接板；3—压板

(3) 夹紧元件　夹紧装置的最终执行件，与工件直接接触完成夹紧作用，如图 2-1 中的压板 3。

二、夹紧装置的分类

夹紧装置种类很多，有多种分类方法。按原始力来源分为手动和机动两大类。机动又分为气压夹紧、液压夹紧、气-液联合夹紧、电力夹紧等，此外还有用电磁和真空等作动力源的。

夹紧装置按位置变动情况分，有携带式和固定式两类。前者多为能独立使用的手动夹紧器，其功能单一，结构简单、轻便，用时可搬到使用地点；后者安装在夹具体预定的位置上，而夹具体在车间的位置是固定的。

夹紧装置按夹紧机构分，有简单夹紧和组合夹紧两大类。简单夹紧装置将原始力转变为夹紧力的机构只有一个，按力的传递与转变方法不同又分为斜楔式、螺旋式、偏心式和杠杆式等；组合夹紧装置是由两个或多个简单机构组合而成，按其组合方法不同又分为螺旋-杠杆式、螺旋-斜楔式、偏心-杠杆式、偏心-斜楔式、螺旋-斜楔-杠杆式等。

三、夹紧装置的基本要求

工件在夹具中定位以后，夹紧装置的基本任务就是保持工件在定位中所获得的既定位置，以便在重力、惯性力、装配时的锤击力、焊接应力等力的作用下，不发生移动和振动，确保焊接质量和生产安全。

设计夹紧装置时，必须满足下列基本要求。

① 夹具的设计主要依据材料的试验标准及试样（特指成品及半成品）的形状及材质。可以根据试样及试验方法的不同设计不同的夹具。对于特殊试样（成品及半成品的）使用的夹具，主要根据试样的形状及材质来设计。

② 夹具本身没有固定的结构（如金属丝可采用缠绕方式夹紧，也可采用两个平板夹紧，金属薄板可采用楔形夹紧方式，也可采用对夹夹紧方式），要力求结构简单、紧凑，并具有足够的刚性，使工装具有良好的工艺性和使用性。

③ 手动夹紧机构需要有可靠的自锁性，夹紧装置需要统筹考虑夹紧的自锁性和原动力的稳定性。夹具本身就是一个锁紧机构。机械上的锁紧结构有螺纹（螺栓、螺钉、螺母）、斜面、偏心轮、杠杆等，夹具就是这些结构的组合体，保证在装焊过程中工件不会松动，有足够的夹紧力，又不会使工件产生的变形和表面损伤超出技术条件的允许范围。

④ 夹具要有足够的夹紧行程，夹紧动作要迅速，操纵要方便、安全、省力。

四、夹紧装置的设计原则

夹紧装置的夹紧效果将直接影响工件的加工质量、生产效率和劳动强度等。为此，设计夹紧装置时应遵循下列基本原则。

① 夹紧过程中，工件不可以移动。夹紧装置应保证工件各定位面的定位可靠，不改变工件定位后所占据的正确位置。

② 应尽量减小工件的夹紧变形。这就要求夹紧力大小要适当，在保证工件焊接所需夹紧力大小的同时，不产生焊接精度所不允许的变形。

③ 夹紧装置必须可靠、安全。这就要求夹紧装置要有足够的夹紧行程，同时具有可靠的自锁功能。

④ 夹紧装置必须实用、经济。这就要求夹紧装置的夹紧动作要迅速，使用方便、省力，同时应便于制造、维修，尽量采用标准化元件。

第二节 焊件所需夹紧力的确定

一、板材焊接时夹紧力的确定

在夹具上确定好位置的工件，必须进行夹紧，否则无法维持其既定位置，即始终使工件的定位基准与定位元件紧密接触。为此，夹紧所需的力应能克服操作过程中产生的各种力，如工件的重力、惯性力、因控制焊接变形而产生的拘束力等。

如何确定夹紧力是夹具设计方案中的一个重要内容。通常是从力的三要素入手，首先确定力的作用方向，其次选择力的作用点，再次计算所需夹紧力的大小，最后选择或设计能实现该夹紧力的夹紧装置。

1. 确定夹紧力的作用方向

① 夹紧力应指向定位基准，特别是指向主要定位基准。因主要定位基准的面积较大，限制自由度多，定位稳定牢靠，还可以减少工件的夹紧变形。

② 夹紧力的指向应有利于减小夹紧力。夹紧力的大小是根据夹紧时力的静平衡条件来确定的。焊接时，夹具常遇到工件重力、控制焊接变形所需的力、工件移动或转动引起的惯性力和离心力等。这些力的方向取决于焊件在夹具上所处的位置、所需控制焊接变形的方向和焊件运动的方向等。通常夹紧力的方向与这些力的方向一致，就能减小夹紧力，否则要增大夹紧力。

2. 选择力的作用点

夹紧力作用在工件上的位置，视工件的刚性和定位支承的情况而定。当定位元件是以点与工件接触进行定位时，要注意以下事项。

① 作用点应正对定位元件的支承点或在其附近，以保持工件定位稳定，不致引起工件位移、偏转或发生局部变形。对于刚性差的零件，如图 2-2 所示，薄板零件、刚性差的梁，夹紧力最好指向定位支承件，若有困难，也尽量靠近定位支承件。

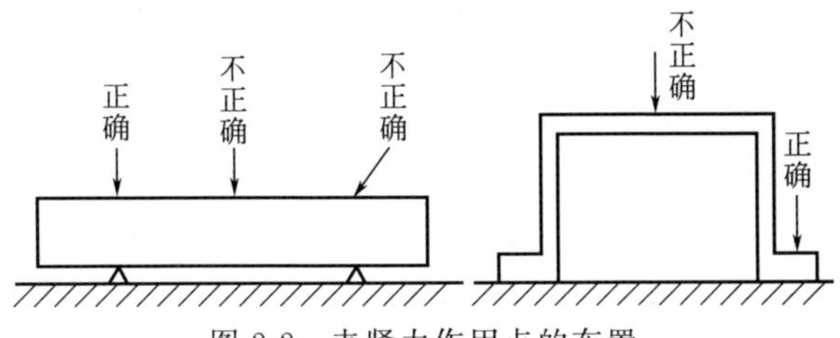

图 2-2 夹紧力作用点的布置

另外，还应注意防止因摩擦力而引起的转动或移动。图 2-3(a)～(d) 所示为在夹紧时因摩擦力而使工件发生转动或移动的一些例子，其相应的改进方法如图 2-3(e)～(h) 所示。

② 夹紧力作用点数目增多，能使工件夹紧均匀，提高夹紧可靠性，减小夹紧变形。

3. 夹紧力大小的确定

为了选择合适的夹紧机构及传动装置，就应该知道所需夹紧力的大小。夹紧力的大小要适当，过大会使工件变形，过小则工件在装焊时易松动，安全性无保证。

确定夹紧力大小时，一般考虑下列因素。

① 夹紧力应能克服零件上局部变形，这些变形不是因为变长或缩短，而是因为零件刚性差，在备料（剪切、气割、冷弯等）、储存或运输过程中可能引起局部不平直。严重的必须经矫正后才能装配，因为强力装配要引起很大的装配应力，只有轻微的变形，才能通过夹紧力去克服。

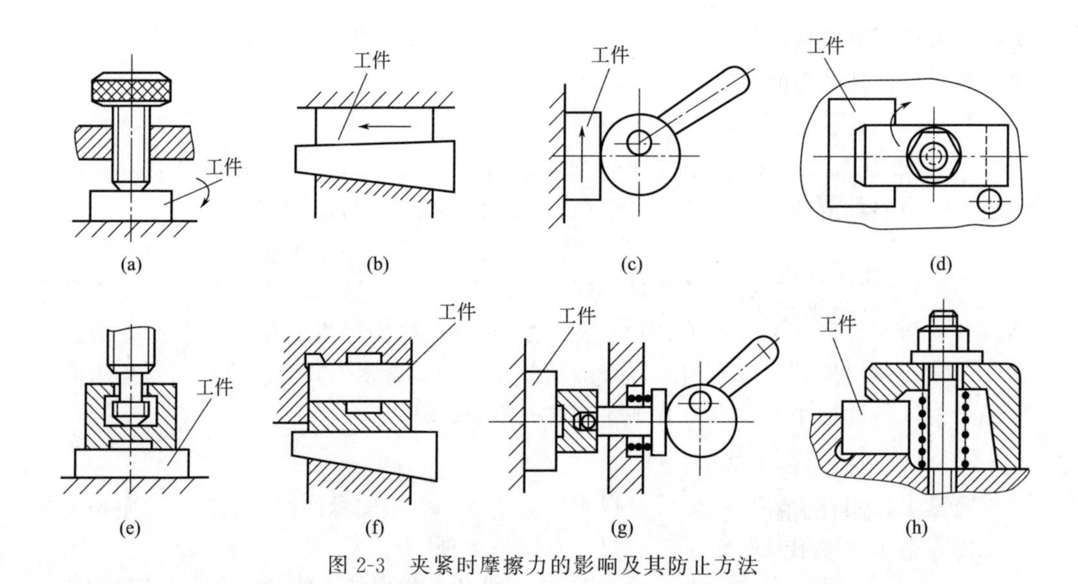

图 2-3 夹紧时摩擦力的影响及其防止方法

② 当工件在胎具上实现翻转或回转时，夹紧力足以克服重力和惯性力，把工件牢牢地夹持在转台上。

③ 需要在工装夹具上实现焊件预反变形时，夹具应具有使焊件获得预定反变形量所需要的夹紧力。

④ 夹紧力要足以克服焊接过程热应力引起的拘束应力。

计算夹紧力的大小时，常把夹具和工件视为一个刚性系统，根据工件在装配或焊接过程中产生最为不利的瞬时受力状态，按静力平衡原理计算出理论夹紧力，最后为了保证夹紧安全可靠，再乘以一个安全系数作为实际所需夹紧力的数值，即

$$F_K = KF \tag{2-1}$$

式中 F_K——实际所需的夹紧力，N；

F——在一定条件下由静力平衡计算出的理论夹紧力，N；

K——安全系数，一般 $K=1.5\sim3$，夹紧条件比较好时取小值，否则取大值。

例如，手工夹紧、操作不方便、工件表面粗糙、有振动等，K 应取大值。

在实践中，合理的结构设计不但能满足力学分析要求，而且还能合理地实现不同焊接工艺的要求。这就需要设计者有丰富的工艺知识和经验。

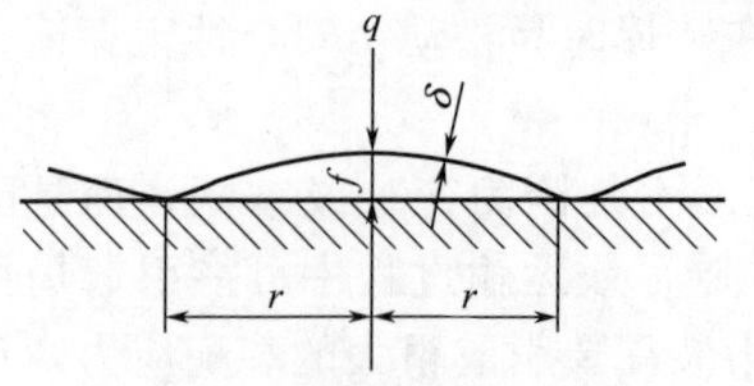

图 2-4 薄板的鼓包式变形

(1) 薄板的鼓包式变形 板材，特别是薄板，在焊接过程中易出现波浪变形或局部的圆形或椭圆形的鼓包，在一些中厚、薄板的对接焊中，易在焊缝附近形成凹陷使整个板面扭曲

变形。板材的圆形鼓包（图 2-4）可视为周边固定的板材在均布载荷 q 作用下所形成的弯曲板，其中心的挠度 f 为

$$f=\frac{qr^4}{64C} \tag{2-2}$$

式中　q——均布载荷，$q=\frac{F}{\pi r^2}$；

F——作用在板材上的压力；

r——鼓包半径；

C——板材的圆柱刚度，且 $C=\frac{E\delta^3}{12(1-\nu^2)}$；

E——板材的弹性模量；

δ——板材厚度；

ν——板材的泊松比，取 $\nu=0.3$。

将 q 值和 C 值代入式(2-2)，经变换得

$$F=\frac{18fE\delta^3}{r^2} \tag{2-3}$$

若通过试验测得板材变形后的 f、r 值，即可利用式(2-3) 计算出 F 值，此值就是所需的夹紧力。因为式(2-3) 是在弹性力学基础上得出的，若夹紧后的应力超过屈服点，此式的应用便失去了意义。为此，还要验算板材鼓包中心的应力，即

$$\sigma=\frac{3}{8}\times\frac{qr^2}{\delta^2}(1+\nu) \tag{2-4}$$

将 $q=\frac{F}{\pi r^2}$、$\nu=0.3$ 代入式(2-4) 得

$$\sigma=\frac{0.155F}{\delta^2} \tag{2-5}$$

再将式(2-3) 代入式(2-5) 得

$$\sigma=\frac{2.8fE\delta}{r^2} \tag{2-6}$$

由式(2-6) 可根据鼓包的实测尺寸算出板中的应力 σ，若该应力超过屈服点 σ_s，则此时的夹紧力 F_s 可利用式(2-5) 并将 σ 置换成 σ_s 后得到，即

$$F_s=\frac{\sigma_s\delta^2}{0.155} \tag{2-7}$$

在实际夹紧装置上，按式(2-3) 或式(2-7) 算出的夹紧力并不是均匀地分布在整个鼓包上，而是分布在沿被焊坡口长约鼓包直径的两段平行线上，如图 2-5 所示，此时，由式 (2-3) 可近似认为每单位坡口长度的计算夹紧力为

$$F_d=\frac{F}{4r}=4.5fE\left(\frac{\delta}{r}\right)^3 \tag{2-8}$$

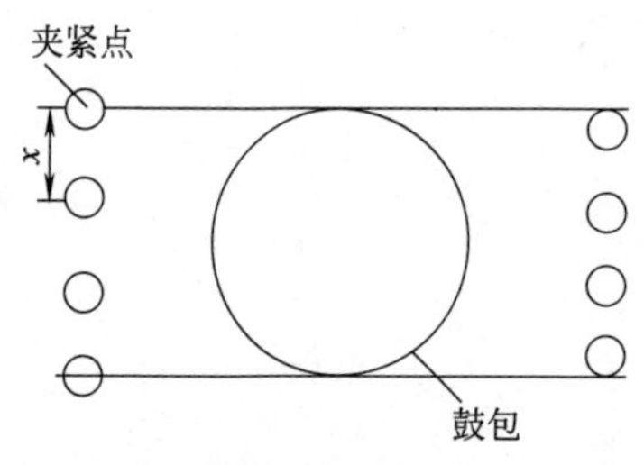

图 2-5 薄板鼓包变形的夹紧布置

同理，若 $\sigma > \sigma_s$ 时，则每单位坡口长度的计算载荷为

$$F_{ds} = \frac{F_s}{4r} = \frac{\sigma_s \delta^2}{0.6r} \tag{2-9}$$

若每个夹紧点间隔距离为 x，则每个夹紧点的夹紧力为 $F_{ds}x$。

【例 2-1】 两块板材，$\delta = 2\text{mm}$，$E = 206 \times 10^3 \text{MPa}$，$\sigma_s = 235\text{MPa}$，对接焊后出现鼓包如图 2-4 所示，$r = 260\text{mm}$，$f = 10\text{mm}$，为防止产生此种变形，求在单位坡口长度两边所需施加的夹紧力。若每个夹紧点间隔距离 $x = 50\text{mm}$，每个夹紧点的夹紧力 F 为多大？

解 按式(2-6) 先算出板中可能出现的应力

$$\sigma = \frac{2.8 \times 10 \times 206 \times 10^3 \times 2}{260^2} = 170 \text{ (MPa)}$$

由于该值小于板材的 σ_s，故按式(2-8) 计算单位坡口长度的夹紧力。

$$F_d = 4.5 \times 10 \times 206 \times 10^3 \times \left(\frac{2}{260}\right)^3 = 4.2 \text{ (N/mm)}$$

$$F = 4.2 \times 50 = 210 \text{ (N)}$$

(2) 屋顶式角变形 在中厚、薄板V形坡口的对接焊中，还可能出现图 2-6 所示的屋顶式角变形。为防止这种变形，焊接时应对板材施以弯矩 $M = FL$ (图 2-6)，其中 L 为夹紧点至坡口中心线的距离，是与板厚、焊接方法以及材质有关的量。一般情况下，板越薄，L 越小。

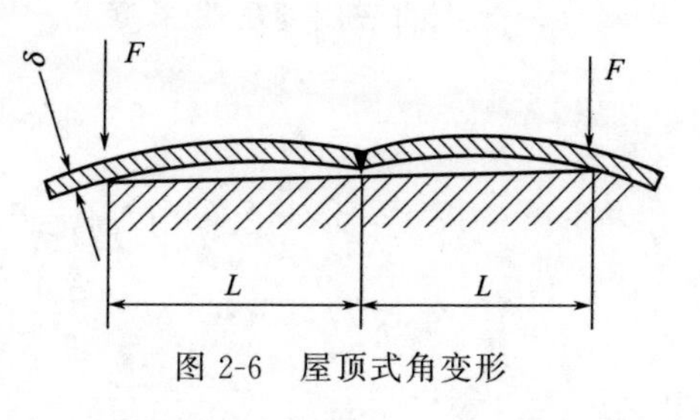

图 2-6 屋顶式角变形

此弯矩在焊缝中心所形成的应力应限定在屈服点 σ_s 以内，按照这一要求，焊缝上每单位长度的最大允许弯矩为

$$M_{ds} = \sigma_s W \tag{2-10}$$

式中 W——焊缝单位长度的抗弯截面系数，可近似认为 $W = \frac{\delta^2}{6}$。

考虑到单位长度最大允许弯矩 $M_{ds} = F_{ds}L$，则根据式(2-10) 得到每单位长度允许施加的最大夹紧力为

$$F_{ds} = \frac{\sigma_s \delta^2}{6L} \tag{2-11}$$

如图 2-7 所示，若夹紧点间隔距离为 x，则每个夹紧点的夹紧力为 $F_{ds}x$。

【例 2-2】 两板材对接，$\delta = 8\text{mm}$，$\sigma_s = 235\text{MPa}$，夹紧点距坡口中心线的距离

$L=50\text{mm}$。为防止屋顶式角变形，求坡口每边单位长度允许施加的最大夹紧力。若每个夹紧点间隔距离 $x=60\text{mm}$，每个夹紧点的夹紧力 F 为多大？

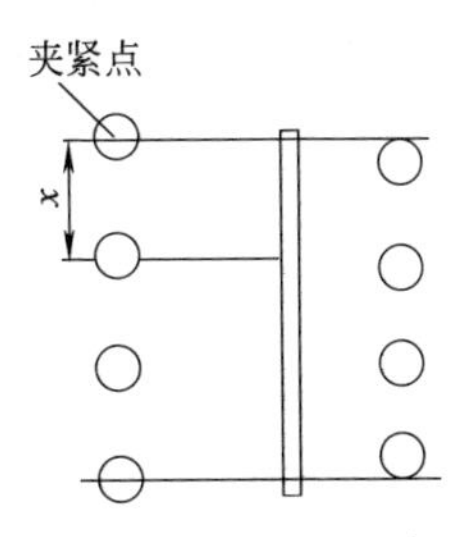

图 2-7　薄板屋顶式角变形的夹紧布置

解　根据式（2-11）有

$$F_{\text{ds}}=\frac{235\times 8^2}{6\times 50}=50.1\ (\text{N/mm})$$

$$F=50.1\times 60=306\ (\text{N})$$

在上述计算中还应注意，由于焊接参数和板材本身刚度的不同，板材在自由状态下进行对接焊时发生的屋顶式角变形数值也不同，如果角变形超过某一临界值 α_c，即使在以 F_{ds} 力夹紧的状态下施焊，仍会有角变形产生，这应认为是合理的，对工件过度的刚性夹紧，将会导致焊接裂纹的产生。因此，在设计夹具时，还应检查一下在所给定的夹紧状态下，有无出现角变形的可能，其变形值是否在工程允许的范围之内。

(3) 板材对接角变形　如图 2-8 所示，若焊件在夹紧状态下焊后出现角变形，其大小也可用夹紧点处的间隙 Δ 来反映。

$$\Delta=h-h_L$$

式中　h——板材在自由状态下焊后出现的间隙；

h_L——板材在坡口每边单位长度允许施加的最大夹紧力 F_{ds} 作用下，所能抵消的最大间隙。

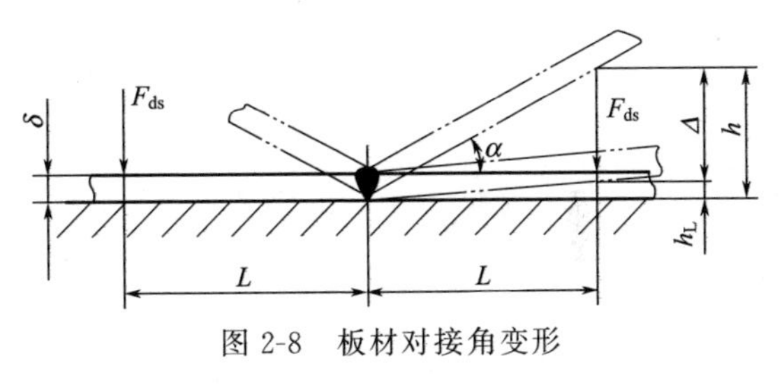

图 2-8　板材对接角变形

显然，若 $h_L>h$ 则不会出现间隙，若 $h_L<h$ 则形成间隙，其值为

$$\Delta=h-h_L=L\tan\alpha-\frac{F_{\text{ds}}L^3}{3EJ} \tag{2-12}$$

式中　J——板材单位长度的惯性矩，$J=\frac{\delta^3}{12}$；

α——板材在自由状态下焊后出现的角变形角度。

【例 2-3】　$E=206\times 10^3\text{MPa}$、$\delta=8\text{mm}$ 的钢板在自由状态下对接焊时，测得角变形 $\tan\alpha=0.008$，现拟在琴键式夹具中进行对接焊，夹紧点距坡口中心的距离 $L=50\text{mm}$，每单位坡口长度施加的最大夹紧力 $F_{\text{ds}}=50.1\text{N/mm}$，验证能否出现间隙 Δ。

解　根据式(2-12) 有

$$\Delta=50\times 0.008-\frac{50.1\times 50^3}{3\times 206\times 10^3\times 8^3/12}$$

$$=0.16\ (\text{mm})$$

根据计算，在夹紧点处可出现 0.16mm 的间隙，这样小的间隙，反映到两边的坡口上，仍可认为板材是紧贴在工艺垫板上的，同时该间隙的存在还可避免裂纹的产生，因此在工程上是允许的。

根据式(2-12)，也可计算出 $\Delta=0$ 时所需坡口每边单位长度施加的夹紧力。

$$F_d=\frac{E\delta^3\tan\alpha}{4L^2} \tag{2-13}$$

应用式(2-13) 时，应保证 $F_d<F_{ds}$，即焊缝中产生的 $\sigma<\sigma_s$。在例 2-3 中如按照式(2-13) 可计算出 $\Delta=0$ 时所需坡口每边单位长度施加的夹紧力。

$$F_d=\frac{206\times10^3\times8^3\times0.008}{4\times50^2}=84.4\ (\text{N/mm})>F_{ds}$$

此时板中的应力超过了材料的屈服极限，在焊接过程中会因夹紧力过大导致出现焊接裂纹。

前已述及，板材在自由状态下对接时，其角变形存在一个临界值 α_c，超过此值，即使在夹紧状态下施焊，仍会有角变形产生。此角变形的临界值，可从式(2-11) 和式(2-12) 并以 $\Delta=0$ 为条件推出其计算式。

$$\tan\alpha_c=\frac{F_{ds}L^2}{3EJ}=\frac{2L\sigma_s}{3E\delta}$$

例如，厚 $\delta=2\text{mm}$ 的板材在琴键式夹具中对接，$\sigma_s=235\text{MPa}$，$E=206\times10^3\text{MPa}$，施力点距坡口中心的距离 $L=40\text{mm}$，则其临界角变形为

$$\tan\alpha_c=\frac{2\times40\times235}{3\times206\times10^3\times2}=0.0152$$

实测角变形 $\tan\alpha=0.01$，小于临界角变形，所以应根据式(2-13) 将 $\tan\alpha$ 值代入，求出琴键式夹具坡口每边单位长度所需的夹紧力。

$$F_d=\frac{206\times10^3\times2^3\times0.01}{4\times40^2}=2.6\ (\text{N/mm})$$

在板材对接时，若夹头与板材、板材与夹具体垫板之间的摩擦力不足以克服板材热胀冷缩所形成的变形力时，则在焊接加热与冷却过程中，坡口间隙会发生张开至合拢的变化。坡口间隙的变化，将影响焊接质量，应予避免，但不应采取增加夹紧机构拘束力的方法来解决。通常采用在焊缝始末端用工艺连接板焊牢或沿坡口长度进行定位焊的方法来解决，如图 2-9 所示。

二、梁式构件焊接时所需夹紧力的确定

梁式结构易出现的焊接变形是纵向弯曲变形、扭曲变形和翼缘因焊缝横向收缩形成的角变形。

如图 2-10 (a) 所示，以翼板的上平面为基准，则有

$$S_{翼板}=ab;\ S_{腹板}=cd;\ S=S_{翼板}+S_{腹板}$$

$$S_{翼板}\left(-\frac{b}{2}\right)+S_{腹板}\frac{c}{2}=SL=(ab+cd)L$$

可以得出

$$L=\frac{dc^2-ab^2}{2(ab+cd)}$$

如图 2-10（b）所示，以翼板的上平面为基准可以得出焊缝截面重心为 $x=\frac{K}{3}$，可以求出

$$e=L-\frac{K}{3}=\frac{dc^2-ab^2}{2(ab+cd)}-\frac{K}{3} \tag{2-14}$$

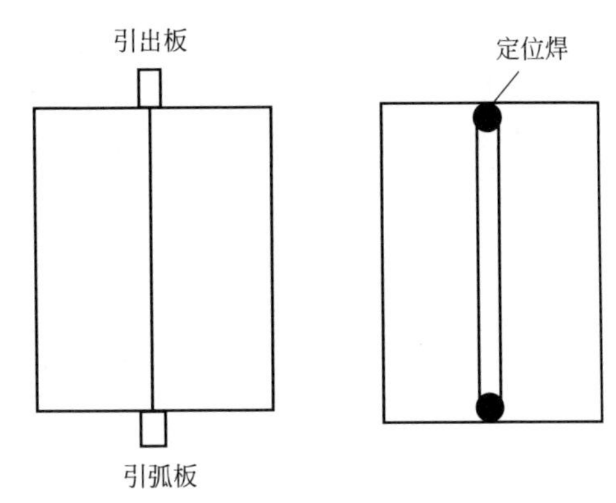

图 2-9　保证坡口间隙的工艺方法

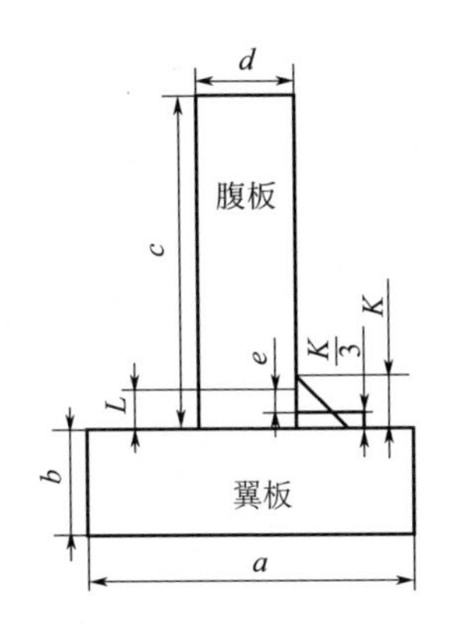

（a）T 形梁模型
L—T 形梁中性轴与翼板距离

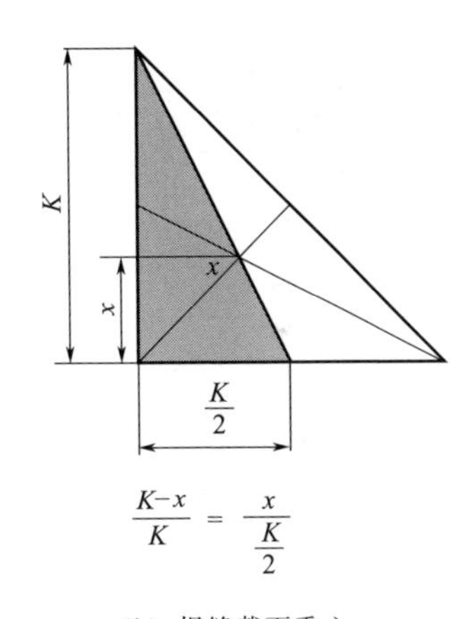

（b）焊缝截面重心
K—焊脚高；x—截面重心

图 2-10　T 形梁模型及焊缝截面重心

如图 2-11(d) 所示的 T 形梁，焊后出现纵向弯曲，它是因焊缝纵向收缩产生的弯矩作用而形成的。该弯矩为

$$M_w=F_w e$$

式中　F_w——焊缝纵向收缩力，N，单面焊时 $F_w=1.7DK^2$，双面焊时 $F_w=1.15\times1.7DK^2$；

K——焊脚尺寸，mm，见图 2-11(e)；

D——工艺折算值，埋弧焊时 $D=3000\text{N/mm}^2$，焊条电弧焊时 $D=4000\text{N/mm}^2$；

e——T 形梁中性轴至焊缝截面重心的距离，mm，见图 2-10 和图 2-11(e)。

梁在弯矩 M_w 作用下，呈圆弧形弯曲，其弯曲半径为

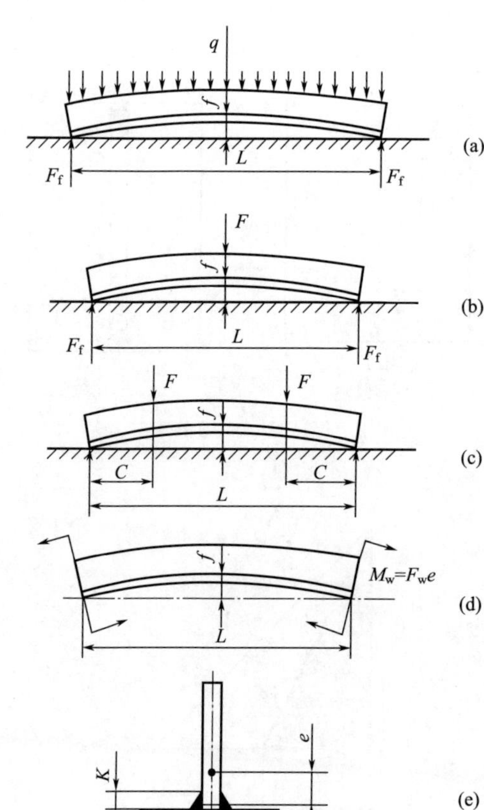

图 2-11 焊接 T 形梁的纵向弯曲

$$R_w=\frac{EJ}{M_w} \tag{2-15}$$

梁中心所形成的挠度为

$$f_w=\frac{M_wL^2}{8EJ}=\frac{F_weL^2}{8EJ} \tag{2-16}$$

为了防止焊缝纵向收缩而形成梁的纵向弯曲变形，在大多数梁用焊接夹具中都装有成列的相同夹紧机构，其夹紧作用如同焊接梁上作用着均布载荷 q [图 2-11(a)]，使梁产生与焊接变形相反的挠度 f 以抵消 f_w，f 的大小为

$$f=\frac{5}{384}\times\frac{qL^4}{EJ} \tag{2-17}$$

根据式(2-16) 和式(2-17) 以及考虑到 f 应等于 f_w，则可求出均布载荷 q，亦即防止梁焊接弯曲变形所需的夹紧力为

$$q=\frac{384fEJ}{5L^4}=9.6\frac{F_we}{L^2} \tag{2-18}$$

【例 2-4】 一 T 形梁 [图 2-11(a)]，长度 $L=6$m，腹板截面尺寸为 10mm × 600mm，翼板截面尺寸为 10mm×300mm，焊脚尺寸 $K=8$mm，求梁中性轴至焊缝截面重心的距离 e，采用多点夹紧，进行双面埋弧焊，求单位长度夹紧力 q 及夹具两端的支承反力 F_f。

解 根据所给条件，焊缝纵向收缩力为

$$\begin{aligned}F_w&=1.15\times1.7DK^2\\&=1.15\times1.7\times3000\times8^2\\&=375.4\ (\text{kN})\end{aligned}$$

由式(2-14) 得

$$\begin{aligned}e&=\frac{dc^2-ab^2}{2(ab+cd)}-\frac{K}{3}\\&=\frac{10\times600^2-300\times10^2}{2\times(300\times10+600\times10)}-\frac{8}{3}\\&=196\ (\text{mm})\end{aligned}$$

根据式(2-18) 求出单位长度夹紧力为

$$q=9.6\frac{F_{w}e}{L^{2}}=9.6\times\frac{375400\times196}{6000^{2}}=19.62\ (\text{N/mm})$$

求出 q 值后，很容易算出夹具所需的夹紧力总和为

$$F_{h}=qL=19.62\times6000=117.7\ (\text{kN})$$

同时也可算出夹具两端的支承反力为

$$F_{f}=\frac{F_{h}}{2}=\frac{117.7}{2}=58.9\ (\text{kN})$$

F_{f} 值即可作为夹具体强度、刚度的计算依据。

需要指出的是，在弯矩 M_{w} 和 q 分别作用下，梁所呈现的纵弯变形是不相同的，前者接近圆弧状，可由单一曲率半径来描述［式(2-15)］，而后者则通常要用沿梁长度方向各点的挠度来描述，即

$$f_{x}=\frac{q}{24EJ}(2Lx^{3}-x^{4}-L^{3}x)$$

式中 x——距梁一端的距离。

弯矩和均布载荷使梁产生的纵向弯曲变形尽管不同，但相差不是很大，其对应点的挠度相差不大于5%。所以用同样的方法计算夹紧力在工程上是可行的。

对于较短的梁，夹紧方案可采用图 2-11(b)、(c) 所示的形式。若按图 2-11(b) 所示布置夹紧力，则梁中心的挠度为

$$f=\frac{FL^{3}}{48EJ} \tag{2-19}$$

考虑在数值上 $f=f_{w}$，并将式(2-16) 代入式(2-19)，得到所需的夹紧力为

$$F=\frac{6F_{w}e}{L} \tag{2-20}$$

若按图 2-11(c) 布置夹紧力，则梁中心的挠度为

$$f=\frac{Fc}{24EJ}(3L^{2}-4C^{2}) \tag{2-21}$$

同理，也可得到所需的夹紧力为

$$F=\frac{3F_{w}eL^{2}}{C(3L^{2}-4C^{2})} \tag{2-22}$$

以上讨论了 T 形梁焊接时的夹紧力计算，现在再来讨论一下工字梁焊接时夹紧力的计算。工字梁是由四条纵向角焊缝将腹板与上、下翼板连接在一起的。由于施焊方案的不同，所需夹紧力的计算方法也不同。一种方案是先将工字梁用定位焊装配好，然后将其上的四条角焊缝一次焊成。例如利用四头 CO_2 焊接专用设备对工字梁进行焊接，就是采用了这种方案。由于焊缝和截面的对称性，从理论上讲，

这种施焊方案不会产生工字梁的纵向弯曲，因此夹紧的目的不是为了防止变形，而是为了使腹板与上、下翼板接触得更加严实。另一种方案是对定位焊装配好的工字梁，先焊下翼板上的两条角焊缝，然后翻转180°，再焊上翼板上的两条角焊缝。例如用两台角焊缝专用埋弧焊小车对工字梁进行焊接，就是采用了这种方案。此时所需的夹紧力，可根据梁的长度及夹紧力的布置方案，分别按式(2-18)、式(2-20)和式(2-22)计算。但要注意，先焊下翼板上的两条角焊缝时，尽管上翼板已定位焊，仍要用T形梁的e值代入。翻转后再焊接上翼板的两条角焊缝时，才将工字梁的e值代入。

上述方法，也可用于箱形梁等其他截面梁夹紧力的计算，e值的代入与工字梁的相同。

在T形梁和工字梁的焊接中，角焊缝的横向收缩将使翼板发生角变形(图2-12)，为防止此种变形，每单位长度所允许施加的最大夹紧力可按式(2-11)求出。若以翼缘与夹具工作台面紧贴为限定条件，即要求$\Delta=h-h_L=0$，则可按式(2-13)计算夹紧力，但应使$F_d<F_{ds}$。

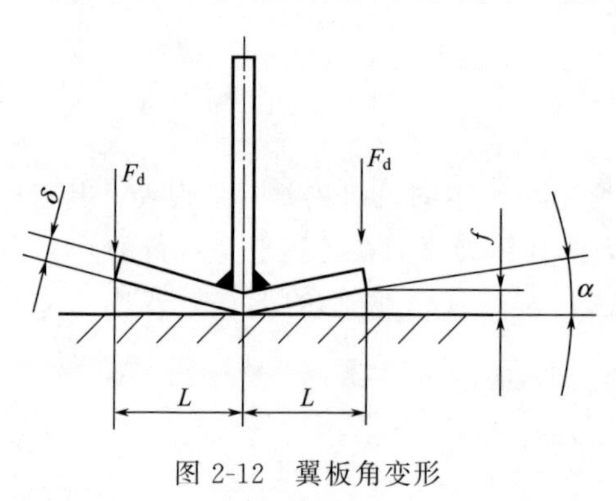

图2-12 翼板角变形

【例2-5】 如图2-12所示的T形梁，翼板$L=150$mm，$\delta=10$mm，板材屈服点$\sigma_s=235$MPa，弹性模量$E=206\times10^3$MPa，测得翼板自由状态下的焊接角变形$\tan\alpha=0.01$，求为防止此变形所需的夹紧力。

解 根据式(2-13)，翼缘每单位长度应施加的夹紧力为

$$F_d=\frac{206\times10^3\times10^3\times0.01}{4\times150^2}=22.9\ (\text{N/mm})$$

根据式(2-11)计算得

$$F_{ds}=\frac{235\times10^2}{6\times150}=26.1\ (\text{N/mm})$$

因$F_d<F_{ds}$，所以F_d值可用。通常为了使夹紧力留有裕度，实际采用值往往大于F_d，但不能大于F_{ds}。

三、定位及夹紧符号的标注

在选定定位基准及确定了夹紧力的方向和作用点后，应在工序图上标注出定位符号和夹紧符号。定位及夹紧符号的标注方法可参见JB/T 5061—1991附录C。定位支承符号见表2-1，辅助支承符号见表2-2，夹紧符号见表2-3。

表 2-1 定位支承符号

定位支承类型	独立定位		联合定位	
	标注在视图轮廓线上	标注在视图正面①	标注在视图轮廓线上	标注在视图正面①
固定式				
活动式				

① 视图正面是指观察者面对的投影面。

表 2-2 辅助支承符号

独立支承		联合支承	
标注在视图轮廓线上	标注在视图正面①	标注在视图轮廓线上	标注在视图正面①

① 视图正面是指观察者面对的投影面。

表 2-3 夹紧符号

夹紧动力源类型	独立夹紧		联合夹紧	
	标注在视图轮廓线上	标注在视图正面①	标注在视图轮廓线上	标注在视图正面①
手动夹紧				
液压夹紧	Y	Y	Y	Y
气动夹紧	Q	Q	Q	Q
电磁夹紧	D	D	D	D

① 视图正面是指观察者面对的投影面。

注：表中代号为大写汉语拼音字母。

定位夹紧符号标注示例见表 2-4，箭头方向表示夹紧力方向，下端面作为主要定位基准，轮廓线标注“2”“3”表示定位件消除的自由度数。

表 2-4 定位夹紧符号的标注示例

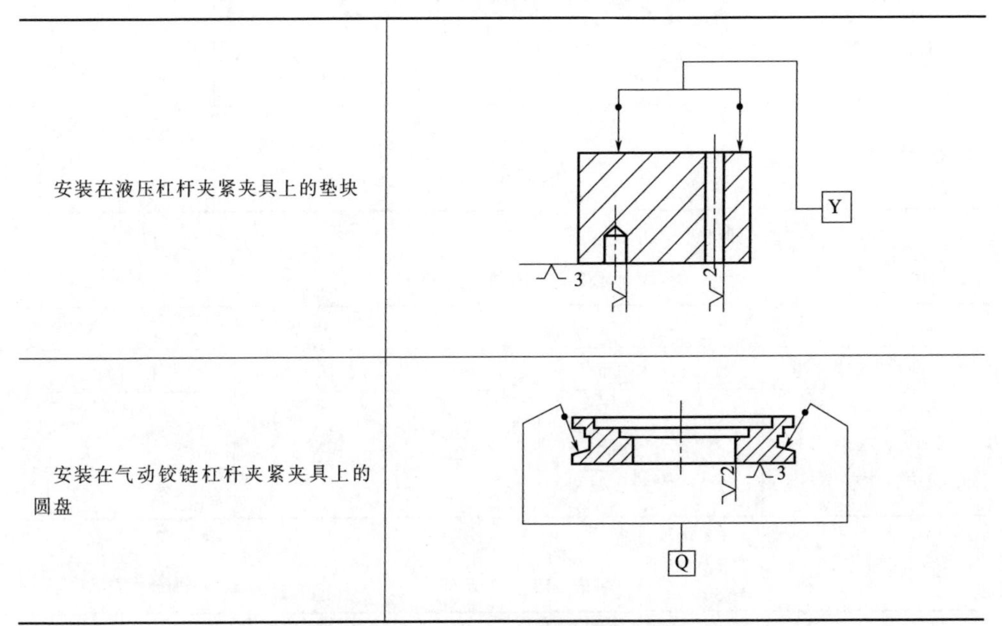

安装在液压杠杆夹紧夹具上的垫块	
安装在气动铰链杠杆夹紧夹具上的圆盘	

第三节 手动夹紧机构

在装焊作业中，使焊件一直保持确定位置的过程称为夹紧。使焊件保持确定位置的各种机构称为夹紧机构。夹紧机构对焊件起夹紧作用，是夹具组成中最重要、最核心的部分，按动力源分，有手动、气动、液压、磁力、真空、电动、混合共七类，而以手动和气动的应用最多。

一、手动夹紧机构的分类及特点

手动夹紧机构是以人力为动力源，通过手柄或脚踏板，靠人工操作用于装焊作业的机构。其结构简单，具有自锁和扩力性能，但工作效率较低，劳动强度较大，一般在单件和小批量生产中应用较多。手动夹紧机构主要有手动螺旋夹紧器、手动螺旋拉紧器、手动螺旋推撑器、手动螺旋撑圆器、手动楔夹紧器、手动凸轮（偏心轮）夹紧器、手动弹簧夹紧器、手动螺旋-杠杆夹紧器、手动凸轮（偏心轮）-杠杆夹紧器、手动杠杆-铰链夹紧器、手动弹簧-杠杆夹紧器、手动杠杆-杠杆夹紧器。手动夹紧机构的典型结构、性能及使用场合见表 2-5。

表 2-5　手动夹紧机构的典型结构、性能及使用场合

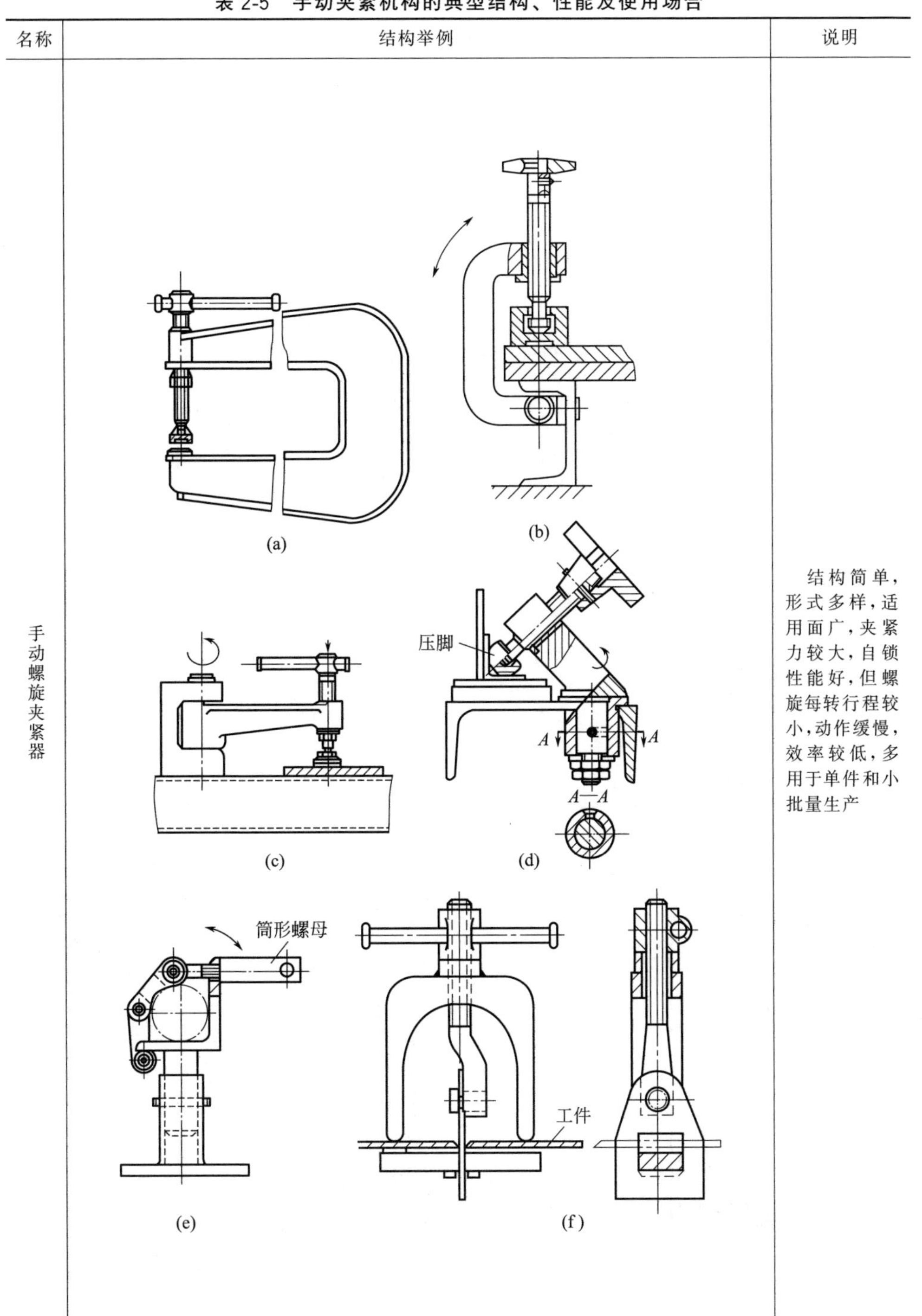

名称	结构举例	说明
手动螺旋夹紧器	(a) (b) (c) (d) (e) (f)	结构简单，形式多样，适用面广，夹紧力较大，自锁性能好，但螺旋每转行程较小，动作缓慢，效率较低，多用于单件和小批量生产

续表

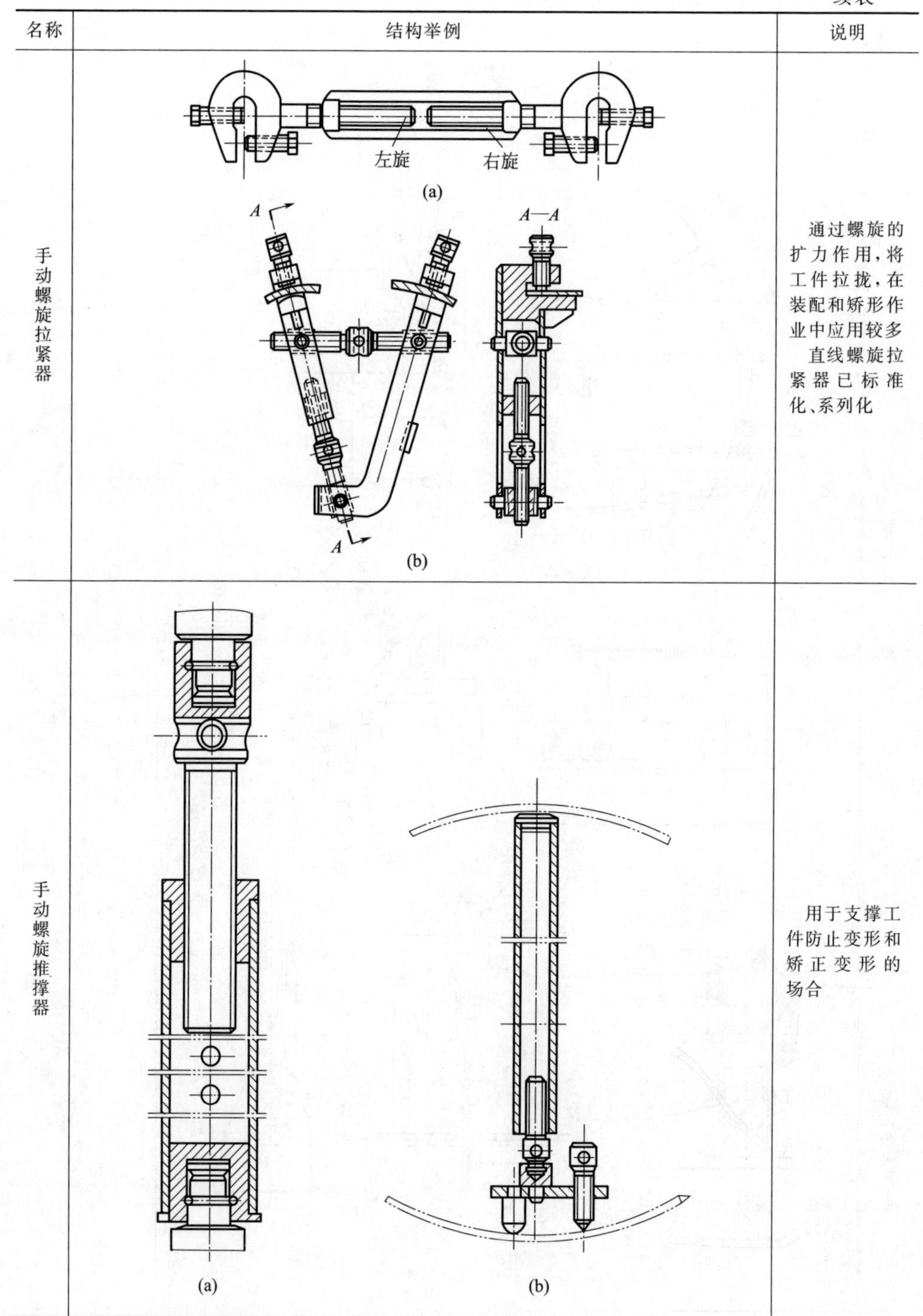

名称	结构举例	说明
手动螺旋拉紧器	(a) (b)	通过螺旋的扩力作用，将工件拉拢，在装配和矫形作业中应用较多 直线螺旋拉紧器已标准化、系列化
手动螺旋推撑器	(a)　(b)	用于支撑工件防止变形和矫正变形的场合

续表

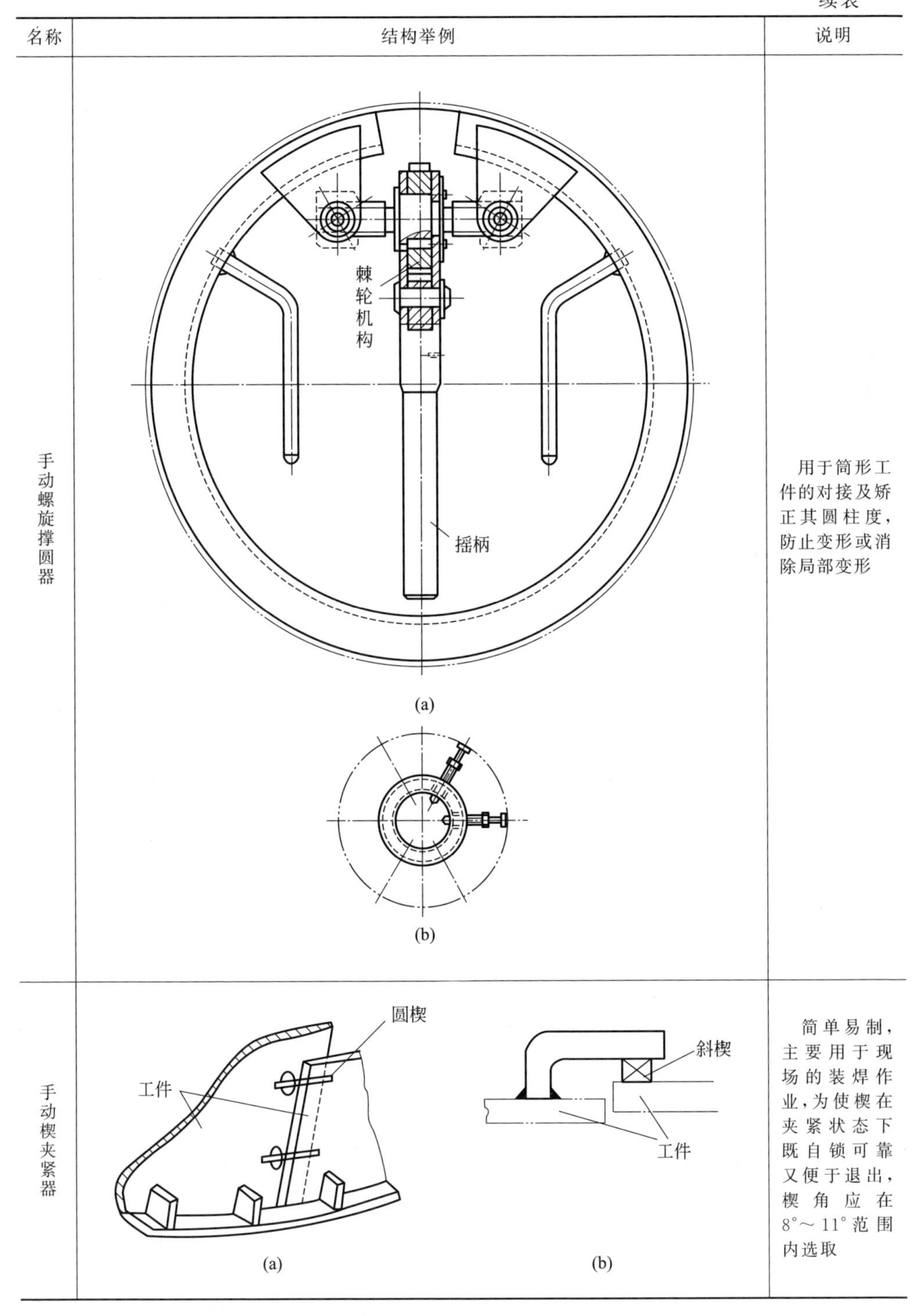

名称	结构举例	说明
手动螺旋撑圆器	(a) (b)	用于筒形工件的对接及矫正其圆柱度，防止变形或消除局部变形
手动楔夹紧器	(a)　(b)	简单易制，主要用于现场的装焊作业，为使楔在夹紧状态下既自锁可靠又便于退出，楔角应在8°～11°范围内选取

续表

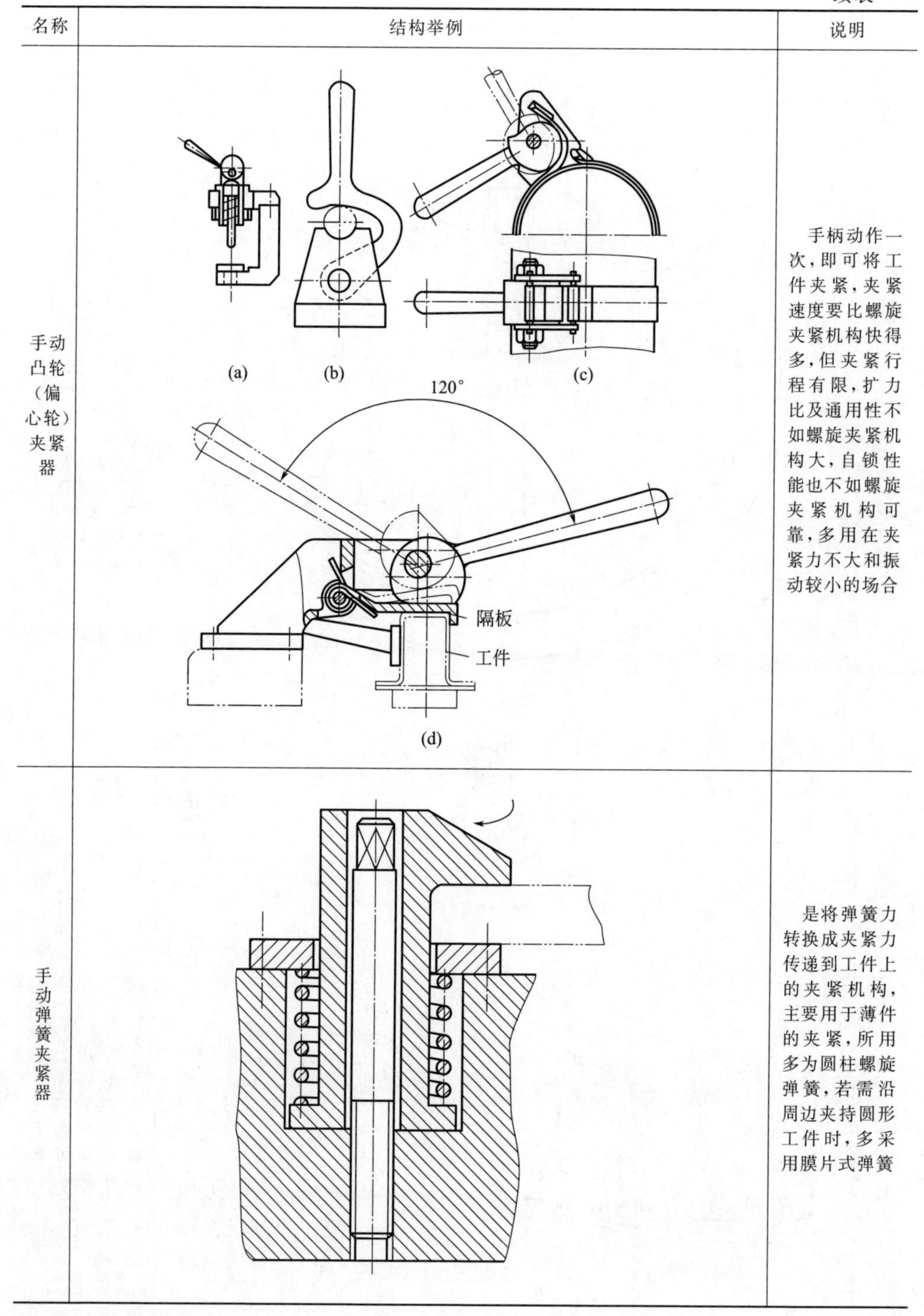

名称	结构举例	说明
手动凸轮(偏心轮)夹紧器	(a) (b) (c) (d)	手柄动作一次，即可将工件夹紧，夹紧速度要比螺旋夹紧机构快得多，但夹紧行程有限，扩力比及通用性不如螺旋夹紧机构大，自锁性能也不如螺旋夹紧机构可靠，多用在夹紧力不大和振动较小的场合
手动弹簧夹紧器		是将弹簧力转换成夹紧力传递到工件上的夹紧机构，主要用于薄件的夹紧，所用多为圆柱螺旋弹簧，若需沿周边夹持圆形工件时，多采用膜片式弹簧

续表

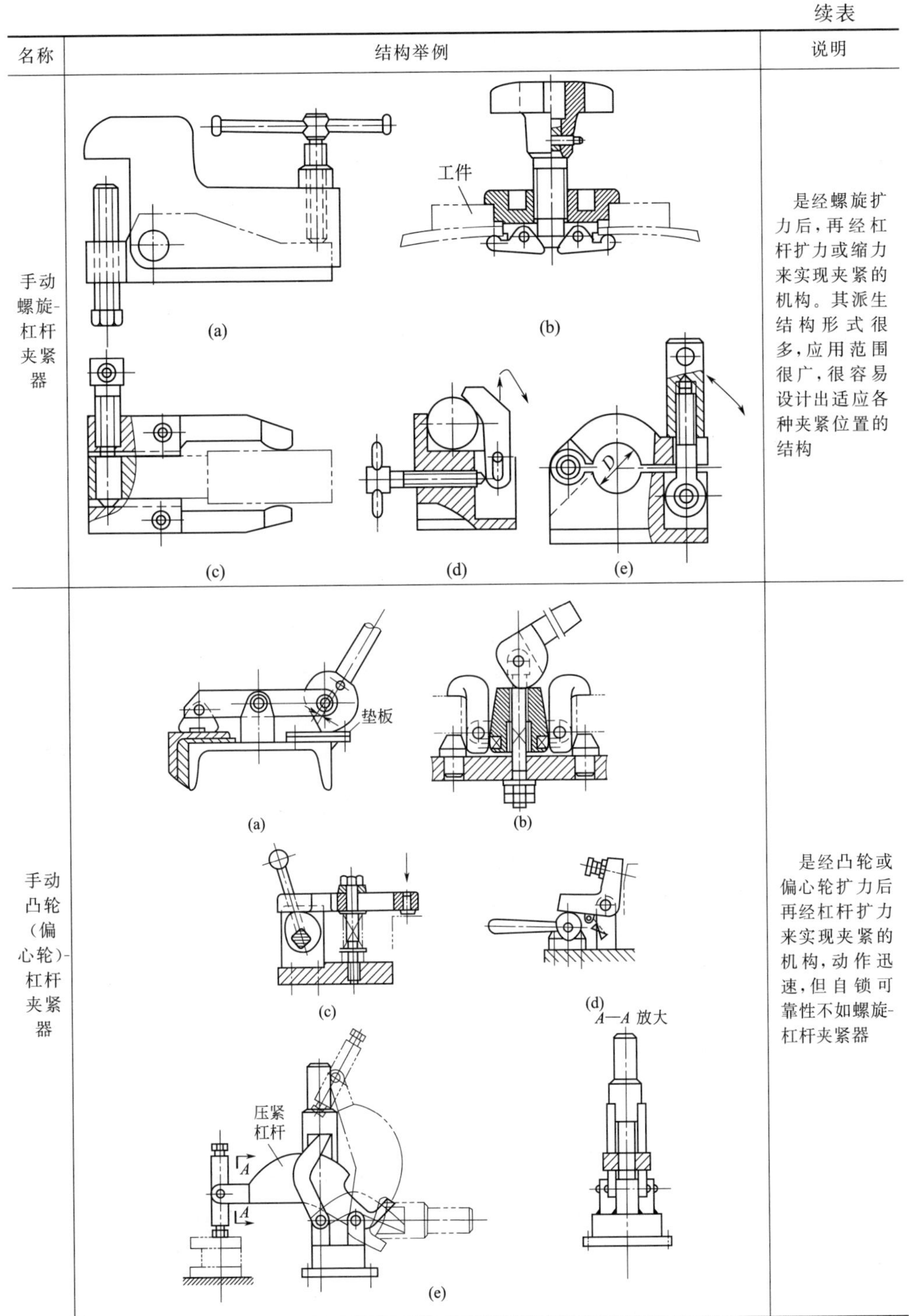

名称	结构举例	说明
手动螺旋-杠杆夹紧器	(a)　(b)　(c)　(d)　(e)	是经螺旋扩力后，再经杠杆扩力或缩力来实现夹紧的机构。其派生结构形式很多，应用范围很广，很容易设计出适应各种夹紧位置的结构
手动凸轮（偏心轮）-杠杆夹紧器	(a)　(b)　(c)　(d)　(e)	是经凸轮或偏心轮扩力后再经杠杆扩力来实现夹紧的机构，动作迅速，但自锁可靠性不如螺旋-杠杆夹紧器

续表

名称	结构举例	说明
手动杠杆-铰链夹紧器	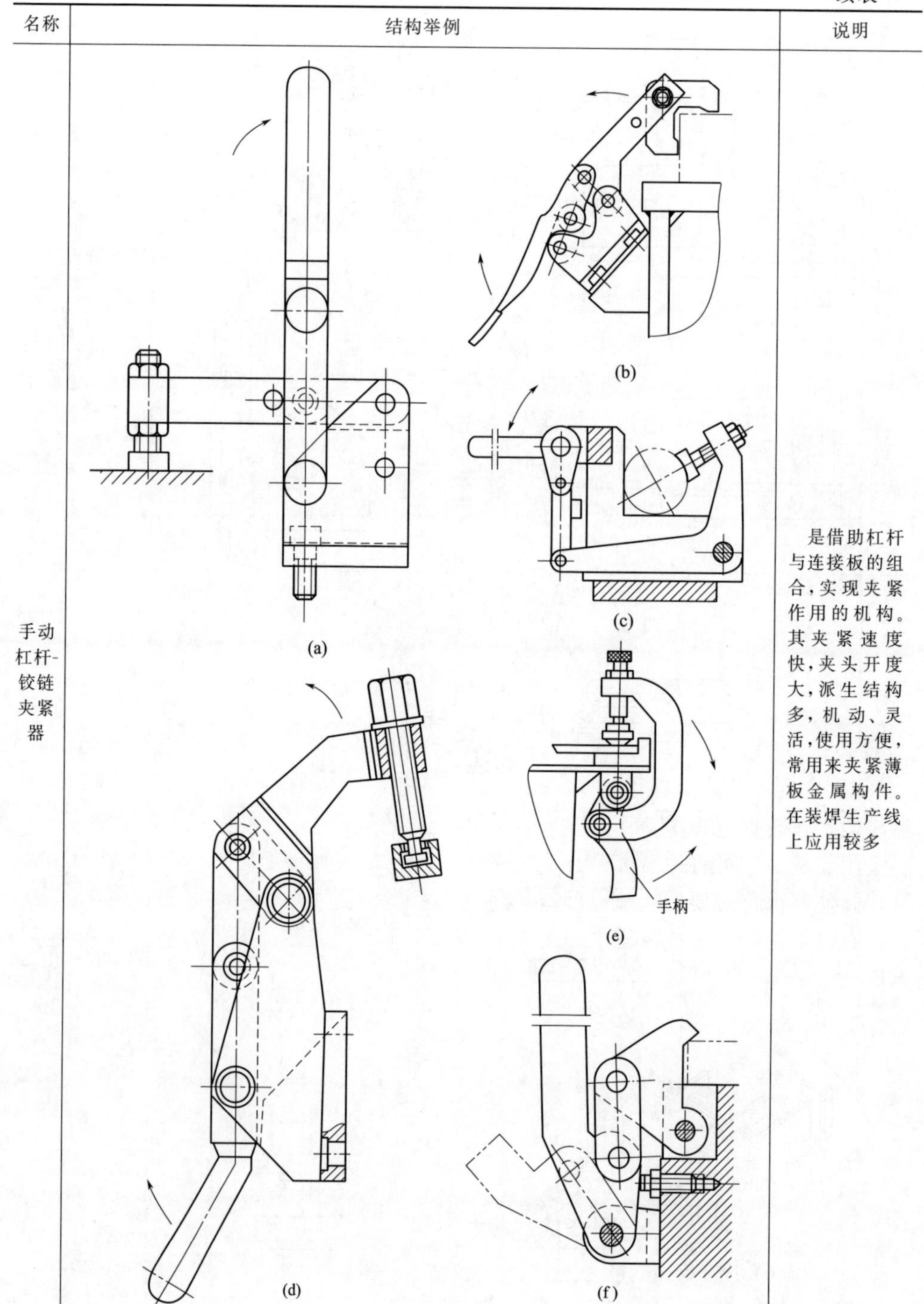 (a) (b) (c) (d) (e) (f)	是借助杠杆与连接板的组合，实现夹紧作用的机构。其夹紧速度快，夹头开度大，派生结构多，机动、灵活，使用方便，常用来夹紧薄板金属构件。在装焊生产线上应用较多

续表

名称	结构举例	说明
手动弹簧-杠杆夹紧器		弹簧力经杠杆扩力或缩力后实现夹紧作用的机构，适用于薄件的夹紧，应用不广泛
手动杠杆-杠杆夹紧器		通过两级杠杆传力实现夹紧，扩力比大，但实现自锁较困难，应用不广泛

设计手动夹紧机构时，其手柄操作高度以0.8～1m为宜，操作力应在150N以下，短时功率控制在120W以内；夹具处在夹紧状态时，应有可靠的自锁性能。

二、楔块夹紧机构

楔块夹紧机构是利用楔的斜面将楔块的推力转变为夹紧力从而将工件夹紧的一种机构，在装焊过程中常作为独立的夹具而广泛应用。图2-13所示为斜楔夹紧器的应用实例。它可将被装配的一个零件压紧在另一个零件上，或对齐两块对接的板材，并使其保持必要的装配间隙等。使用时用手锤直接敲击楔块的端部以获得夹紧力，有时将楔块与杠杆、螺旋、偏心轮、气动或液压装置等配合使用。

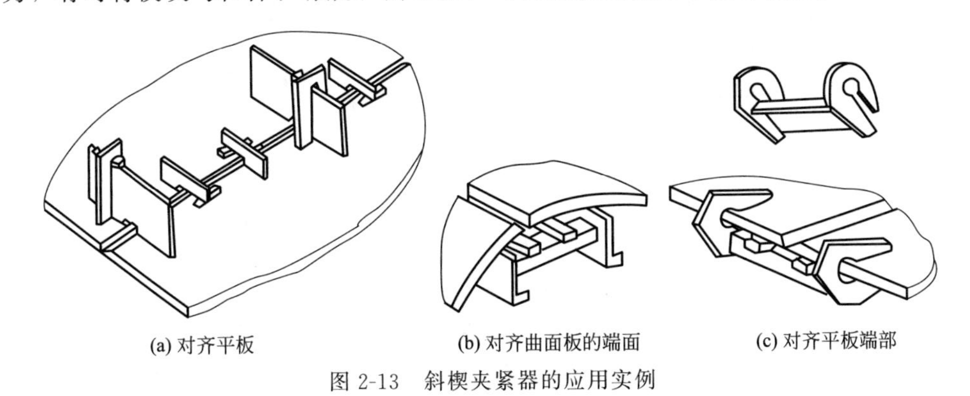

(a) 对齐平板　(b) 对齐曲面板的端面　(c) 对齐平板端部

图2-13　斜楔夹紧器的应用实例

1. 夹紧力的计算

不同的斜楔夹紧机构其夹紧力计算公式不相同，以图 2-14 所示的夹紧机构为例。如图 2-14(a) 所示，以斜楔为研究对象，夹紧时根据静力平衡原理有

$$\sum F_Y=0$$

$$F_j=F_{RY}=F_{R2}\cos(\alpha+\varphi_2)$$

$$\sum F_X=0$$

$$Q=F_1+F_{RX}=F_j\tan\varphi_1+F_{RY}\tan(\alpha+\varphi_2)$$

$$F_j=\frac{Q}{\tan\varphi_1+\tan(\alpha+\varphi_2)} \tag{2-23}$$

式中 F_j——斜楔夹紧机构产生的夹紧力，N；

Q——原始作用力，N；

α——斜楔升角，(°)；

φ_1——平面摩擦时作用在直面上的摩擦角，(°)；

φ_2——平面摩擦时作用在斜面上的摩擦角，(°)。

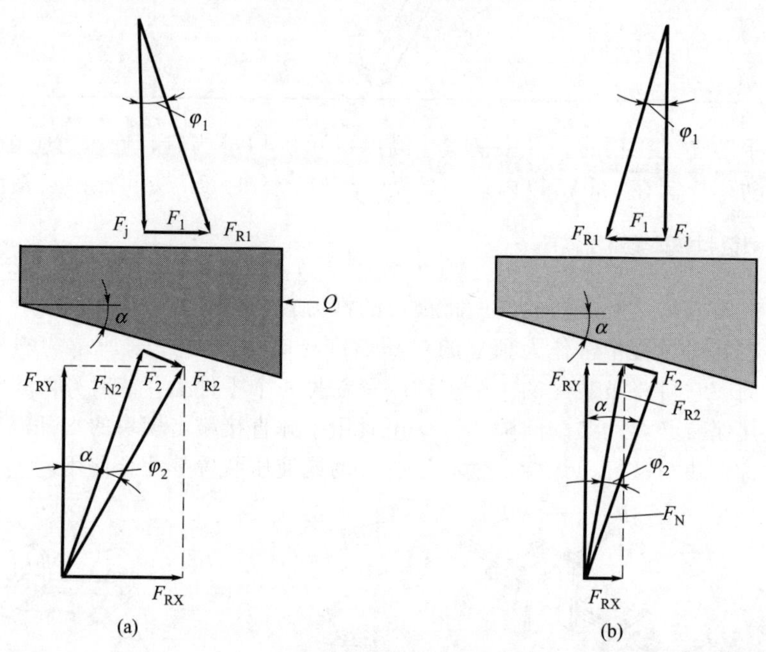

图 2-14 斜楔夹紧机构受力分析

如图 2-14 (b) 所示，以斜楔为研究对象，自锁时撤去 Q，根据静力平衡原理有

$$\sum F_Y=0$$

$$F_j=F_{RY}=F_{R2}\cos(\alpha-\varphi_2)$$

为了安全，斜楔夹紧后要保证自锁，必须满足

$$F_1 > F_{RX}$$

由图 2-14（b）可知

$$F_1 = F_j \tan\varphi_1$$

$$F_{RX} = F_{RY} \tan(\alpha - \varphi_2)$$

因此有

$$F_j \tan\varphi_1 > F_{RY} \tan(\alpha - \varphi_2)$$

已知 $F_j = F_{RY}$，故 $\varphi_1 > \alpha - \varphi_2$，也就是 $\alpha < \varphi_1 + \varphi_2$。

一般钢铁接触摩擦因数 $f = 0.1 \sim 0.15$，故

$$\varphi = \arctan(0.1 \sim 0.15) = 5°43' \sim 8°30'$$

相应 $\alpha = 10° \sim 17°$。为了保险，手动夹紧时取 $\alpha = 6° \sim 8°$；气动或液压夹紧时取 $\alpha = 11° \sim 30°$，不考虑自锁。夹紧行程根据图 2-15 按式（2-24）确定。

$$h = s \tan\alpha \tag{2-24}$$

式中 h——斜楔夹紧行程，mm；

s——斜楔移动距离，mm。

传动效率用式（2-25）确定。

$$\eta = \frac{h}{s} = \tan\alpha \tag{2-25}$$

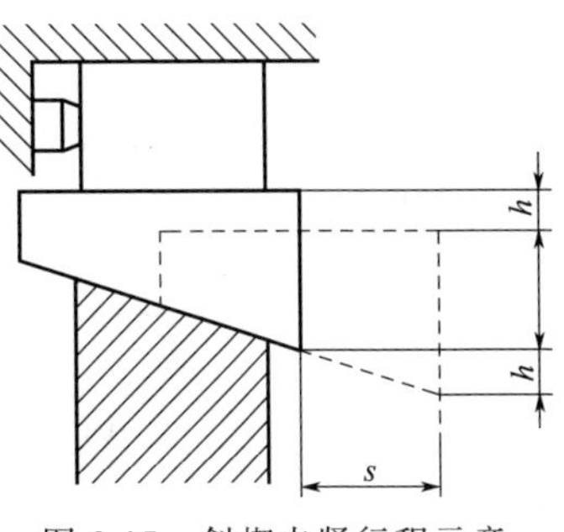

图 2-15 斜楔夹紧行程示意

表 2-6 给出了几种典型斜楔夹紧机构夹紧力的计算公式。

表 2-6 几种典型斜楔夹紧机构夹紧力的计算公式

形式	单斜楔斜面滚动	双斜楔斜面滑动	柱塞式单斜楔两面滑动
工作原理			
计算公式	$F = \dfrac{Q}{\tan(\alpha + \varphi_{1d}) + \tan\varphi_2}$	$F = \dfrac{Q}{\tan(\alpha + \varphi_1)}$	$F = Q\dfrac{l - \tan(\alpha + \varphi_1)\tan\varphi_3}{\tan(\alpha + \varphi_1) + \tan\varphi_2}$

注：φ_3—导向孔对移动柱塞的摩擦角，(°)；φ_{1d}—滚子作用在斜楔面上的当量摩擦角，(°)；$\tan\varphi_{1d} = \dfrac{d}{D}\tan\varphi_1$，其中 d 为滚子转轴直径，mm；D 为滚子外径，mm；其余符号同前。

2. 优缺点与应用

斜楔夹紧机构的优点是结构简单、易于制造，既能独立使用又能与其他机构联合使用。缺点是夹紧力不大，效率低，手工操作费力；独立使用时零件较多，有些需预先焊到工件上，用后还要铲掉。手动斜楔多在单件小批生产或在现场大型金属结构的装配和焊接中使用；和其他机构联合使用时，常以气动或液动作动力源。

三、螺旋夹紧机构

1. 工作原理

旋转螺钉或螺母使两者之间产生相对的轴向移动而压紧工件。螺旋相当于把斜楔绕在圆柱体上，当转动时，绕在圆柱体上的斜楔高度发生变化，于是获得夹紧工件的行程。

螺旋有两种夹紧形式，一是螺钉夹紧，二是螺母夹紧，如图 2-16 所示。以螺钉夹紧最常用。

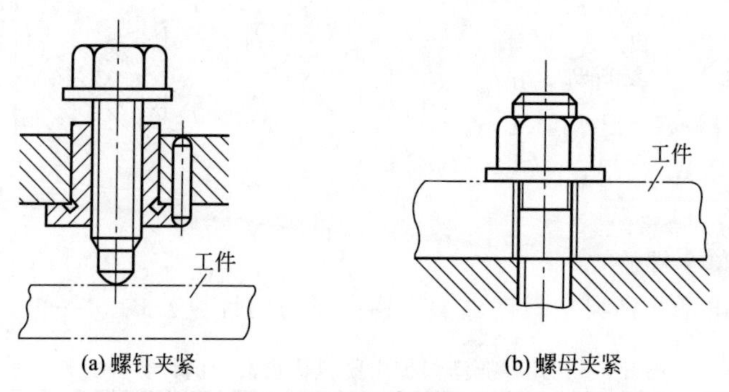

图 2-16 螺旋夹紧结构

螺钉夹紧时转动螺钉，若螺钉头与工件直接接触，可能损伤工件表面或带动工件旋转。为此，在螺钉头部常装有摆动压块，如图 2-17 所示：图(a) 的压块用于压紧已加工的光面；图(b) 的压块端面有齿纹，用于压紧未加工的毛坯面。为了防止夹具体被磨损，采用螺母套筒，并用止动销（或螺钉）防止其松动［图 2-16(a)］。

活动压脚，特别是摆动式活动压脚，不仅在螺旋夹紧机构中广泛采用，而且在其他夹紧机构的出力端也常被采用。

如图 2-18 所示，型钢的压紧采用螺旋夹紧，螺杆与工件接触处采用活动压脚形式，夹紧稳定可靠。

2. 夹紧力的计算

因螺旋可视为绕在圆柱体上的斜楔，故夹紧力的计算与斜楔相似，以螺钉夹紧为例，旋转螺钉在轴向产生的夹紧力为

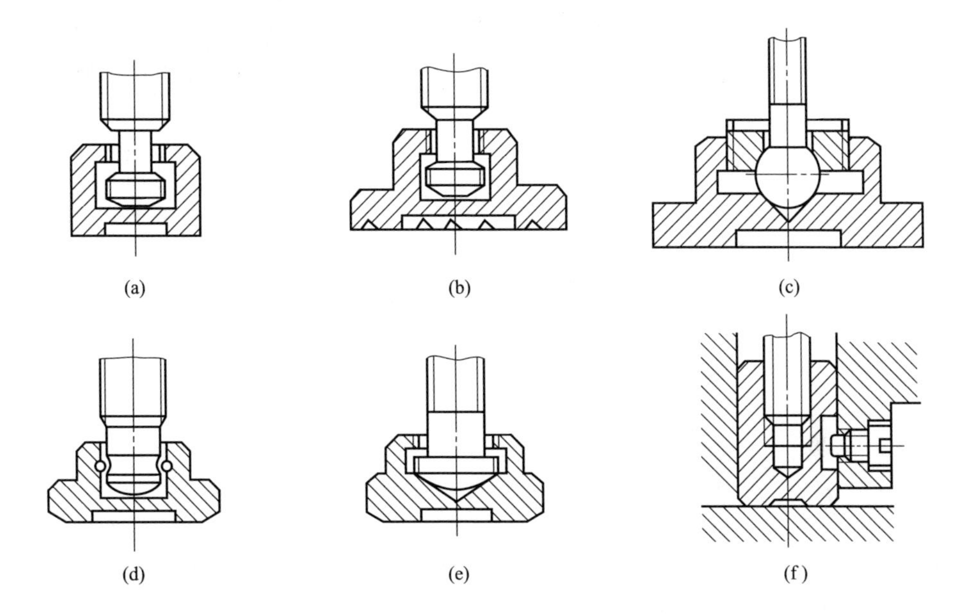

图 2-17　螺钉夹紧的摆动压块结构

$$F=\frac{QL}{r_1\tan\varphi_1+r_2\tan(\alpha+\varphi_2)} \qquad (2\text{-}26)$$

图 2-18　型钢的螺旋夹紧

式中　F——单个螺旋夹紧产生的夹紧力，N；

Q——原始作用力，N；

L——作用力臂，mm；

r_1——螺杆端部与工件间的当量摩擦半径，mm，与端部结构形式有关，见表 2-7；

r_2——螺纹中径之半，mm；

φ_1——螺杆端部与工件（或压块）的摩擦角，(°)，通常取 $\tan\varphi_1=0.1\sim0.15$；

φ_2——螺杆与螺母之间的摩擦角，(°)，通常取 $\varphi_2=8°\sim10°$；

α——螺纹升角，(°)，$\alpha=\arctan\frac{nP}{2\pi r_2}$；

P——螺距，mm；

n——螺纹线数。

螺旋副的牙型常选用梯形螺纹（GB/T 5796.1～5796.4—1986）。虽然梯形螺纹的机械效率比矩形螺纹低一些，但牙根强度高，加工工艺性好，内、外螺纹呈锥面接触而对中性好，且不易松动，所以在夹紧机构的螺旋副中得到广泛的应用。

表 2-7　螺杆端部与工件间的当量摩擦半径 r_1

形式	点接触	平面接触	圆周线接触	圆环面接触
简图	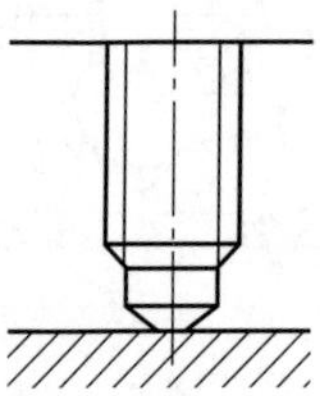 d_0	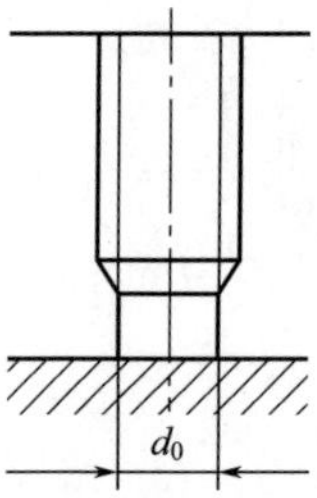	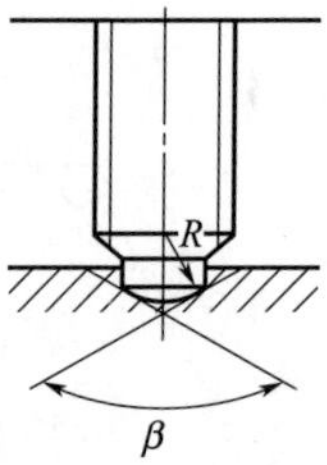 R β	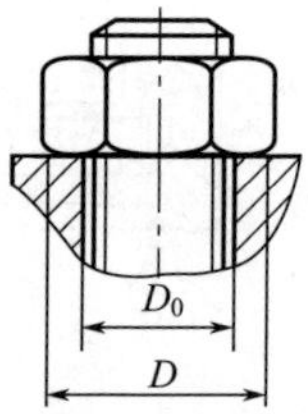 D_0 D
r_1	0	$\frac{1}{3}d_0$	$R\cot\frac{\beta}{2}$	$\frac{1}{3}\times\frac{D^3-D_0^3}{D^2-D_0^2}$

当螺旋副的公称直径小于12mm时，常选用粗牙普通螺纹（GB/T 192—1981、GB/T 193—1981、GB/T 196—1981、GB/T 197—1981）。普通螺纹的自锁性好，螺纹小径处螺牙厚度与螺距的比值比其他螺纹大得多，因而相对抗剪强度很高。另外，这种螺纹的牙底有较大的圆角，所以应力集中也小。当夹具安装和作业空间受到限制而需用小直径螺旋副时，采用这种牙型的螺纹，更容易满足夹具使用的工况要求。

螺杆常用的材料有Q275、45钢和50钢，通常不经热处理而直接使用。螺母的材料有QT400、35钢和ZCuSn10Pb1等。

螺旋副的旋合长度选用中等旋合长度的下限值，这样有利于焊后夹具的松夹。螺旋副一般采用粗糙精度，要求较高时，才选用中等精度。

四、圆偏心夹紧机构

偏心夹紧机构是指用偏心件直接或间接夹紧工件的机构。有圆偏心（偏心轮）和曲线偏心（凸轮）两种。圆偏心的偏心件外形为圆，制造方便，应用最广。曲线偏心的偏心件的外形是某种曲线，目的是使升角不变，从而保持夹紧性能稳定，一般常用阿基米德螺线与对数曲线。但曲线偏心偏心件的制造不如圆偏心方便，故只在夹紧工件行程较大时采用。这两类偏心夹紧机构虽然结构形式不同，但其夹紧原理完全一样。下面将着重讨论圆偏心夹紧机构。

1. 工作原理

圆偏心是指圆形夹紧轮的回转轴心线与几何轴心线不同轴，如图2-19所示。O_1是偏心轮的几何中心，R是偏心轮的半径；O_2是偏心轮的回转中心，两者不重合，距离e称偏心距。当偏心轮绕O_2回转时，O_2到被夹工件表面间的距离h是变化的，利用h值的变化对工件夹紧。

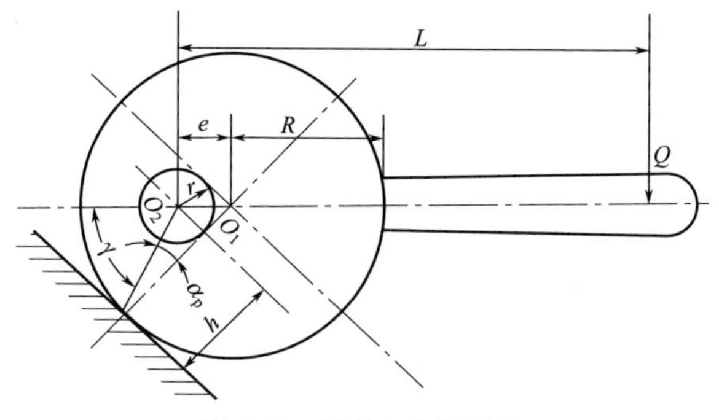

图 2-19　圆偏心夹紧原理

2. 自锁条件

如图 2-20(a) 所示，偏心轮 1 上有一偏心孔，通过此孔自由地安装在轴 2 上并绕该轴旋转，手柄 3 是用来控制偏心轮旋转的。当转动手柄使偏心轮的工作表面与焊件或中间机构在 K 点接触后，偏心轮应能依靠其自锁性将焊件夹紧。偏心轮的几何中心 C 与回转中心 O 之间的距离 e 为偏心距。垂直于回转中心和接触点连线的直线与接触点切线之间所形成的锐角 λ，称为该接触点的升角。

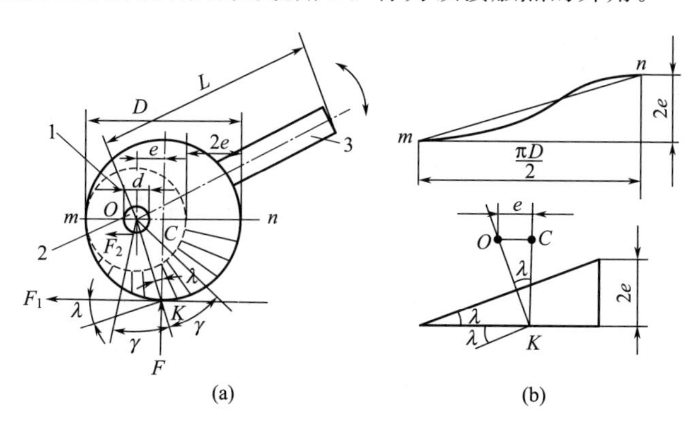

图 2-20　圆偏心夹紧机构及其升角定义

1—偏心轮；2—轴；3—手柄

由图 2-20 (a) 可以看出，在偏心机构上实际起夹紧作用的是图上画有细实线的部分，将它展开后横坐标长为圆弧 mKn 的长度即$\frac{\pi D}{2}$，纵坐标为圆弧 mKn 均分点对应的旋转半径增量，将各点连接后即近似于楔的形状［图 2-20 (b)］，亦即偏心夹紧相当于楔夹紧。m 点回转半径为 $Om=\frac{D}{2}-e$，n 点的回转半径为 $On=\frac{D}{2}+e$，则两点回转半径之差为 $2e$，这就是偏心轮的理论最大夹紧量。

偏心轮的升角λ是变化的。偏心轮的升角λ定义：如图2-21所示，偏心轮上任意受压点x与旋转中心O和几何中心O_1连线间的夹角$\angle OxO_1$就是x点的升角λ。由图2-21中$\triangle Ocx$可得

$$\tan\lambda=\frac{Oc}{cO_1+O_1x} \tag{2-27}$$

$$Oc=e\cos\beta$$

$$cO_1=e\sin\beta$$

$$O_1x=\frac{D}{2}$$

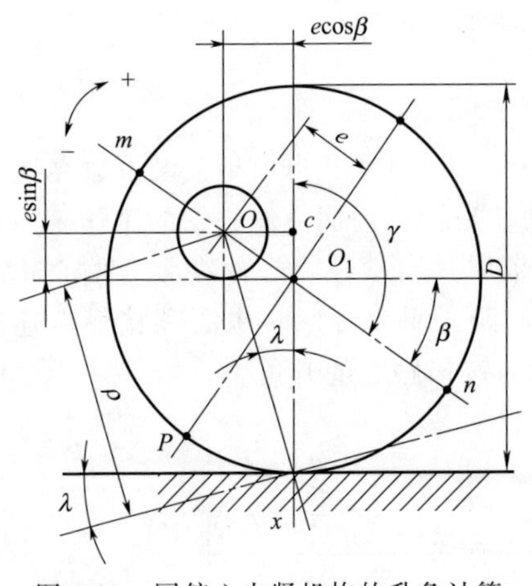

图2-21 圆偏心夹紧机构的升角计算

由此可得

$$\tan\lambda=\frac{e\cos\beta}{0.5D+e\sin\beta} \tag{2-28}$$

由式（2-28）可知，当$\beta=\pm90^\circ$时，$\tan\lambda=0$，即$\lambda=\lambda_{min}=0^\circ$，因此$m$点及$n$点的$\lambda$最小（几乎等于零）。而当$\beta=0^\circ$时，$\tan\lambda=2e/D$，$\lambda$最大。$\lambda$值一般都很小，故可取$\tan\lambda\approx\lambda$，因此$\lambda_{max}\approx2e/D$，即图2-20(a)所示位置，$K$点升角最大。

β为偏心轮的回转角，是水平轴线与回转中心O和几何中心O_1连线的夹角，回转角范围为$\pm90^\circ$，如图2-21所示，顺时针旋转β为正，逆时针旋转β为负。

偏心转角γ定义为偏心轮几何中心O_1与回转中心O的连线O_1O和几何中心O_1与夹紧点x的连线O_1x之间的夹角。偏心转角γ和回转角β之间的关系为

$$\gamma=\beta+90^\circ$$

偏心轮的夹紧工作面，理论上可取m点至n点的下半圆周，即相当于180°转角的部分，但在实际应用中，常只取K点至n点之间的一段，即相当于90°转角的部分，或K点左右偏心转角γ为35°～45°之间的一段圆弧。

在圆偏心夹紧中，夹紧力是随升角λ的大小而变化的［式(2-36)］，λ越小，夹紧力越大；λ越大，夹紧力越小。当偏心轮的工作部分选择在K点附近时，由于在左右偏心转角为35°～45°之间的一段圆弧内，λ的变化不大，所以可以得到较稳定的夹紧力，因此常以K点为准进行夹紧力的计算。由图2-20(a)看出，若不计偏心轮的自重，为保证夹紧状态时的自锁，必须满足式（2-29）。

$$Fe\leqslant F_1\frac{D}{2}+F_2\frac{d}{2} \tag{2-29}$$

式中 F——夹紧反力；

e——偏心距；

F_1——焊件与偏心轮间的摩擦力；

F_2——偏心轮轴孔处的摩擦力；

D——偏心轮的直径；

d——轴径。

因偏心轮轴孔处的摩擦力 F_2 较小，可以忽略，则式(2-29) 可写为

$$Fe \leqslant F_1 \frac{D}{2} \tag{2-30}$$

将焊件与偏心轮间的摩擦力 $F_1 = fF$（f 为焊件与偏心轮间的摩擦因数）代入并约去 F 后得

$$f \geqslant \frac{e}{D/2} = \frac{2e}{D} \tag{2-31}$$

由图 2-20 可知，$\tan\lambda = \frac{2e}{D}$，代入式(2-31) 得

$$\tan\lambda \leqslant f$$

因摩擦因数 $f = \tan\phi$（ϕ 为焊件与偏心轮间的摩擦角），故上式可改写为

$$\lambda \leqslant \phi \tag{2-32}$$

由式(2-32) 可知，圆偏心夹紧的自锁条件必须是升角小于摩擦角。由于偏心轮在夹紧过程中升角 λ 是变化的，因此其自锁性能也是变化的。当偏心线段 Oc 处在水平位置时，λ 最大，自锁性能最差，影响使用安全。当 Oc 处于垂直位置时，λ 为零，偏心轮又卡得很紧，使松夹困难。

此外，为了保证自锁条件，从 $\tan\lambda = \frac{2e}{D}$ 关系中不难看出，只有当 e 较小、D 较大时才容易做到。可是由于夹紧行程的限制，e 不可能很小，所以只有增大 D 才能保证自锁条件。上述两个问题是圆偏心夹紧机构的缺点。对于钢与钢的摩擦，通常取 $f = 0.1$，将此值代入式(2-31)，得出圆偏心夹紧机构的自锁条件是

$$D \geqslant 20e$$

在实际应用中，考虑到偏心轮轴孔处仍有摩擦，取 $D \geqslant 14e$ 仍可保证自锁。因此，在进行圆偏心夹紧机构设计时，偏心轮外径等于或大于 14 倍的偏心距就可以满足要求。

3. 夹紧力的计算

由于圆偏心夹紧机构可视为绕在转轴上的单楔，因而在计算其夹紧力时，可按单楔作用在焊件与转轴之间的情况来考虑。

如图 2-22(a) 所示，在距离回转中心 L 处的手柄上，作用一力 F_s，使偏心轮绕轴转动，此时相当于一假想的单楔向左推移。F_s 对回转中心产生的力矩 $F_s L$，传至离回转中心距离为 ρ 的接触点 K 处，变为力矩 $F_g \rho$，这两个力矩应相等，即

$$F_s L = F_g \rho \tag{2-33}$$

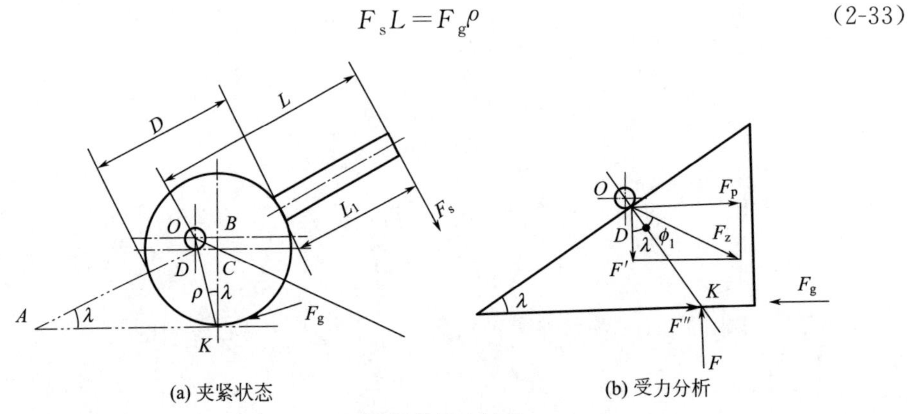

图 2-22 夹紧力计算

此时，可以认为在升角为 λ 的假想单楔上受到外力 F_g 的作用而对焊件产生夹紧力。如图 2-22(b) 所示，假想楔除受外力 F_g 作用外，还受到焊件给予的反作用力 F 和摩擦力 F''，以及转轴给予的总反力 F_z。F_z 可分解为水平分力 F_p 和垂直分力 F'。由于 λ 很小，F_g 的方向可视为水平的，因而当夹紧机构处于平衡状态时，水平和垂直方向的力平衡方程分别为

$$F_g = F_p + F'' \tag{2-34}$$
$$F = F'$$

由图 2-22(b) 可知

$$F_p = F'\tan(\lambda + \phi_1) = F\tan(\lambda + \phi_1)$$

又有

$$F'' = F\tan\phi_2$$

上两式代入式(2-34) 得

$$F_g = F\tan(\lambda + \phi_1) + F\tan\phi_2 \tag{2-35}$$

再将式(2-35) 代入式(2-33) 得

$$F = \frac{F_s L}{\rho[\tan(\lambda + \phi_1) + \tan\phi_2]} \tag{2-36}$$

式中 F——夹紧力，N；

F_s——作用在手柄上的外力，N；

ϕ_1——偏心轮与转轴之间的摩擦角，通常取 6°；

ϕ_2——偏心轮与焊件之间的摩擦角，通常取 6°；

L——外力作用点至偏心轮回转中心的距离，mm；

ρ——焊件与偏心轮的接触点至回转中心的距离，mm；

λ——接触点处的升角，(°)，升角随接触点而变化，若以 K 点［图 2-20(a)］为

准进行夹紧力计算时，则 $\lambda=\arctan\dfrac{2e}{D}$；

e——偏心距；

D——偏心轮的直径。

ρ 也随接触点而变化，若以 K 点为准进行夹紧力计算时

$$\rho=\frac{D}{2\cos\lambda}$$

若以 $L\approx(4\sim5)\ \dfrac{D}{2}$，$\phi_1=\phi_2=6°$，$\lambda=4°$（圆偏心夹紧机构满足自锁条件的平均升角），$\rho=\dfrac{D}{2\cos\lambda}$代入式(2-36)，可得

$$F\approx(14.2\sim17.7)F_s$$

由此不难看出，圆偏心夹紧机构的扩力比远远小于螺旋夹紧机构的扩力比。由于圆偏心夹紧机构的扩力比小，且自锁性能随升角的变化而变化，因而夹紧稳定性不够，所以多用在夹紧力不大、振动较小、开合频繁的场合。同时因其需要带手柄，故也不宜用于旋转的夹具，若手柄设计成活动的，可取下，就不受此限制。

4. 夹紧行程

如图 2-21 所示，偏心轮的夹紧行程 h 就是 O_1 点相对 O 点的高度变化值，h 可根据偏心距 e 和回转角 β 确定。当 m 点接触工件时 O_1 点处于最高点，相应的高度为偏心距 $OO_1=e$。回转角为 β 时它的夹紧行程设为 h，因为

$$OO_1=e，cO_1=e\sin\beta$$

所以

$$h=OO_1+cO_1=e(1+\sin\beta)$$

当回转角 β 在 $\pm$ 90°范围内变化，则 h 相应在 0～$2e$ 范围内变化。

工作行程 s 为 O_1 点相对于 O 点的水平移动距离，当偏心转角 γ 从 γ_1 转至 γ_2 时，其工作行程 s 为

$$s=e\sin(180°-\gamma_1)-e\sin(180°-\gamma_2)=e(\sin\gamma_1-\sin\gamma_2)$$

5. 机构设计

因偏心轮工作时是高副接触，容易磨损，为了减缓其磨损，设计时要求偏心轮表面进行渗碳淬火处理，其硬度应达到 50～60HRC，必须大于垫板工作面的硬度。为了便于操作，也为了减缓偏心轮表面的磨损，其表面粗糙度 Ra 值应不大于 1.6μm。要注意，不能用增加表面粗糙度的方法来提高圆偏心夹紧机构的自锁性能。

偏心轮的材料，可用 T7A（45～50HRC）或 T8A（50～55HRC），也可采用 20 钢或 20Cr（渗碳 0.8～1.2mm，淬火 55～60HRC）。

另外，考虑到磨损后的补偿，应将偏心轮接触的垫板制成可更换或可调节的。

圆偏心夹紧机构的结构形式如图 2-23 所示，有凸轮式、手柄式、转轴式三类。凸轮式和转轴式的区别是，前者的偏心轮是套在转轴上的，通过键将转轴上的力矩传递到偏心轮上；后者的偏心轮与转轴制成一体，因此传力好，结构紧凑。

考虑到偏心轮占用空间过多会不利于焊件的装卸和焊接作业，可将其无用部分削去［图 2-23(b)、(c)、(d)］。为了增加夹紧行程，也可将偏心轮制成双面工作的［图 2-23(b)、(c)］。转轴式圆偏心夹紧机构有双支承［图 2-23(f)］和单支承［图 2-23(g)］两种，双支承的刚性好，用在夹紧力较大的场合。

图 2-24 所示为采用偏心轮结合杠杆将上下两块板夹紧。

上述各种结构，都是圆偏心夹紧机构的常用结构，设计者可根据具体情况合理选用。

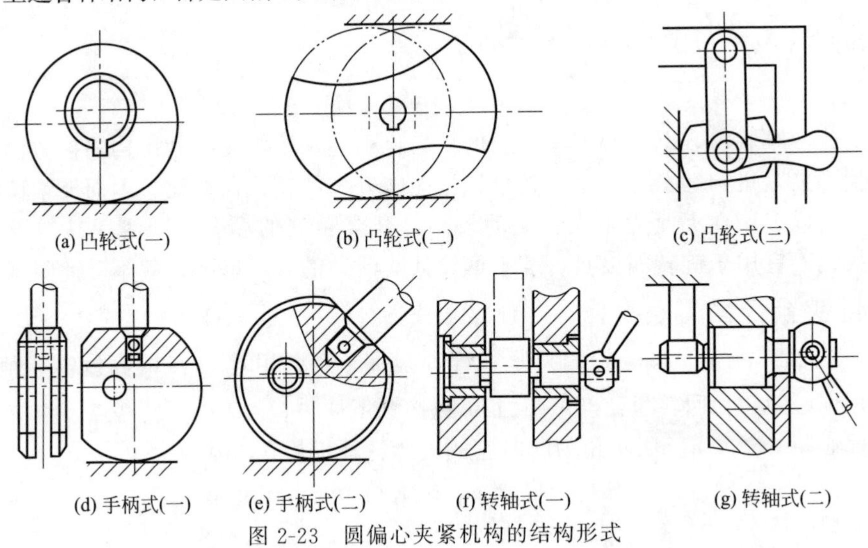

图 2-23 圆偏心夹紧机构的结构形式

图 2-24 两块板的圆偏心轮夹紧

五、弹簧夹紧机构

弹簧夹紧机构是将弹簧力转换成持续夹紧力传递到焊件上的夹紧机构。弹簧力即为夹紧力，所用弹簧多为圆柱螺旋弹簧，若需沿周边夹持圆形焊件时，多采用膜片式弹簧。弹簧夹紧机构有以下优点。

① 限制并稳定夹紧力。在夹紧状态下调整弹簧的变形量，则夹紧力限定在某范围内。

② 在批量生产使用时，夹紧力稳定，其力的大小无变化。

③ 弹簧夹紧容易实现自动夹紧。

应用较多的有圆柱螺旋弹簧（拉伸弹簧和压缩弹簧）和碟形弹簧两种结构形式。若要夹紧力很大，轴向尺寸较小时，则采用碟形弹簧。图 2-25(a) 中碟形弹簧受压缩产生原始力，将心轴下移使弹簧夹头向外扩张将工件夹紧，心轴向上顶动时，弹簧夹头内缩，工件被松开。图 2-25(b) 所示为碟形弹簧产生原始力，由摆动压板将工件夹紧。可卸手柄 1 套在偏心轮 2 的短柄上，操作偏心轮而将压板压向中间则松开工件。夹紧与松开工件，弹簧都处在压缩状态。

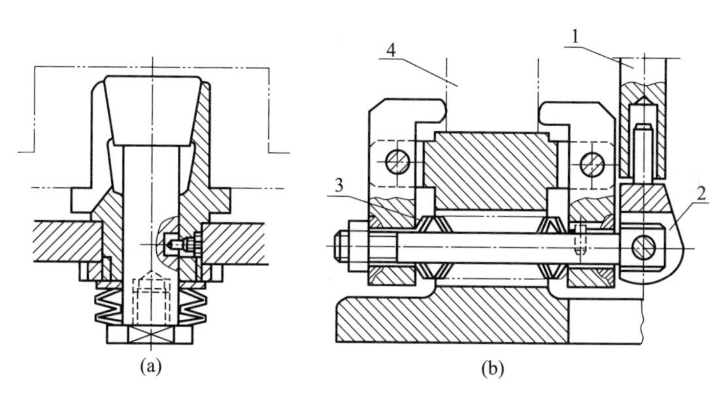

图 2-25　弹簧夹紧机构

1—可卸手柄；2—偏心轮；3—碟形弹簧；4—工件

第四节　复合夹紧机构

复合夹紧机构是由几种简单夹紧件和传力件利用杠杆原理和自锁原理组成的夹紧机构，用途很广，与简单夹紧机构比较有下列优点。

① 扩大夹紧力。

② 可使整个夹紧机构得到自锁，以弥补无此作用的简单夹紧机构的缺点。

③ 能在最合适的部位与方向夹紧工件。采用复合夹紧机构可以方便地改变夹紧力的作用点和方向，便于装配与焊接工序的进行。

常用的复合夹紧机构有杠杆、斜楔-杠杆、偏心轮-杠杆、铰链-杠杆等形式。手动夹紧机构必须具有自锁性能，因此手动复合夹紧机构中必须有一个夹紧件具有自锁能力，用于机动的装置，常用以扩大行程或夹紧力。

一、杠杆夹紧机构

杠杆由三点和两臂组成。按三点相互位置不同有三种类型，如图 2-26 所示。依据静力对支点的力矩平衡，可求得对工件的夹紧力，即

$$F=\frac{QL}{L_1} \tag{2-37}$$

式中 F——对工件产生的夹紧反力，N；

Q——外加作用力，N；

L——作用力臂（外力到支点的距离），mm；

L_1——夹紧力臂（支点到工件受力点的距离），mm。

可以看出，由于三点相互位置的改变和两臂长短（即 L/L_1 比值）不同，杠杆的工作情况各异。

第一类杠杆，可能 $F=Q$，$F>Q$ 或 $F<Q$，杠杆对工件夹紧力的方向［指向工件，图2-26(a)中没有标出］与外加作用力方向相反；第二类杠杆，$F>Q$，外力与夹紧力同向；第三类杠杆，$F<Q$，不省力，外力与夹紧力同向。

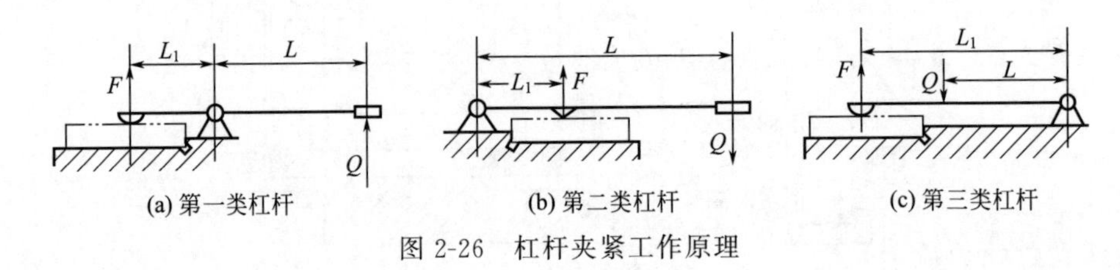

图2-26 杠杆夹紧工作原理

单独使用杠杆夹紧工件时，常用第一、二类杠杆。因杠杆夹紧无自锁作用，在手动夹紧时整个加工过程不能松手，所以手动夹紧只能在夹紧力不大的短时装配或定位焊时使用。通常都与其他机构联合使用，以发挥它的增力、快速或改变力作用方向的特点。

二、杠杆-铰链夹紧机构

铰链-杠杆夹紧机构是用铰链把若干个杆件连接起来实现工件夹紧的机构。在焊接生产中常用的形式一是以快速夹紧为目的的连杆夹紧机构，通常是手动的，二是以增力为主要目的的臂杆夹紧机构，广泛用于气动夹具中。其特点是夹紧速度快，夹头开度大，适应性好，在薄板装焊作业中应用广泛。

1. 基本类型

(1) 第一类铰链-杠杆夹紧机构 如图2-27所示。

在图2-27中夹紧杠杆1一端与带压块的螺杆5连接以便压紧工件，另一端用铰链D与支座4连接；手柄杆2用铰链A与支座4连接。夹紧杠杆1和手柄杠杆2通过连接板3用两个铰链C和B连接，包括支座在内组成一个铰链四连杆机构。连接这些杆件的铰链A、B、C、D的轴线相互平行，在夹紧和松开的过程中，这几个杆件都在垂直铰链轴线的平面内运动。

图2-27是工件处于被夹紧状态，这时A、B、C要处在一条直线上（即死点位置），该直线要与螺杆5的轴线平行且都垂直于夹紧杠杆1。工件之所以能维持夹紧状态是靠工件弹性反作用力来实现的，该反作用力与手柄杠杆2对夹紧杠杆1的

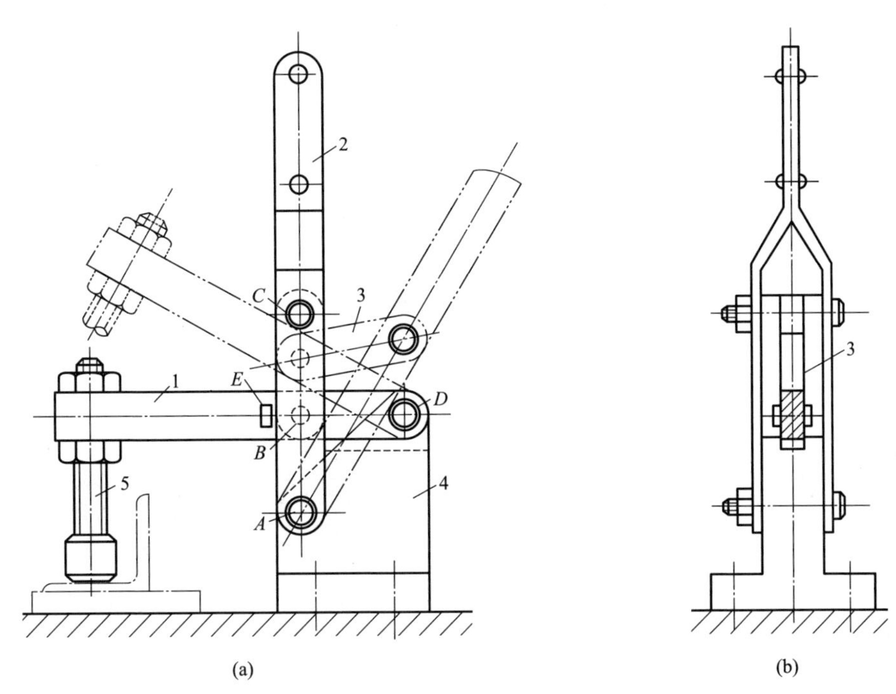

图 2-27　第一类铰链-杠杆夹紧机构

1—夹紧杠杆；2—手柄杠杆；3—连接板；4—支座（架）；5—螺杆

作用力平衡。反作用力的大小决定螺杆 5 对工件的压紧程度，它通过调节螺母改变螺杆伸出长度来控制。在夹紧杠杆上设置一限位块 E，防止手柄杠杆越过该位置而导致夹紧杠杆提升而松夹。用后退出时，只需把手柄往回搬动即可。

第一类铰链-杠杆夹紧机构夹紧力小、自锁性能差、怕振动。但夹紧和松开的动作迅速，可退出且不妨碍工件的装卸。因此，在大批量的薄壁结构焊接生产中广泛采用，其结构形式很多。

(2) 第二类铰链-杠杆夹紧机构　如图 2-28 所示。虽然也是两组杠杆与一组连接板的组合，但是手柄杠杆的施力点 B 是与夹紧杠杆的受力点 A 铰接在一起的，而手柄杠杆在支点 O 处是与连接板铰接的。因此，手柄杠杆的支点 O 可以绕 C 点回转，连接板的另一端（C 点）和夹紧杠杆的支点 O_1 均与支座铰接，而位置是固定的。手柄杠杆绕 O 点旋转，同时连接板绕 C 点旋转带动 B 点绕 O_1 点旋转，当 B、O、C 三点共线时处于死点位置，夹紧杠杆处于夹紧状态。

同理，也可设计成夹紧杠杆在支点处与连接板铰接，夹紧杠杆的支点转动，连接板的另一端和手柄杠杆的支点均与支座铰接而位置固定。这实际上是将图 2-28 中的手柄杠杆视为夹紧杠杆，夹紧杠杆视为手柄杠杆。

(3) 第三类铰链-杠杆夹紧机构　如图 2-29 所示。它是一组杠杆与一组连接板的组合，手柄杠杆的支点 O 与支座铰接而位置固定。连接板分别与手柄杠杆和伸缩夹头在 B 点和 A 点铰接，B 点可绕 O 点旋转带动 A 点旋转，从而使伸缩夹头在套筒中左右移动，当 A、B、O 三点共线时处于死点位置，伸缩夹头处于夹紧状态。

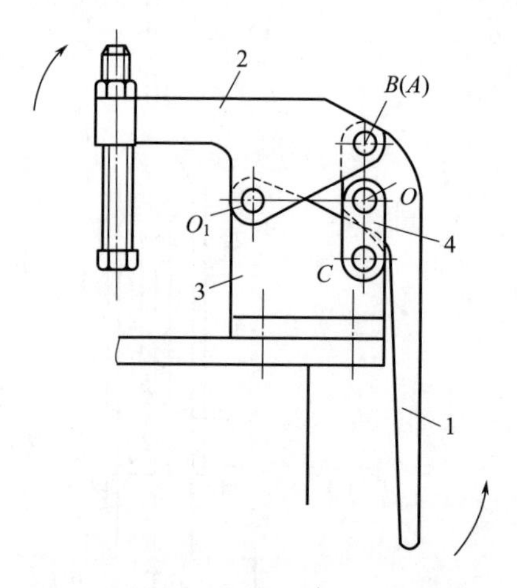

图 2-28　第二类铰链-杠杆夹紧机构
1—手柄杠杆；2—夹紧杠杆；3—支座；4—连接板；A—夹紧杠杆的受力点；B—手柄杠杆的施力点；O—手柄杠杆的支点；O_1—夹紧杠杆的支点；C—连接板的支点

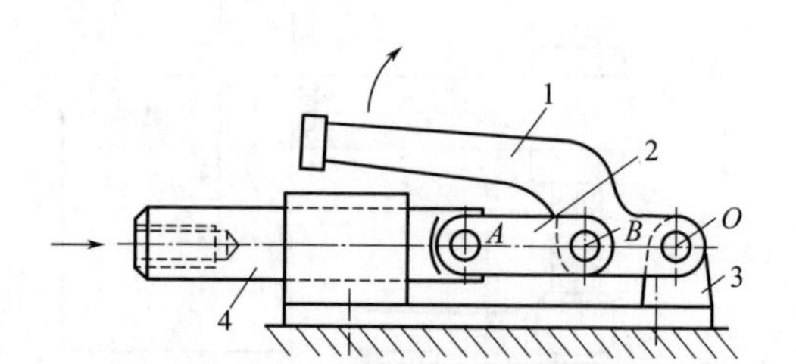

图 2-29　第三类铰链-杠杆夹紧机构
1—手柄杠杆；2—连接板；3—支座；4—伸缩夹头；A—伸缩夹头的受力点；B—手柄杠杆的施力点；O—手柄杠杆的支点

（4）第四类铰链-杠杆夹紧机构　如图 2-30 所示。它也是一组杠杆与一组连接板的组合，但是手柄杠杆的支点与连接板铰接，因此手柄杠杆的支点 O 可以绕

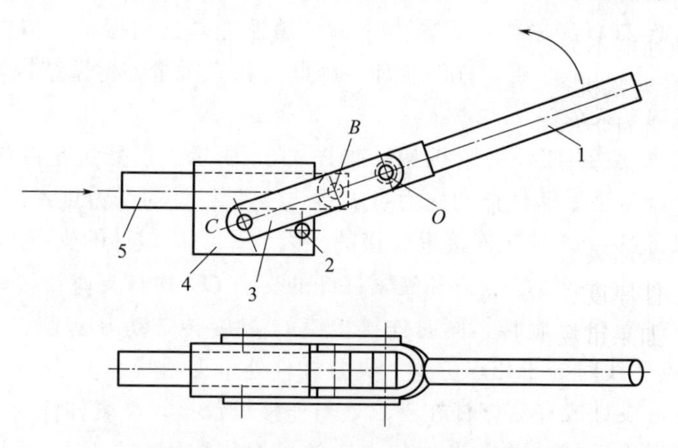

图 2-30　第四类铰链-杠杆夹紧机构
1—手柄杠杆；2—挡销；3—连接板；4—支座；5—伸缩夹头；O—手柄杠杆的支点；B—手柄杠杆的施力点、伸缩夹头的受力点；C—连接板的支点

连接板的支点C回转。带动B点绕O点旋转，从而使伸缩夹头在套筒中左右移动。当C、B、O三点共线时处于死点位置，伸缩夹头处于夹紧状态。

(5) 第五类铰链-杠杆夹紧机构　如图2-31所示。它是一组杠杆与两组连接板的组合。手柄杠杆绕O点旋转，带动B点旋转，同时带动连接板Ⅰ绕O_1点旋转，连接板Ⅱ带动A点绕B点运动，伸缩夹头在套筒中左右移动。当A、B、O_1三点共线时处于死点位置，伸缩夹头处于夹紧状态。

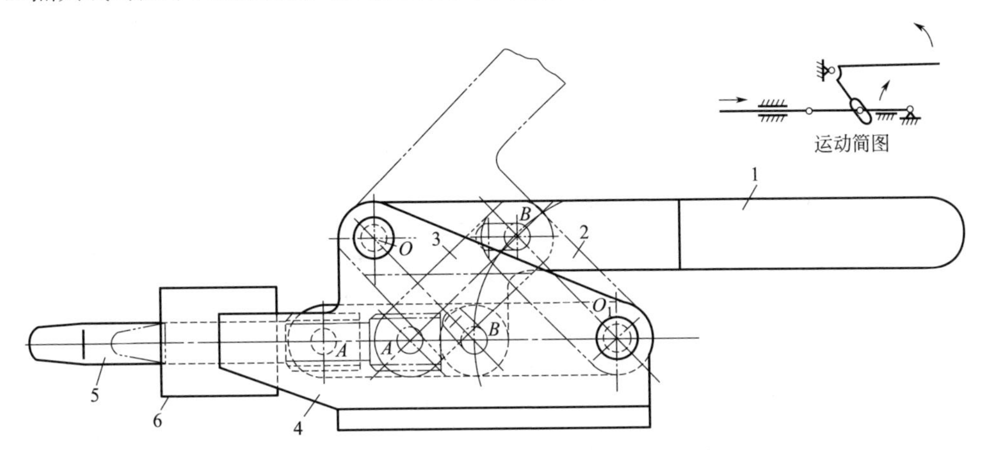

图2-31　第五类铰链-杠杆夹紧机构

1—手柄杠杆；2—连接板Ⅰ；3—连接板Ⅱ；4—支座；5—伸缩夹头；6—套筒；
A—伸缩夹头的受力点；B—手柄杠杆的施力点；O—手柄杠杆的支点；O_1—连接板Ⅰ的铰接点

以上第二、四类相应地与第一、三类相比，由于手柄杠杆在支点处与连接板铰接在一起，所以将手柄杠杆扳动一个很小的角度，夹紧杠杆或压头就会有很大的开度，但其自锁性能不如第一、三类可靠。

铰链-杠杆夹紧机构的基本类型虽然不多，但每一基本类型都可派生出许多不同的结构，通过对手柄杠杆、夹紧杠杆和连接板的铰接形式和位置形状的巧妙变换，可以设计出构思新颖、操作方便的夹紧器。据统计，属于第一类手动铰链-杠杆夹紧机构的派生品种就有32个，其中部分派生形式如图2-32所示。

目前这类快速夹紧器已有厂家开始专业化生产，但尚未形成统一的标准，用户可根据被焊工件厚度、形状和夹具定位件的分布位置以及夹具开敞性等情况来选用或自行设计。如果市场上有符合需要的夹紧器供应，应以外购为首选，以减少综合成本。

2. 设计要点

① 通常先按照焊件的夹紧要求，初选一种夹紧结构，然后根据夹紧位置、夹紧行程、松夹开度以及焊件装卸要求等确定铰链-杠杆夹紧机构的基本类型，作出机构运动简图。用几何作图法确定各杆件的相关位置和各杆件铰链的间距。

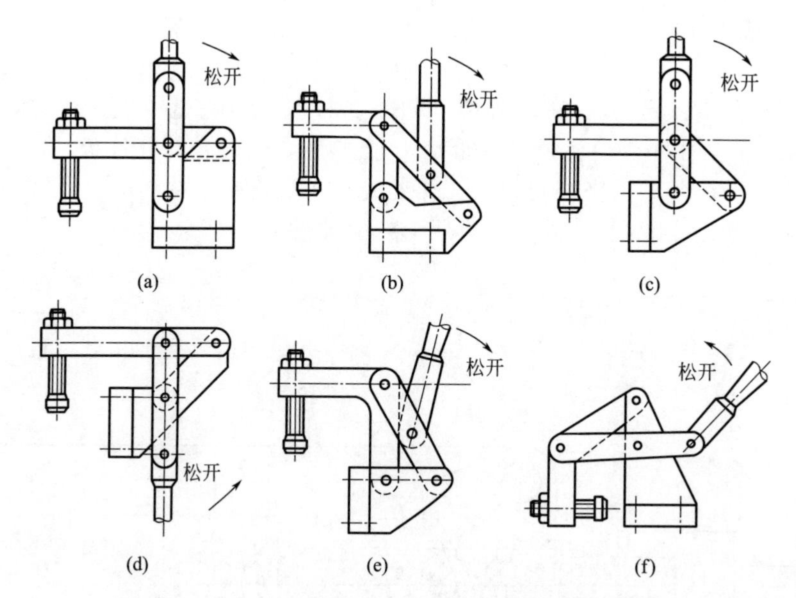

图 2-32 第一类手动铰链-杠杆夹紧机构的部分派生形式

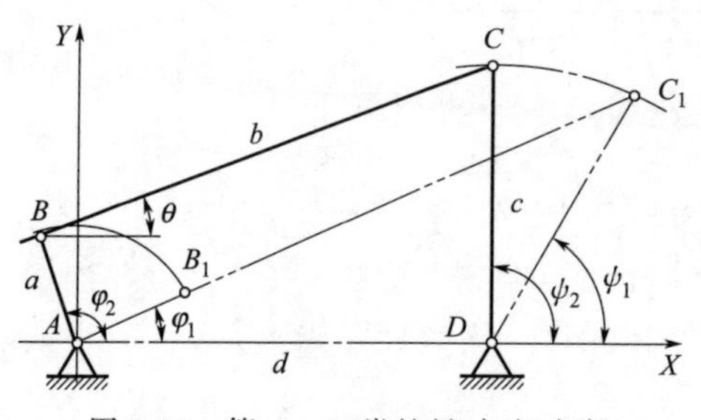

图 2-33 第一、二类铰链-杠杆夹紧机构结构简图

借助于平面四杆机构的设计思想完成主要几何参数的设计，设计方法有解析法、几何作图法和试验法。解析法精确，作图法直观，试验法简便。下面以图 2-33 为例，用解析法求解。

对于第一、二类铰链-杠杆夹紧机构，夹紧杠杆相当于 CD 杆，手柄杠杆相当于 AB 或 BC 杆，底座相当于 AD。已知连架杆 AB 和 CD 处于夹紧状态时的位置角 φ_1、ψ_1 和松开状态时的位置角 φ_2、ψ_2，确定夹紧器各杆的长度 a、b、c、d。此机构各杆长度按同一比例增减时，各杆转角间的关系不变，故只需确定各杆的相对长度。以底座两铰接点的间距为基准长度，则该机构的待求参数只有三个 a、b、c。该夹紧机构松开时，四杆组成封闭多边形 $ABCD$，取各杆在 X 轴和 Y 轴上的投影，可得

$$a\cos\varphi_2+b\cos\theta=d+c\cos\psi_2 \tag{2-38}$$

$$a\sin\varphi_2+b\sin\theta=c\sin\psi_2 \tag{2-39}$$

式(2-38) 经过变换可得

$$b\cos\theta=d+c\cos\psi_2-a\cos\varphi_2 \tag{2-40}$$

式(2-39) 经过变换可得

$$b\sin\theta = c\sin\psi_2 - a\sin\varphi_2 \tag{2-41}$$

将式(2-40) 和式(2-41) 分别平方相加再整理后可得

$$b^2 = a^2 + c^2 + d^2 - 2ad\cos\varphi_2 + 2cd\cos\psi_2 - 2ac\cos(\varphi_2 - \psi_2) \tag{2-42}$$

该夹紧机构夹紧时，杆 AB_1 和 B_1C_1 共线，四杆组成$\triangle AC_1D$，取各杆在 X 轴和 Y 轴上的投影，可得

$$(a+b)\cos\varphi_1 = d + c\cos\psi_1 \tag{2-43}$$

$$(a+b)\sin\varphi_1 = c\sin\psi_1 \tag{2-44}$$

设计时将已知参数 φ_1、ψ_1 和 φ_2、ψ_2 代入，取 $d=1$，求解联立方程组［式(2-42)～式(2-44)］，即可求得 a、b、c。求出的四杆长度可同时乘以任意比例常数，便得到夹具的基本尺寸，并以此作为后面结构尺寸计算的一些主要参数。所得的夹紧机构都能实现对应的转角，具备自锁条件。

② 计算结构尺寸。第一类手动铰链-杠杆夹具，主要由夹紧机构的手柄杠杆、夹紧杠杆、连接板和底座四个零件组成，另外还有销轴、压头、螺母、垫圈等零件。夹具的结构尺寸是指组成夹具各零件图上标注的尺寸。为了简化计算，并考虑制造的便捷和结构的合理性，在数学建模时，对手柄杠杆、夹紧杠杆和连接板的结构尺寸进行如下的设定，如图 2-34 所示。

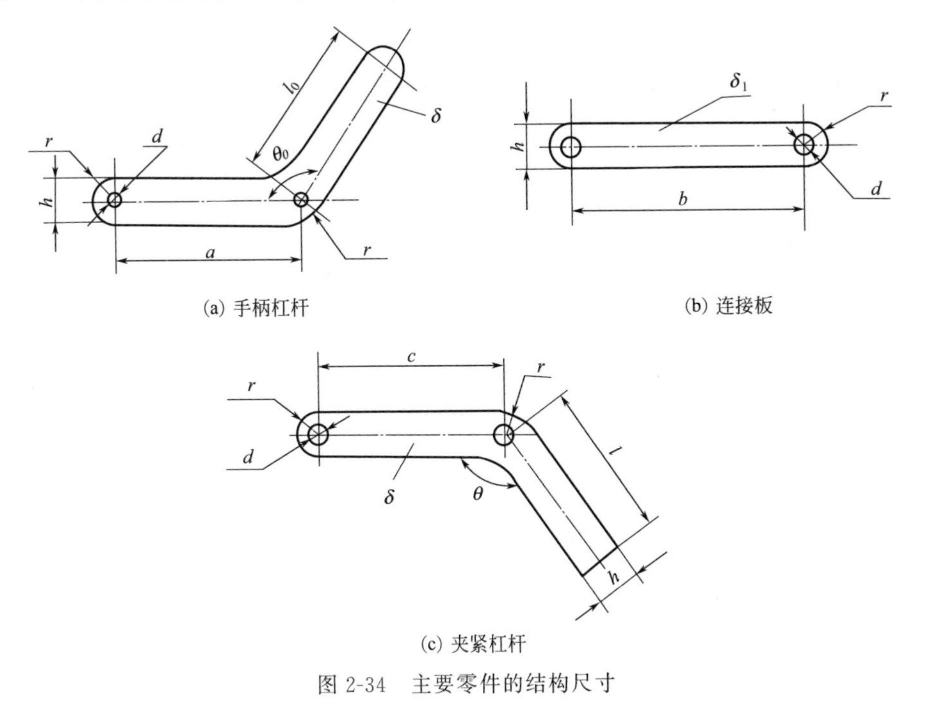

图 2-34　主要零件的结构尺寸

手柄杠杆、夹紧杠杆和连接板的宽度 h、铰接孔直径 d 和圆角半径 r 都分别相等，且 $h=2d$，$r=d$；手柄杠杆和夹紧杠杆的厚度 δ 相等，连接板根据传力和开

合的需要，其结构设计成相同的两块，且厚度 $\delta_1=\frac{1}{2}\delta$；夹紧杠杆的施力长度 l，根据夹紧点的位置以及松夹时其开度不影响焊件装卸而定；手柄杠杆的受力长度 l_0 和弯曲角 θ_0，根据操作方便，操作力不大于15N，夹紧状态时，手柄杠杆在自重作用下有进一步施力趋势，且不妨碍焊接作业而定。

通常，这样的修改工作要反复进行多次，才能将各个杆件的平面尺寸和形状确定下来。

完成上述工作后，再以此平面图为基础，画出装配图，确定整个夹紧机构和各个零件的结构尺寸，并对夹紧杠杆、手柄杠杆、销、轴等进行强度计算和验算，必要时还要对杠杆进行刚度计算，同时还需画出夹紧机构在极限位置的运动轨迹图，以再次检查是否有不应有的接触及运动干涉现象。如无问题，最后才画出零件图。另外，如图2-27所示的压头压紧角度和高度是可调节的。有的压头还设计成能沿夹紧杠杆移动的，以适应夹紧点的调节。

③ 计算夹紧力。现以图2-27所示的第一类铰链-杠杆夹紧机构为例，分析夹紧力的计算。

根据图2-27所示的结构，画出手柄杠杆在夹具处于未自锁状态（即位置角 $\psi<90°$）时的机构受力简图［图2-35(a)］。手柄力 F_s 垂直作用在手柄杠杆的 C 点；夹紧反力 F' 作用在夹紧杠杆的 D 点，其力线方向与夹紧杠杆的夹角为 α（已知值）。然后，以夹紧杠杆为力体［图2-35(c)］来建立 F' 与连接板对夹紧杠杆作用力 F_{42} 之间的关系式。

由于连接板是二力杆，若忽略其铰链内的摩擦，则 F_{42} 的作用线应与连接板两孔中心的连线 AB 重合。当夹具各铰链中心的间距 $OB=a$、$BA=b$、$AO_1=c$、$O_1O=d$ 为定值时，手柄杠杆位置角 ψ 与夹紧杠杆的摆角 ϕ、连接板与夹紧杠杆的夹角 β、连接板与手柄杠杆的夹角 γ 之间，都有各自的对应关系，即存在 $\phi=f_1(\psi)$、$\beta=f_2(\psi)$、$\gamma=f_3(\psi)$。

由图2-35(b)，根据 $\sum M_{O_1}=0$ 得

$$F'(L+c)\sin\alpha-F_{42}c\sin\beta=0$$

即

$$F_{42}=\frac{F'(L+c)\sin\alpha}{c\sin\beta} \tag{2-45}$$

式中 L——夹紧杠杆施力点 D 距铰链中心 A 的距离。

再以手柄杠杆为示力体［图2-35(b)］来建立 F_s 与连接板对手柄杠杆的作用力 F_{41} 之间的关系式。由 $\sum M_O=0$ 得

$$-F_s(L_0+a)+F_{41}a\sin\gamma=0$$

即

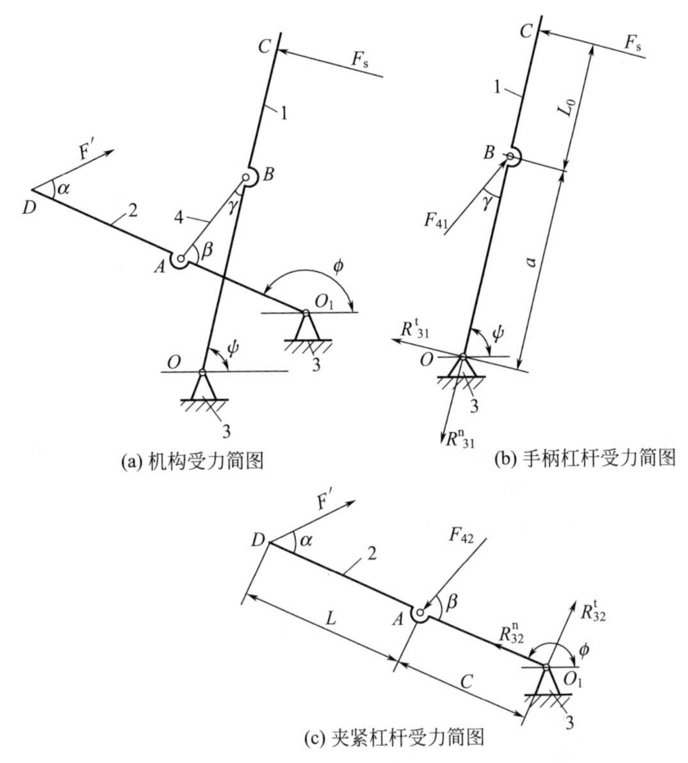

图 2-35　第一类铰链-杠杆夹紧机构受力简图

1—手柄杠杆；2—夹紧杠杆；3—支座；4—连接板；A—夹紧杠杆受力点；B—手柄杠杆施力点；O—手柄杠杆的支点；O_1—夹紧杠杆的支点

$$F_s=\frac{F_{41}a\sin\gamma}{L_0+a} \tag{2-46}$$

式中　L_0——手柄杠杆的受力点 C 距铰链中心 B 的距离。

由式(2-45) 和式(2-46) 并考虑到数值上 $F_{42}=F_{41}$，夹紧力 $F=F'$，则得

$$F=F_s\frac{c(L_0+a)\sin\beta}{a(L+c)\sin\gamma\sin\alpha} \tag{2-47}$$

β、γ 是手柄杠杆位置角 ψ 的变量，因此由式(2-47) 可知，F 也是 ψ 的变量。当 $\psi<90°$ 即 $\gamma\neq0°$ 时，F 和 F_s 有确定的关系，但此时的机构不自锁，一旦手柄力撤去（$F=0$），就失去了夹紧作用。因此，对手动夹具而言，此时没有使用意义。当 $\psi=90°$ 时，$\beta=90°$，$\gamma=0°$（即 B、A、O 三点共线时），夹紧力 $F=\infty$。此时的夹紧机构处于自锁状态，即使将手柄力撤去，仍有夹紧作用。

夹紧力 F 的大小和装焊时焊件的夹紧反力有关，其大小相等，方向相反，但受结构强度的制约，也不可能达到无限大。由此可知，手动铰链-杠杆式夹紧机构只有在自锁状态下，才有使用价值。此时夹紧力大小与手柄力的大小无关，其最大

值仅受夹具结构强度的限制。手柄力所起的作用，并不是为了得到夹紧力，从理论上讲，它只是用来克服铰链中的摩擦阻力及手柄杠杆和夹紧杠杆自重所引起的阻力，使夹紧机构能到达自锁位置而已。

在进行此类夹具结构设计时，是从焊件的夹紧反力出发，并考虑到自锁条件，然后进行强度计算来确定有关杆件的截面尺寸和铰链的轴销尺寸。

如图 2-35 所示的机构，夹紧状态时 $\beta=90°$ 可根据夹紧反力并利用图 2-35(c) 建立的力矩平衡方程式和力平衡方程式算出 F_{42} 和铰链 O_1 的反力 R_{32}，然后再根据强度计算，即可算出夹紧杠杆截面尺寸及其铰链的轴径。

3. 手动铰链-杠杆夹紧机构典型实例

(1) 水平式快速夹钳（图 2-36） 这类夹具属于第一类夹具，这一类夹紧机构由两组杠杆（手柄杠杆和夹紧杠杆）通过与一组连接板的铰接组合而成，连接板位于手柄杠杆和夹紧杠杆中间，杠杆的施力点与夹紧杠杆的受力点通过连接板的铰接连接在一起，而两组杠杆的支点都与支座铰接，支点的位置是固定的，手柄杠杆为垂直式。其型号及参数见图 2-37 及表 2-8。

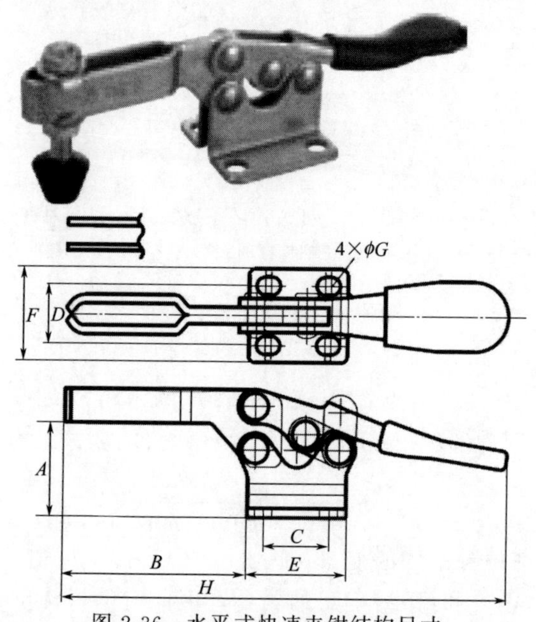

图 2-36 水平式快速夹钳结构尺寸

表 2-8 水平式快速夹钳参数

型 号	压脚	夹持力/kgf①	A/mm	B/mm	C/mm	D/mm	E/mm	F/mm	ϕG/mm	H/mm	质量/kg
GH-201	U	27	9.4	22	16	16	23.8	23.8	4.3	79	0.04
GH-201-B	U	90	25.4	55.1	26.9	22	36.8	36	51	138	0.13

续表

型　号	压脚	夹持力 /kgf①	A/mm	B/mm	C/mm	D/mm	E/mm	F/mm	φG/mm	H/mm	质量 /kg
GH-201-BHB	U	90	42.2	55.1	26.9	22	36.8	36	51	138	0.15
GH-225-D	U	225	34.8	69.8	25.4	22	38	36	6.6	167.9	0.27
GH-225-DHB	U	225	54.1	69.8	25.4	22	38	36	6.6	167.9	0.29
GH-200-W	U	400	54.1	60	41.9	30	38	49.8	10	240	0.6
GH-204-GB	U	635	45	80	56.8	50.8	70	71.1	9.4	269	1.18
GH-204-GBLH	U	635	70.8	127	56.8	50.8	83	71.1	9.4	316	1.26
GH-204-G	U	635	50.8	76.2	70.1	30	83	48	8.4	268	1.22

① 1kgf＝9.80665N。

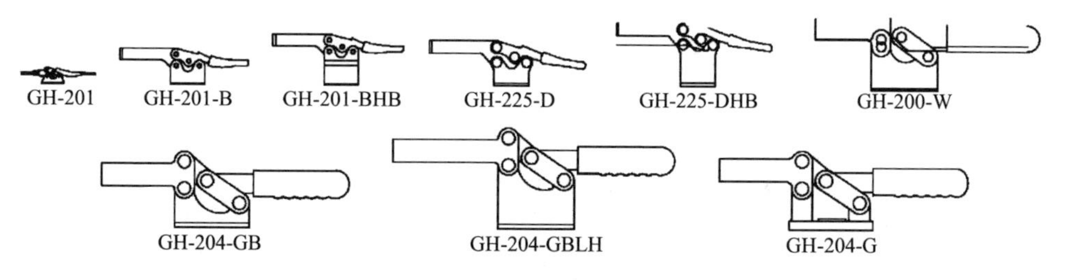

图 2-37　水平式快速夹钳型号

(2) 推拉式快速夹钳（图 2-38）　图 2-38 所示为第三类铰链-杠杆夹紧机构，推拉导杆装夹工件，夹紧力较大。其型号及参数见图 2-39 及表 2-9。

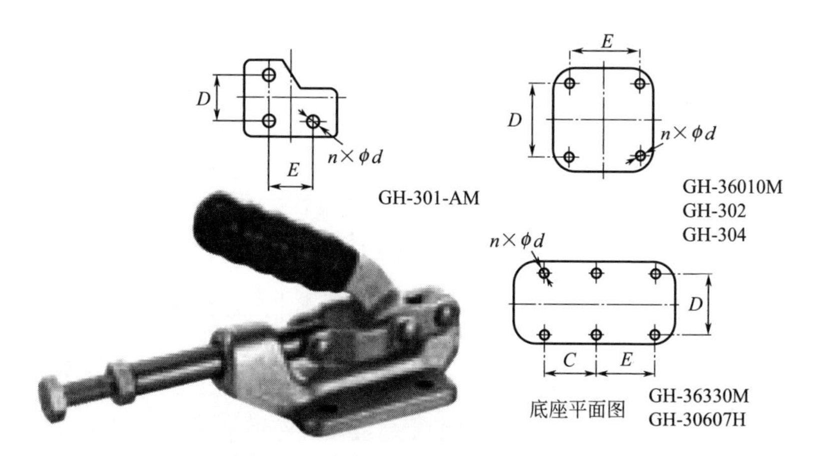

图 2-38　推拉式快速夹钳结构尺寸

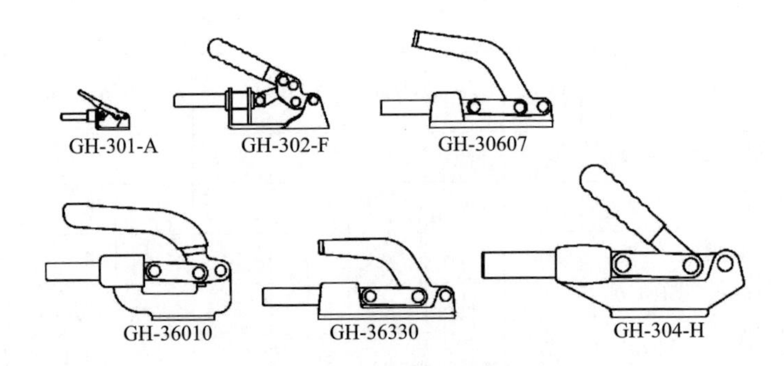

图 2-39 推拉式快速夹钳型号

表 2-9 推拉式快速夹参数

型号	总高/mm	总长/mm	推杆中心高/mm	推杆最大伸出量/mm	推杆头部螺纹	底座安装孔直径/mm	底座安装孔位置尺寸 $D\times(E+C)$/mm	夹持力/kgf①	质量/kg
GH-301-AM	44	68	12.7	34.7	M4	3×ϕ4.4	15.9×(15.9+0)	45	0.05
GH-302-FM	78	140	24.6	49.0	M8	4×ϕ5.5	41×(35+0)	136	0.3
GH-304-CM	74.6	125	25.4	52.4	M8	4×ϕ6.7	41×(35+0)	227	0.34
GH-304-EM	98.4	159	31.8	81.0	M10	4×ϕ10	41×(41+0)	386	0.58
GH-304-HM	133.4	238	44.4	120.8	M12	4×ϕ8.3	50.8×(50.8+0)	680	1.48
GH-30607M	83.3	153	17.5	43.7	M8	6×ϕ7.1	41.3×(34.9+41.3)	318	0.7
GH-36010M	103	171	44.4	98.42	M10	4×ϕ8.7	41.3×(41.3+0)	364	0.8
GH-36330M	72	178.6	20.6	50.8	M10	6×ϕ8.7	41.3×(39.4+41.3)	1136	0.93

① 1kgf=9.80665N。

(3) 垂直式快速夹钳（图 2-40） 图 2-40 所示垂直式快速夹钳的结构尺寸，其型号及参数见图 2-41 及表 2-10。

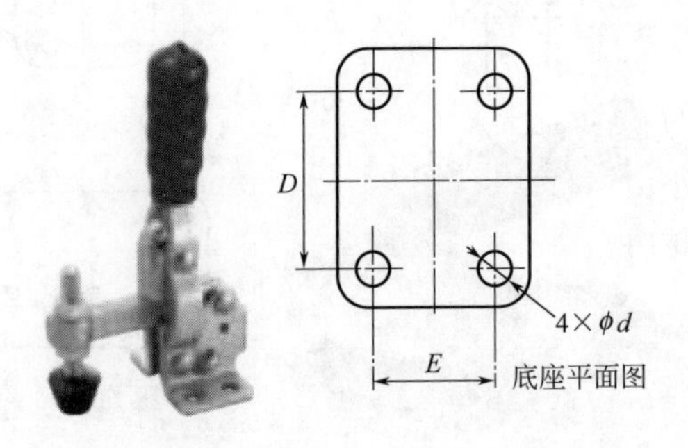

图 2-40 垂直式快速夹钳结构尺寸

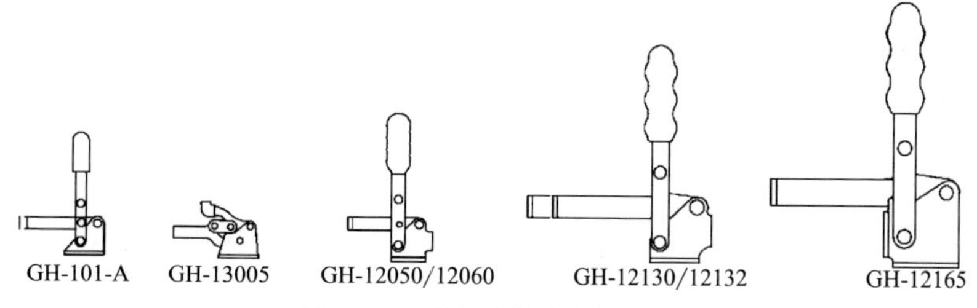

图 2-41　垂直式快速夹钳型号

表 2-10　垂直式快速夹钳参数

型号	臂与压脚	总高/mm	总长/mm	臂高/mm	臂长/mm	臂摆动角度/(°)	底座安装孔直径/mm	底座安装孔位置尺寸 $D\times E$/mm	夹持力/kgf①	质量/kg	手柄描述
GH-101-A	臂为U形封闭,压脚位置可调	83.8	51	19.0	26.0	100	4×ϕ4.4	23.5×19.5	50	0.06	直柄
GH-12050	压脚位置不可调	107	64	22.65	27.0	100	4×ϕ5.2	17×12.7	90	0.17	直柄
GH-12060	臂为U形封闭,压脚位置可调	107	64	22.65	27.0	100	4×ϕ5.2	17×12.7	90	0.17	直柄
GH-12130	臂为U形封闭,压脚位置可调	154	140	31.8	71.4	100	4×ϕ7.2	31.8×19	230	0.35	直柄
GH-12131	臂为U形封闭,压脚位置可调	154	140	31.8	71.4	100	4×ϕ7.2	31.8×19	230	0.37	T柄
GH-12132	臂为U形封闭,压脚位置可调	154	140	31.8	95.2	100	4×ϕ8.7	31.8×19	230	0.37	直柄
GH-12165	臂为U形封闭,压脚位置可调	201	144	44.5	91	105	4×ϕ7.2	46.3×31.8	340	0.63	直柄
GH-13005	臂为U形封闭,压脚位置可调	35.2	57	12.7	30.8	90	4×ϕ4.4	15.9×13.5	68	0.06	T柄

① 1kgf=9.80665N。

图 2-42 所示为大力钳，属第三类铰链-杠杆夹紧机构，特点是调节螺钉顶住滑动导杆，钳口开度大小由调节螺钉调节，夹紧自锁时手柄杠杆与导杆共线，并且手柄杠杆与导杆铰接点越线，以确保自锁稳定可靠。

三、偏心轮-杠杆夹紧机构

单纯的偏心夹紧装置直接使用时，会对工件表面产生两个方向相互垂直的作用力，即法向正压力和切向摩擦力。因此，偏心夹紧装置在工程领域极少单独使用，大多是与杠杆式压板串联组合使用。图 2-43 所示为三种形封闭偏心轮机构与杠杆式压板串联组合的夹紧装置。这几种夹紧装置在松开过程中，利用形封闭偏心轮机构强制杠杆式压板脱离工件表面，不仅工作可靠，而且结构上更为简约。

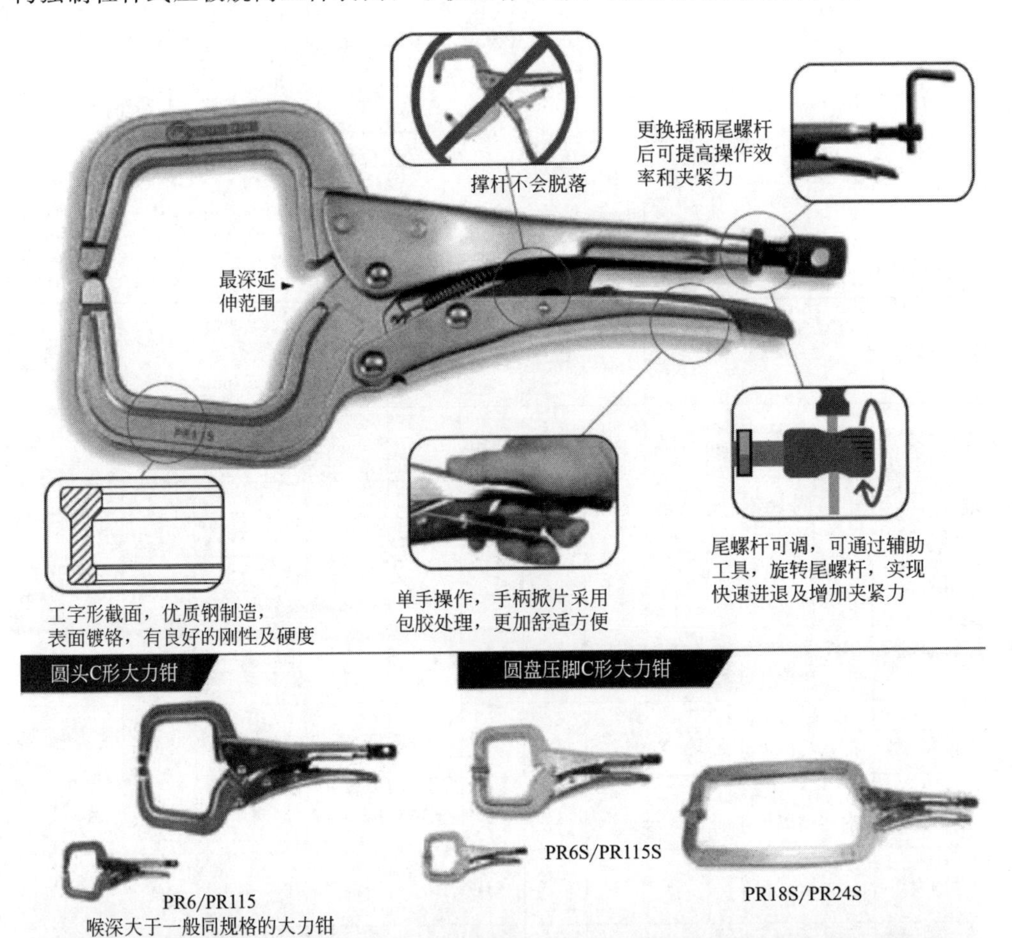

型号	总长/mm	最大喉深/mm	最大开口/mm	质量/kg	整包装数量
PR6S	165	45	55	0.3	20
PR115S	280	100	100	1.0	16
PR18S	460	250	165	1.4	12
PR24S	620	410	300	1.6	12
PR6	165	45	55	0.2	24
PR115	280	100	100	0.9	16
PR18	460	250	165	1.5	12
PR24	620	410	300	1.6	12

图 2-42 大力钳

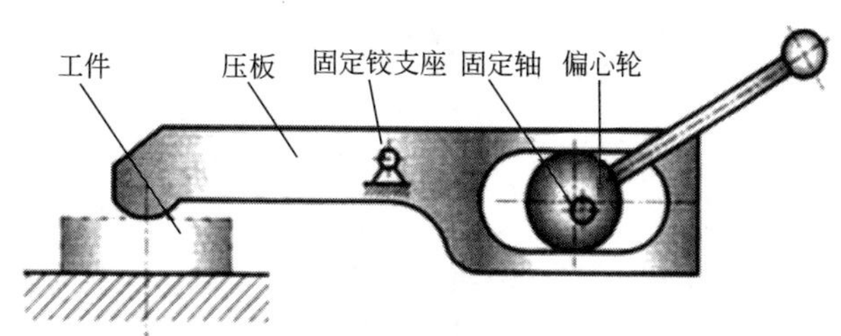

(a) 形封闭圆偏心轮机构与一般杠杆式压板串联组合

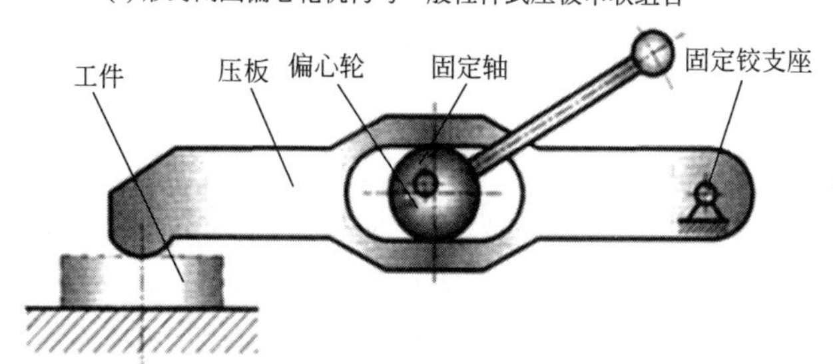

(b) 形封闭圆偏心轮机构与恒减力杠杆式压板串联组合

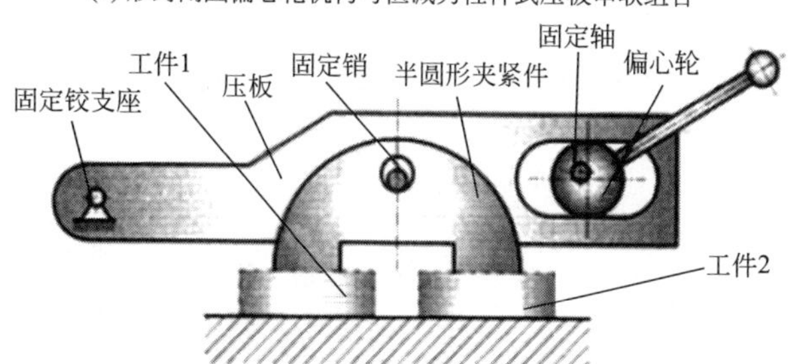

(c) 形封闭圆偏心轮机构与恒增力杠杆式压板串联组合

图 2-43 三种形封闭偏心轮机构与杠杆式压板串联组合的夹紧装置

图 2-43(a) 所示为形封闭偏心轮机构与一般杠杆式压板串联组合的夹紧装置。其工作原理是，在杠杆式压板的右端加工一个孔，偏心轮以适当的配合方式置于该孔中。在手柄上施加一个力，使偏心轮绕固定轴沿顺时针方向旋转，推动杠杆式压板右端向上运动，从而使杠杆式压板的左端向下运动，夹紧工件。不需要继续施加力的作用，偏心轮能够自锁，加工完毕，逆时针方向转动偏心轮，杠杆式压板的左端向上运动，完成复位。

图 2-43(b) 所示为形封闭偏心轮机构与恒减力杠杆式压板串联组合的夹紧装置。图 2-43 (b) 与图 2-43 (c) 所示结构的不同之处在于，固定铰支座在杠杆式压板的右端，并且偏心轮位于杠杆式压板中部的孔中。

图 2-43(c) 所示为形封闭偏心轮机构与恒增力杠杆式压板串联组合的夹紧装置。固定铰支座在杠杆式压板的左端，偏心轮在右端的孔中强制压板绕固定铰支座摆动，通过压板上的固定销将力传递到半圆形夹紧件上，实现工件的夹紧或松开。

第五节 柔性夹紧机构

柔性夹具是指用同一夹具系统能装夹在形状或尺寸上有所变化的多种工件。柔性概念可以是广义的，也可以是狭义的，没有明确的定义和界限。自20世纪80年代后，柔性夹具的研究开发主要沿原理和结构均有创新以及传统夹具创新两大方向发展。表2-11列出了现代柔性夹具分类及工作原理。

表2-11 现代柔性夹具分类及工作原理

分类			柔性工作原理
传统夹具创新	组合夹具	槽系组合夹具 孔系组合夹具	标准元件的机械装配
	可调整夹具	通用可调夹具 专用可调夹具	在通用或专用夹具基础上更换元件和调节元件的位置
原理和结构创新	模块化程序控制式夹具	双转台回转式 可移动拇指式	用伺服控制机构变动元件的位置
	适应性夹具	涡轮叶片式 弯曲长轴式	将定位元件或夹紧元件分解为更小的元素，以适应工件的形状连续变化
	相变材料夹具	真相变材料夹具 伪相变材料流态床夹具	材料物理性质的变化
	仿生抓夹式夹具	用于机器人终端器 也可用于夹具	形状记忆合金

一、柔性夹具

柔性焊接工装夹具就是能适应不同产品或同一产品不同型号规格的一类焊接工装夹具。某柔性夹具设计公司经过多年研制出了一种可以自由组合的万能夹紧系统——柔性三维组合焊接工装系统，可以适应不同的焊接、机械加工和工件检测。较少的几套夹具系统就可以代替传统的高成本专用工装。对于多品种、小批量的个性化制造型企业，它的经济性和适用性尤为突出，使用户缩短大量的设计、制造时间，并且可以反复使用，节约研制和生产成本。

柔性三维组合焊接工装系统有以下特性。

① 经济性。每次产品变化而需要的专用工装几乎可以不再投入资金。

② 柔性化。柔性三维组合焊接工装平台的承载能力高，刚性稳定，它的五个面均加工有规则的孔，并刻有网线。平台可方便地延伸和扩展、组合。经扩展的标准台面可经模块化定位和夹紧直接连接在一起。在安装、调整和定位工件过程中将柔性三维组合焊接工装系统的通用功能展示得淋漓尽致，尤其在大型工件方面的应用上。

拼装方式多样，几乎可达到任何专用夹具同样的定位和夹紧功能。拼装快速，装拆方便，使用安全；工作台面可以根据工件形状、大小进行拼装组合。台面上的刻度和模块尺寸的设计，使操作人员不用量具就可以根据工件尺寸迅速拼出所需要的工装。

③ 精确性。柔性三维组合焊接工装平台在1t左右集中载荷的作用下，其变形量只有0.553mm，而在均布载荷作用下，其变形量仅有0.024mm，完全可以满足绝大多数焊接及装配加工的需要，其组建的精度高，工作平台定位孔中心公差保证在0.05mm以内。这种高精度将会反映在用户所加工的产品中，此工作台也可用作检具的基准平台。

④ 重复性。三维柔性组合焊接工装平台的台面由铸铁、钢结构件、精密加工件、模块化组件组合而成，其性能非常稳定，如使用不当造成部件损坏时，也不用报废整张平台，仅需要非常少的成本更换单个部件即可。平台经过特殊加工处理，在焊接过程中，仅需价格低廉的防飞溅液即可保证平台表面的清洁。

⑤ 模块化。所有组件分门别类，进行了标准化和系列化，互相匹配。选用最少的模块，就可以实现各种快速定位和夹紧的功能。

图2-44所示为三维柔性焊接工装，该套工装所配夹具，用户根据需要可以针对不同尺寸的产品进行定位和夹紧。

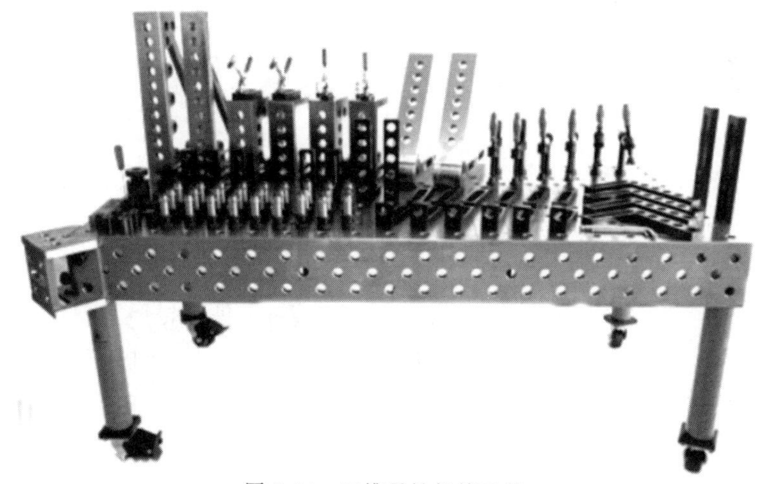

图2-44　三维柔性焊接工装

二、组合夹具

组合夹具是由可循环使用的标准夹具零部件或专用零部件组装成的易于连接和拆卸的夹具。它可以在夹具完全模块化和标准化的基础上，由一整套预先制造好的标准元件和组件，针对不同工件迅速装配成各种专用夹具，这些夹具元件相互配合部分的尺寸具有完全互换性。夹具使用完毕，再拆成元件和组件，因此是一种可重复使用的夹具系统。

组合夹具的特点主要表现在以下四个方面。

① 缩短生产准备周期。

② 降低成本。由于元件的重复使用，大大节省了夹具制造的工时和材料，降低了成本。

③ 能够保证产品质量。

④ 能扩大工艺装备的应用范围和提高生产率。

组合夹具也有缺点，它与专用夹具相比，体积庞大、重量较大。另外，夹具各元件之间都是用键、销、螺栓等零件连接起来的，连接环节多，手工作业量大，也不能承受锤击等过大的冲击载荷。

组合夹具按元件的连接形式不同，分为两大系统：一为槽系，即元件之间主要靠槽来定位和紧固；二为孔系，即元件之间主要靠孔来定位和紧固。每个系统又分为大、中、小、微四个系列。

1. 槽系组合夹具

槽系组合夹具（图2-45）就是指元件上制作有标准间距的相互平行及垂直的T形槽或键槽，通过键在槽中的定位，就能准确决定各元件在夹具中的准确位置，元件之间再通过螺栓连接和紧固。

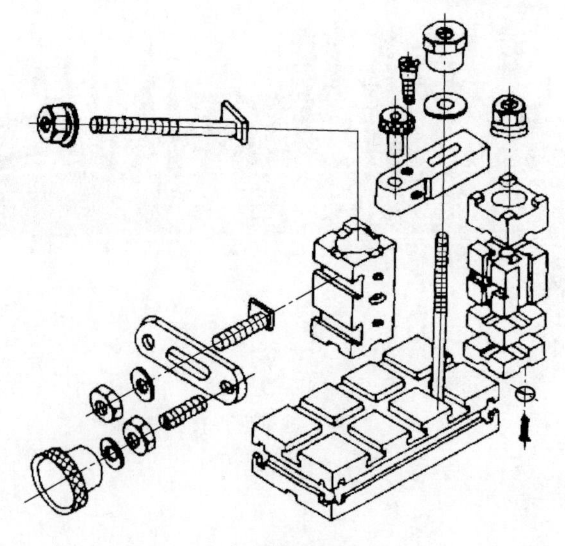

图2-45 槽系组合夹具

通常，槽系组合夹具元件分为1类，即基础件、支承件、定位件、导向件、压紧件、紧固件、辅助件和合件，如图2-46所示。各类元件的功能分别说明如下。

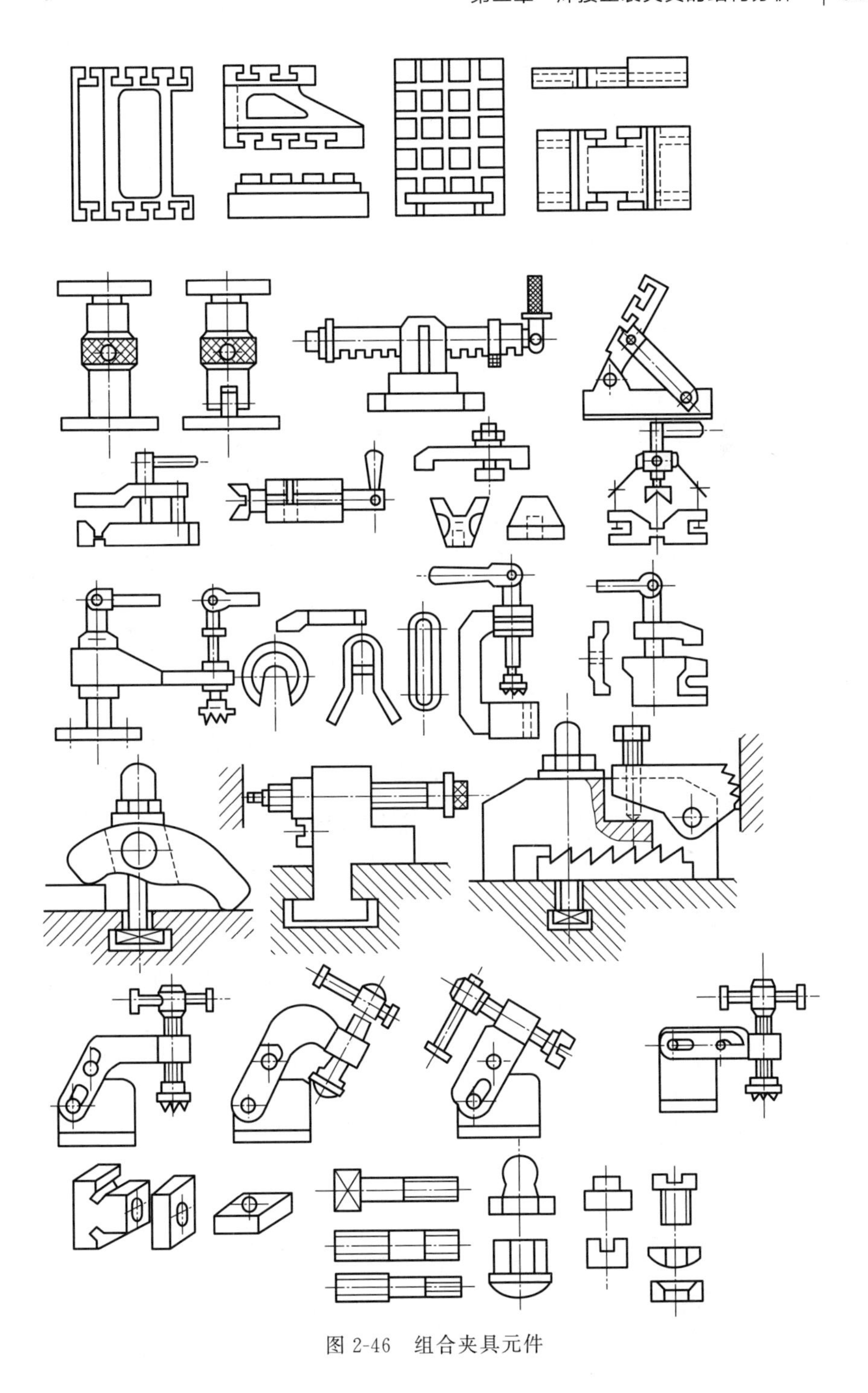

图 2-46　组合夹具元件

① 基础件。用作夹具的底板，其余各类元件均可装配在底板上，包括方形、长方形、圆形的基础板及基础角铁等。

② 支承件。从功能看也可称为结构件，和基础件一起共同构成夹具体，除基础件和合件外，其他各类元件都可以装配在支承件上，这类元件包括各种方形或长方形的垫板、角度支承、小型角铁等，类型和尺寸规格多，主要用作不同高度的支承和各种定位支承需要的平面。

支承件上开有T形槽、键槽、穿螺栓用的过孔，以及连接用的螺栓孔，用紧固件将其他元件和支承件固定在基础件上连接成一个整体。

③ 定位件。主要功能是用于夹具元件之间的相互定位，如各种定位键以及将工件孔定位的各种定位销，用于工件外圆定位的V形铁等。

④ 导向件。主要功能是用于孔加工工具的导向，如各种镗套和钻套等。

⑤ 压紧件。主要功能是将工件压紧在夹具上，如各种类型的压板。

⑥ 紧固件。包括各种螺栓、螺钉、螺母和垫圈等。

⑦ 辅助件。不属于上述六类的杂项元件，如连接板、手柄和平衡块等。

⑧ 合件。是指由若干零件装配成的有一定功能的部件，它在组合夹具中是整装整卸的，使用后不用拆散，这样，可加快组装速度，简化夹具结构，按用途可分为定位合件、分度合件、夹紧合件等。

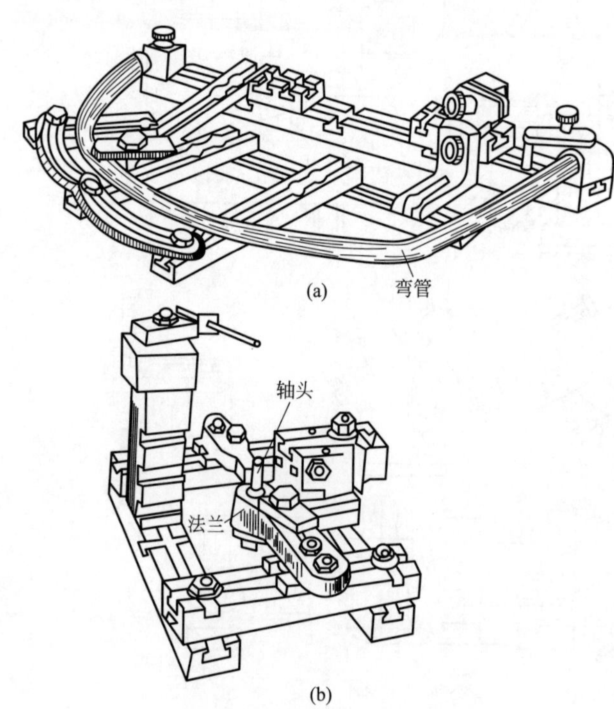

图2-47 组合夹具的应用

应该指出的是，虽然槽系组合夹具元件按功能分成各类，但在实际装配夹具的工作中，除基础件和合件两大类外，其余各类元件大体上按主要功能应用，在很多场合，各类元件的功能都是模糊的，只是根据实际需要和元件功能的可能性加以灵活使用，因此同一工件的同一套夹具，因不同的人可以装配出千姿百态的各种夹具。

图2-47(a) 所示为弯管对接用的组合夹具，用它来保证弯管对接时的方位和空间几何形状；图2-47(b) 所示为轴头与法兰

对接用的组合夹具，轴头与法兰的对中由夹具来保证。

2. 孔系组合夹具

孔系组合夹具（图 2-48）是指夹具元件之间的相互位置由孔来决定，而元件之间用螺栓或特制的定位锁紧销连接。

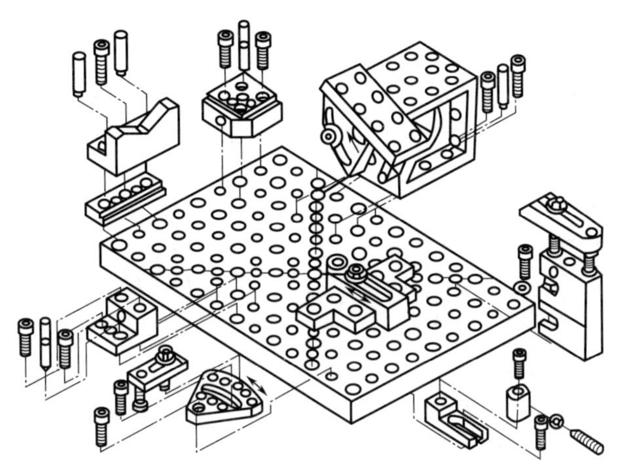

图 2-48 孔系组合夹具

图 2-49 所示锁紧销是某柔性夹具设计公司的专利产品，用于模块之间互相紧固连接，内部采用三个同心钢珠。夹紧销松开时，钢珠退入销内，此时夹紧销可方便地插入模块的孔内。当用手逐渐拧紧时，三个钢珠逐渐弹出，自动对中并夹紧模块。用扳手扳紧后，其对模块的夹紧力可达 5000kgf[❶]，剪切力可达 25000kgf[❶]。

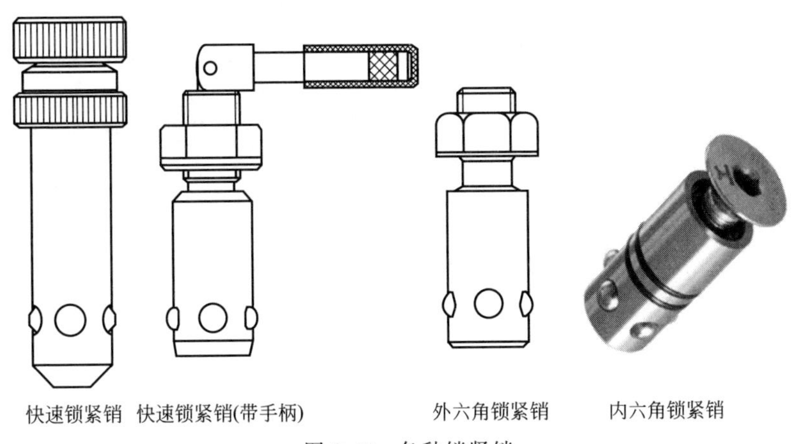

图 2-49 各种锁紧销

❶ 1kgf=98.0665N。

三、专用夹具

专用夹具是在专用夹具体上，由多个不同的定位器和夹紧机构组合成具有专一用途的复杂夹具，如图2-50所示。其夹具体的结构形式，定位器和夹紧机构的类型选择与布置，都是根据焊件的形状、尺寸、定位和夹紧要求，以及装焊工艺决定的。

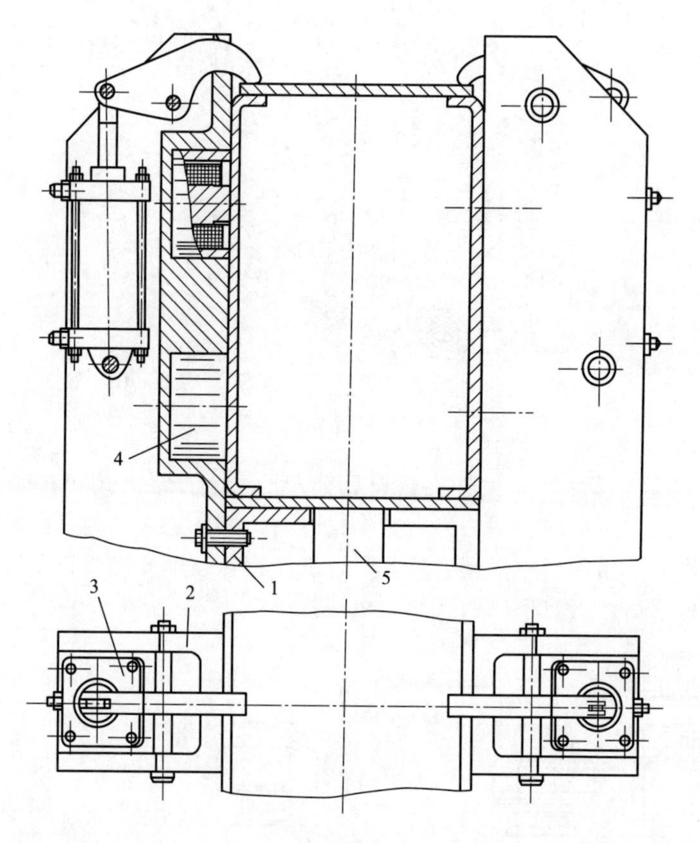

图2-50 箱形梁装焊夹具

1—底座（起夹具体和定位器的作用）；2—立柱（起夹具体和定位器的作用）；3—液压夹紧机构；4—电磁夹紧机构；5—顶出液压缸

例如，用于大型内燃机车顶盖侧沿的装配夹具，其装配胎模是长约20m的长方体框架式焊接结构，由于胎模很长，而且沿胎模的装配作业都是相同的，所以将夹紧机构设计成移动式的（图2-51）。当安装着气动夹紧机构的台车在平行于胎模的轨道上移行时，便依次将铺设在胎模上的盖板、型钢式栅条等焊件压贴在胎模上，随之用手工CO_2气体保护焊进行定位焊接。这种设计，用一个移动式的夹紧机构，取代了沿胎模长度上布置的多个夹紧机构，使夹具结构大大简化，是一种经济实用的设计。

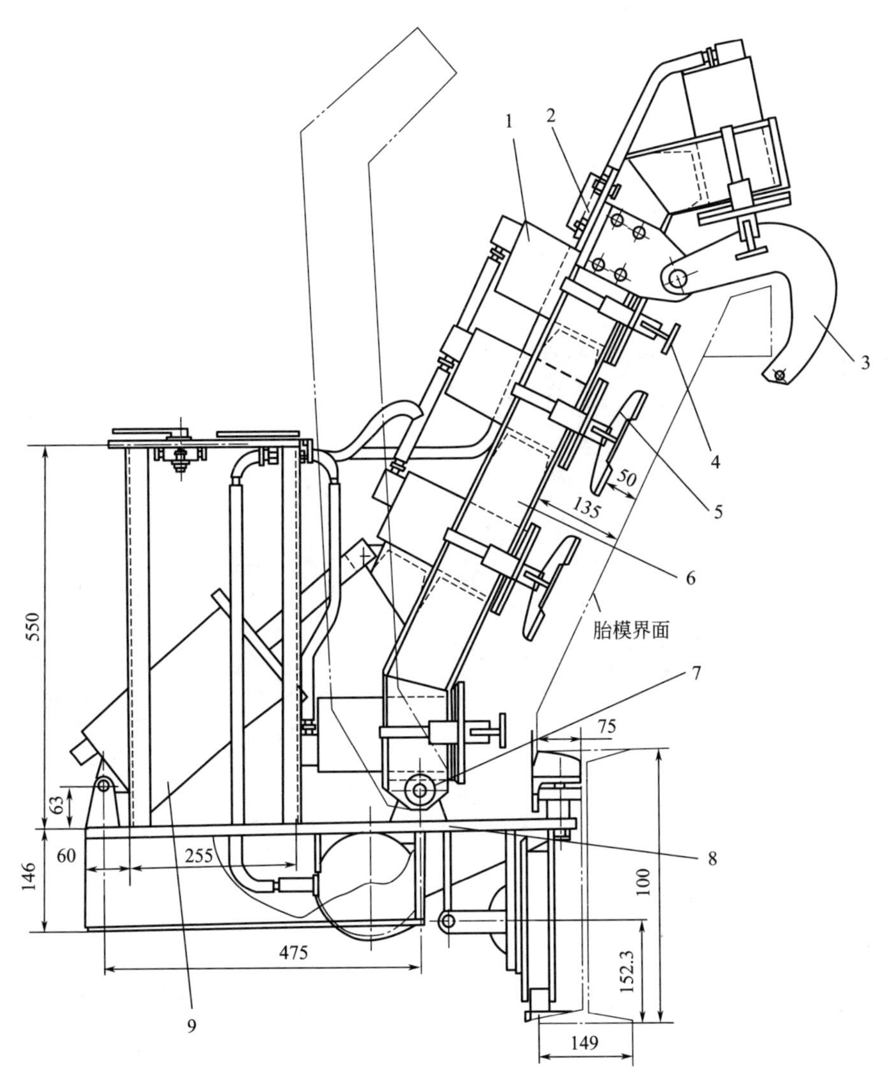

图 2-51　移动式气动夹紧机构

1—气缸总成Ⅰ；2—气缸总成Ⅱ；3—挂钩；4—压头总成Ⅰ；5—压头总成Ⅱ；6—摇臂；7—铰链支座；8—行走台车；9—气缸总成Ⅲ

四、焊接专用组合夹具实例分析

三维焊接组合夹具焊接工作台台面采用带孔格板形式，这些孔可用于拼接各种功能的定位模块和夹具。各种功能模块有定位块、直角块、立柱、任意角度调整块、V形块、锁紧销、各类快速夹具、间隙调整片及各种辅助模块。模块的设计构思巧妙，可以进行各种组合和反复应用。这种三维柔性工装可用于汽车制造行业、工程机械行业、钢结构生产行业、钣金加工行业、自行车（摩托车）制造行业、与焊接机器人或专用焊机配套等。图2-52所示为采用三维焊接组合夹具对管件进行定位及夹紧。

(1) 工作台 焊接工作台是为焊接工作提供的一个定位、安装和夹紧工件的工作平台。图2-53所示的三维工作台，在其高精度的台面上和侧面，每隔100mm均布ϕ28mm的圆孔或每隔50mm均布ϕ16mm的圆孔，并以同样的间隔画有尺寸线，台面边缘有毫米刻度线。这些圆孔可用于拼接各种功能的定位模块。台面的支承脚有固定脚、伸缩脚、带移动轮脚等，以适应各种不同的需要。

图2-52 采用三维焊接组合夹具对管件进行定位及夹紧

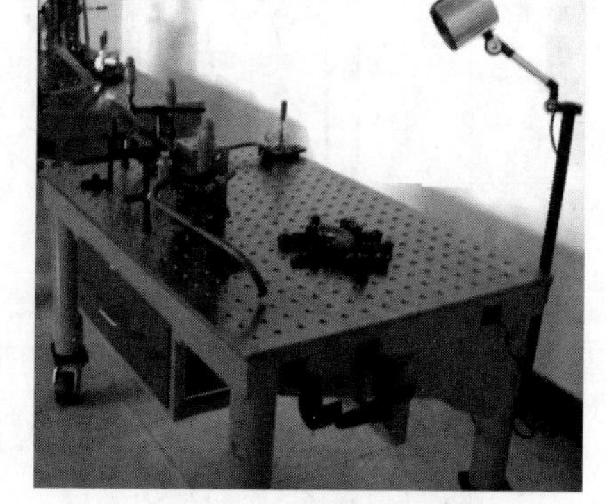

图2-53 三维工作台

(2) 模块

① 直条定位件见图2-54和表2-12。

T60505

T60510

T60515

图2-54 直条定位件

表2-12 直条定位件

型号	外形尺寸/mm	描述	质量/kg
T60505	150×25×11.5	1孔、1槽	0.18
T60510	200×25×11.5	2孔、2槽	0.23
T60515	250×25×11.5	2通孔、2螺孔、1槽	0.3

② 直角定位件见图 2-55 和表 2-13。

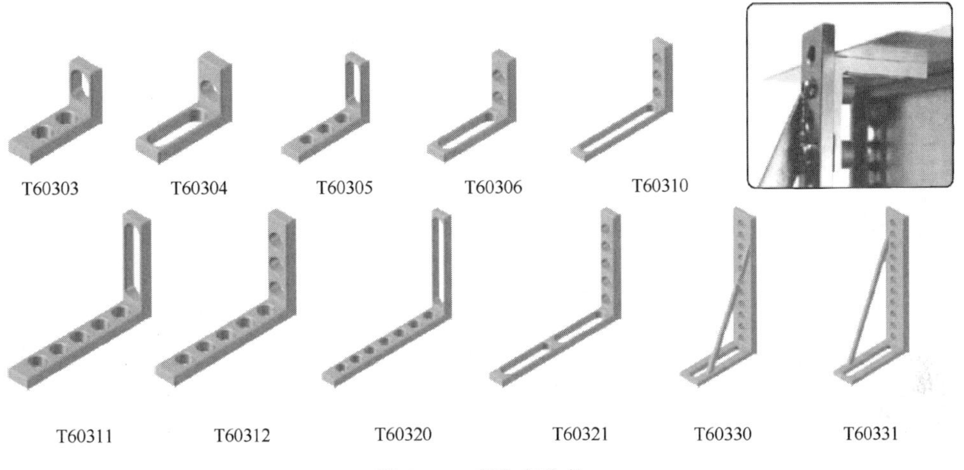

图 2-55　直角定位件

表 2-13　直角定位件

型　号	外形尺寸/mm	描述	质量/kg
T60303	75×50×25	2 孔、1 槽	0.19
T60304	75×50×25	1 孔、1 槽	0.17
T60305	75×100×25	3 孔、1 槽	0.25
T60306	75×100×25	2 孔、1 槽	0.23
T60310	150×100×25	3 孔、1 槽	0.32
T60311	150×100×25	5 孔、1 槽	0.35
T60312	150×100×25	8 孔	0.40
T60320	150×200×25	7 孔、1 槽	0.47
T60321	150×200×25	5 孔、2 槽	0.16
T60330	150×300×25	11 孔、1 槽、左定位件	1.83
T60331	150×300×25	11 孔、1 槽、右定位件	1.83

③ 球锁销钉见表 2-14。

表 2-14　球锁销钉

结构图	型号	D/mm	H/mm	质量/kg	应　用
	T65015	$\phi16$	28	0.08	
	T65010	$\phi16$	24	0.07	
	T65011	20 件 T65010 套装		1.4	
	T65055	20 件 T65015 套装		1.6	

④ V形定位盘见表2-15。

表2-15 V形定位盘

结构图	型号	D/mm	H/mm	V形角度	适用圆管直径(最大)/mm	螺孔	质量/kg	应用
	T64210	ϕ40	34	90°	ϕ50	M8	0.15	
D H	T64215	ϕ40	26	120°	ϕ65	M8	0.12	

⑤ 偏心圆盘见表2-16。

表2-16 偏心圆盘

结构图	型号	外形尺寸/mm	偏移量/mm	螺孔	质量/kg	应用
	T64410	$\phi 38 \times 12$	5	—	0.09	
	T64415	$\phi 65 \times 12$	17.5	M8	0.29	

⑥ 方箱见图2-56和表2-17。

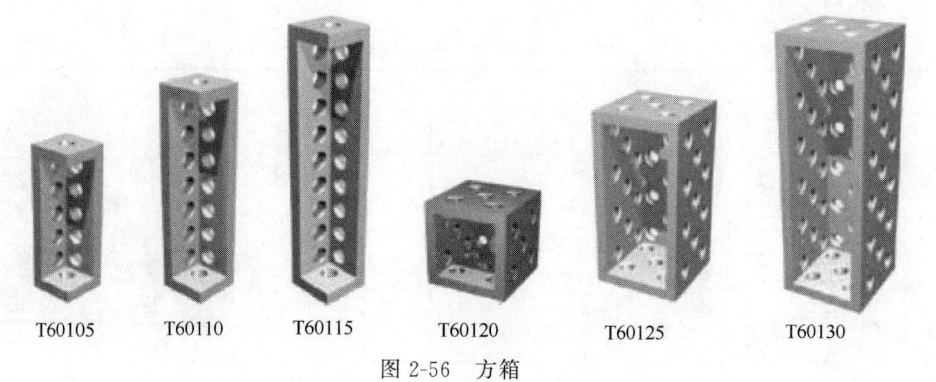

图2-56 方箱

表 2-17　方箱

型　　号	外形尺寸/mm	描述	质量/kg
T60105	50×50×150	4 面有孔	1.3
T60110	50×50×200	4 面有孔	1.65
T60115	50×50×250	4 面有孔	1.98
T60120	100×100×100	5 面有孔或槽	3.4
T60125	100×100×200	5 面有孔或槽	5.7
T60130	100×100×300	5 面有孔或槽	7.9

⑦ T 槽块见表 2-18。

表 2-18　T 槽块

结构图	型号	外形尺寸/mm	通孔或螺孔/mm	描述	质量/kg	应用
	T60910	23×65×24	ϕ16	2 磁铁	0.14	
	T60915	23×65×24	M16	2 磁铁	0.15	
	T60920	75×65×24	2×ϕ16 M16	4 磁铁	0.57	

⑧ 插入式 F 夹见表 2-19。

表 2-19　插入式 F 夹

结构图	型号	最大开口 A/mm	喉深 B/mm	夹持力/kgf①	质量/kg	应用示例
	UDN200	200	83	230	0.6	
	UDN300	300	83	230	1.2	
	UDN500	500	83	230	2.5	
	UEN200	200	83	320	1.0	
	UEN300	300	83	320	1.2	
	UEN500	500	83	320	1.4	

续表

结构图	型号	最大开口 A/mm	喉深 B/mm	夹持力 /kgf[①]	质量 /kg	应用示例
	UDRN200	200	83	230	0.6	
	UDRN300	300	83	230	1.2	
	UDRN500	500	83	230	2.5	
	UERN200	200	83	320	1.0	
	UERN300	300	83	320	1.2	
	UERN500	500	83	320	1.4	
	UDWN200	200	83	230	0.6	

① 1kgf=98.0665N。

⑨ 无垫压板见表2-20。

表2-20 无垫压板

结构图	型号	螺栓	H /mm	L_1 /mm	L_2 /mm	T /mm	应用
	850745M	M10	25	47.6	28.5	25.4	
	850755M	M12	44	58.7	96.5	36.5	
	850765M	M16	60	82.5	50.8	47.6	

⑩ 肘节钳见图2-57和表2-21。

GH-12130

301-A

302-F

图 2-57 肘节钳

表 2-21 肘节钳

型 号	螺孔	夹持力/kgf①	质量/kg
GH-12130	M8	227	0.36
301-A	M4	45	0.05
302-F	M8	136	0.3

① 1kgf=98.0665N。

⑪ 连接头见表 2-22。

表 2-22 连接头

结构图	型号	描述	销径 D/mm	螺纹	质量/kg	应用
	T64605	发黑、1个橡胶圈	ϕ16	M8	0.03	

⑫ 桥板见表 2-23。

表 2-23 桥板

结构图	型号	外形尺寸/mm	通孔/mm	螺孔(小)/mm	螺孔(大)/mm	质量/kg	应用
	T61320	225×100×16	2×ϕ16	M12	M16	2.60	

⑬ 肘节钳连接板见表 2-24，通过球锁销钉将四个销孔与系统中的销孔连接。

表 2-24 肘节钳连接板

结构图	型号	外形尺寸/mm	通孔/mm	螺孔/mm	描述	质量/kg	应用
	T61110	125×75×12	4×ϕ16	4×M6	配肘节钳	0.83	

⑭ 磁性销见表 2-25，与直角定位件配合使用，通过磁铁吸附钣金件实现定位。

⑮ 圆锥顶块见表 2-25，在工作台上作等高块用，也可与其他附件孔匹配进行侧定位。

表 2-25 磁性销、圆锥顶块

结构图	型号	描述	D/mm	d/mm	H/mm	质量/kg	应用
D H d 磁性销	T65410	发黑、有磁铁	ϕ16	ϕ25	25	0.06	
D H d 圆锥顶块	65610	发黑	ϕ16	ϕ26	30	0.06	
	65615	发黑、有磁铁	ϕ16	ϕ26	30	0.06	

⑯ 垫片见表 2-26，可与磁性垫铁组合使用，实现无级尺寸调整。

表 2-26 垫片

结构图	型号	外形尺寸/mm	磁铁/mm
	T61705	50×25×5	2×ϕ6×2.5
	T61710	50×25×10	2×ϕ6×2.5

续表

结构图	型号	外形尺寸/mm
	T61905	50×25×0.5
	T61710	50×25×1.0
	T61720	50×25×2.0
	T61730	50×25×3.0
	T61740	50×25×4.0

⑰ 锁紧销用于模块之间的定位连接，如图 2-49 所示。

此外还有 U 形定位块、任意角度调整块和止位块等。模块上每间隔 50mm 或 25mm 配有标准孔（ϕ28mm 或 ϕ16mm），可以实现工件快速定位和夹紧。任意角度调整块可以连续调节 0°～225°的任意角度，在需要的角度处可以用油压的方式锁紧，可平卧或竖立使用。夹角臂上的两侧分别有标准孔和槽，可在其上面进一步安装定位和夹紧模块。

(3) 夹紧器 品种繁多，其中带补偿悬臂的螺旋夹紧器最为常用，如图 2-58 所示。

由于夹紧器支柱与定位孔之间的间隙和支柱本身的弹性变形，使夹紧器在夹紧过程中有带动工件偏转的倾向。为了防止这种偏转，德国戴美乐公司开发了带补偿悬臂的夹紧器。这种夹紧器在悬臂中增加了弹性伸缩，可化解夹紧时的侧向分力，以补偿夹紧器支柱与定位孔之间的间隙以及支柱本身的弹性变形，保证夹紧力与受力面垂直。

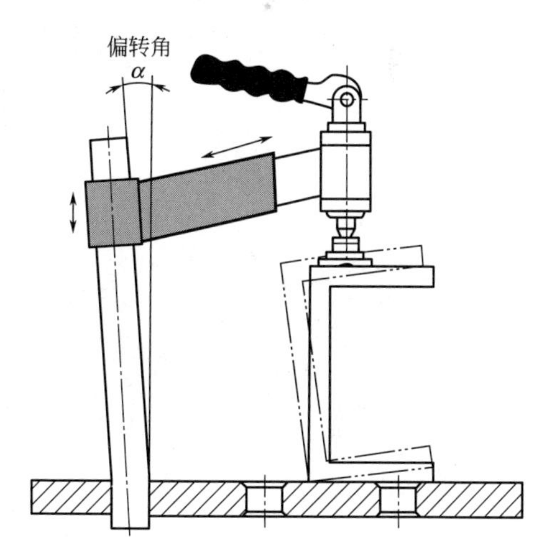

图 2-58　带补偿悬臂的螺旋夹紧器

(4) 应用实例 图 2-59 所示为矩形管框架焊接。这是最常见的工件，最典型的工装，在条板焊接工作台上充分应用强手牌工具中的一些直角定位工具，例如 PL 直角系列、PT 直角系列、PA 直角系列、二维虎钳、三维虎钳，可实现在任意位置精确定位与夹紧，并重复使用，节省装夹时间。

该柔性工作台为 TM 焊接工作台，设计有较高精度等距的定位孔，并分布有等距的定位槽，把孔系和槽系工作台的优点融为一体，从而具有定位准确方便、装夹灵活快捷的特点。TM 焊接工作台不仅具有完备的定位和夹紧配套附件，同时有强手牌焊接工具作强有力的支持。在焊接工作台上，应用其附件与强手牌工具，可以方便快捷地组装成柔性焊接工装。

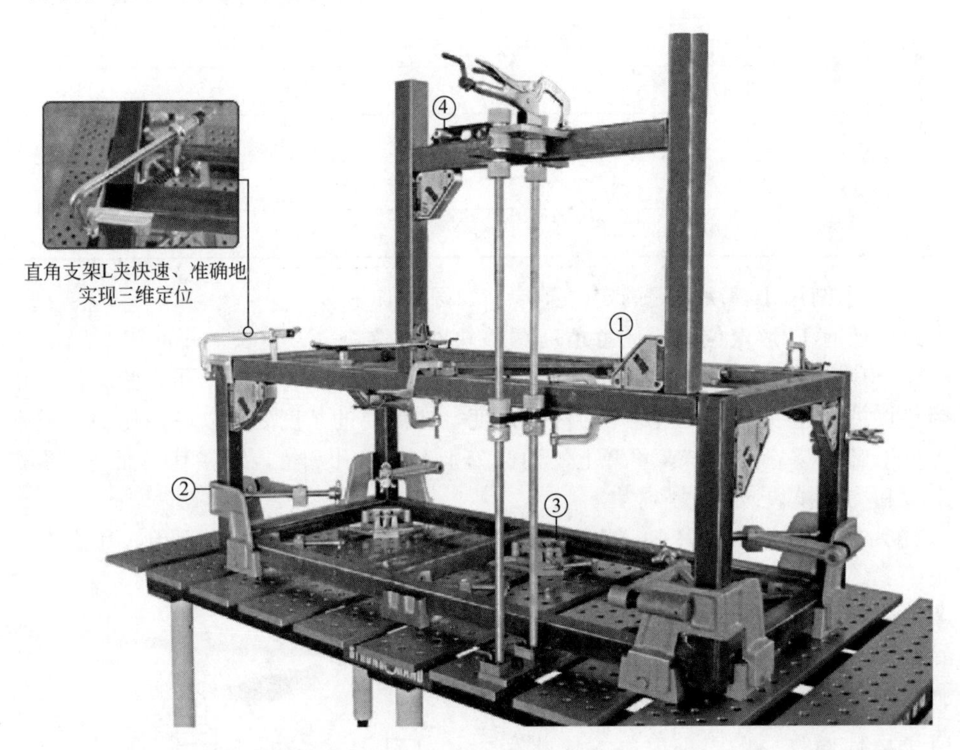

带开关的可调角铁，能快速方便地进行工件45°或90°定位。实现圆管、方管和平板工件的定位

三维焊接虎钳的快进退装置可轻松实现三维工件的夹紧和拆卸

二维虎钳能准确、快捷实现L/T形定位。快进退装置可轻松实现二维工件的夹紧和拆卸

多功能水平尺可吸附在钢制工件上，三个位置的水泡实现180°、90°、45°的找正

图 2-59 矩形管框架焊接

图 2-60 所示为矩形管框架焊接双立柱的使用说明。

图 2-61 所示为铲车轭部分焊接，该工装通过三根心轴实现工件整体的定位，也采用强手牌工具快捷、准确地实现夹紧和拆卸。

双立柱无限延伸，大力钳能在三维空间快速夹紧工作

快进退螺母装置能快速地移动和固定工件的位置，且能在多位置定位

双立柱底座可与工作台台面快速连接、锁紧，又能收缩在台面之下

图 2-60　双立柱使用说明

图 2-61 铲车轭部分焊接

习题与思考题

1. 夹紧装置由哪几部分组成？其作用是什么？
2. 夹紧力方向的选择要注意哪几点？
3. 试比较分析螺旋夹紧机构和偏心夹紧机构的优缺点及适用场合。
4. 分析图 2-42 所示大力钳的工作原理。
5. 确定夹紧力的大小应考虑哪些因素？

第三章

焊接工装夹具的动力装置

焊接工装中机械化传动装置包括气压传动、液压传动、电力传动、电磁传动和真空传动等多种方式，而气压传动是这些传动中应用最广泛的一种。气压与液压传动用的能源介质都是压流体（压缩空气或压力油），所以其传动系统在组成和工作原理上有许多共同点，都是利用各种元件组成所需要的控制回路来进行能量转换的。其传动系统的组成及其功能元件见表3-1。

表3-1 气压与液压传动系统的组成及其功能元件

组成	功能	实现功能的常用元件	
		气压传动	液压传动
动力部分	是气压或液压发生装置，把电能、机械能转换成压力能	空气压缩机	液压泵、液压增压器等
控制部分	是能量控制装置，用于控制和调节流体压力、流量和方向，以满足夹具动作和性能要求	压力阀、流量阀、方向阀等	方向阀、稳压阀、溢流阀、过载保护阀等
执行部分	是能量输出装置，把压力能转变成机械能，以实现夹具所需的动作	气缸	液压缸
辅助部分	在系统中起连接、测量、过滤、润滑等作用的各种附件	管路、接头、分水滤气器、油雾器、消声器等	管路、接头、油箱、蓄能器等

气动（液压）夹紧机构主要有以下几类：气动（液压）夹紧器，气动（液压）杠杆夹紧器，气动（液压）斜楔夹紧器，气动（液压）撑圆器，气动（液压）拉紧器，气动（液压）楔-杠杆夹紧器，气动（液压）铰链-杠杆夹紧器，气动（液压）凸轮-杠杆夹紧器。

第一节 气压传动装置

一、气压传动装置的特点

气压传动的优点如下。

① 空气无介质应用损失和供应上的困难，同时可以将用过的空气直接排入大气不需回收，处理方便，万一管路有泄漏，除引起能量损失外，不致产生不利于工作的严重影响。

② 空气黏度很小，在管道中压力损失较小，其阻力损失不到油路损失的1‰，因此压缩气体便于集中供应和远距离输送。

③ 气压传动用的气体工作压力不高，一般在0.4～0.6MPa。可降低对气动元件材质和制造精度方面的要求，因而结构简单，容易制造，成本低廉。

④ 气压传动动作迅速，反应快，操作控制方便，元件便于标准化，容易集中

控制、程序控制和实现工序自动化。

⑤ 气压传动介质清洁，管道不易堵塞，系统简单，便于维修，也不存在介质变质、补充、更换等问题。

⑥ 气压传动系统对环境适应性强，在易燃、易爆、多尘、强磁、辐射、潮湿、腐蚀、振动及温度变化大的恶劣环境或场合下也能安全可靠地工作，并便于实现过载保护。

但是气压传动也有如下缺点。

① 由于空气具有可压缩性，使工作速度不易稳定，因而外载变化对速度影响较大，传动不够平稳，夹紧刚性较低，也难于准确地控制与调节工作速度。

② 由于压缩空气压力较低，与液压相比，在同一压力下的结构尺寸大很多。

根据焊接工装夹具的使用要求与特点，上述缺点中的第②项所构成的影响较大。

二、气缸的类型、出力计算及安装方式

1. 气缸的类型

焊接生产中典型的气动夹紧装置如图 3-1 所示。装置中使用的气缸，按其内部结构分有活塞式气缸［图 3-1(a)～(d)］和薄膜式气缸［又称气室，图 3-1(e)］两类。

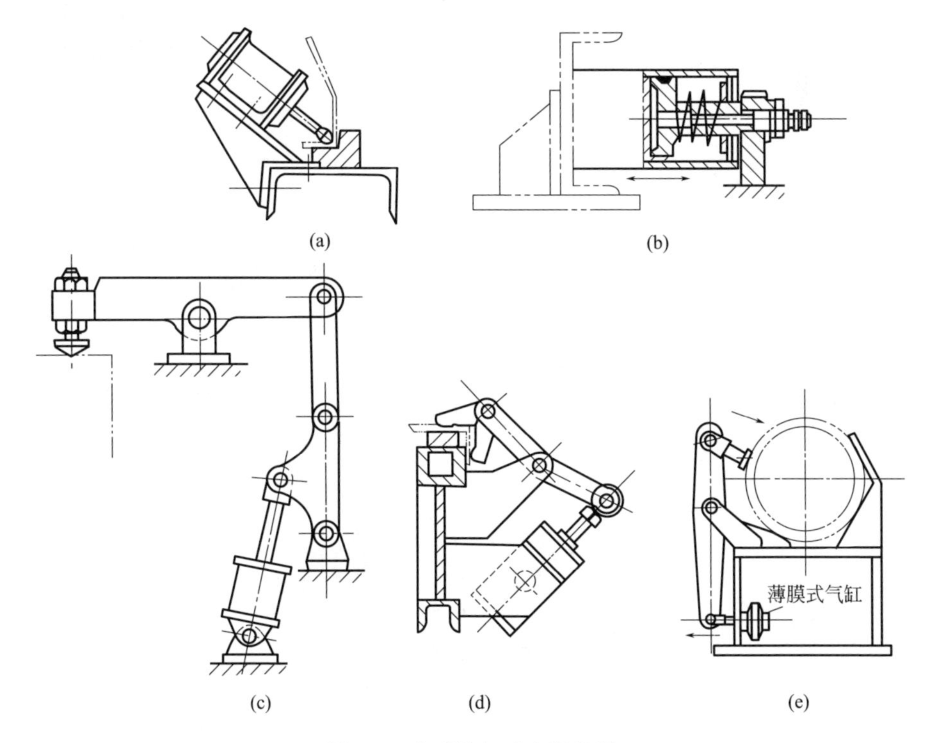

图 3-1　典型的气动夹紧装置

活塞式气缸因夹紧的行程不受限制，而且夹紧力恒定，故应用最广泛，但气缸尺寸较大，滑动副之间易漏气；薄膜式气缸外形紧凑，尺寸小，易制造，维修方便，没有密封问题，但夹紧行程短，一般不超过30～40mm，而且夹紧力随行程增大而减小。

从气缸体的状态分，常用的有固定式和摆动式两类。前者是缸体固定在夹具体上［图3-1(a)］由活塞杆工作，或活塞杆固定［图3-1(b)］由缸体工作；后者通过气缸的端部或中部的销轴，工作时气缸绕销轴摆动［图3-1(c)、(d)］。

图3-2所示为单作用气缸，当进气口有压缩空气进入时，推动活塞运动，当没有压缩空气进入时，活塞在弹簧［图3-2 (a)］或重力［图3-2 (b)］作用下退回到原来的位置。

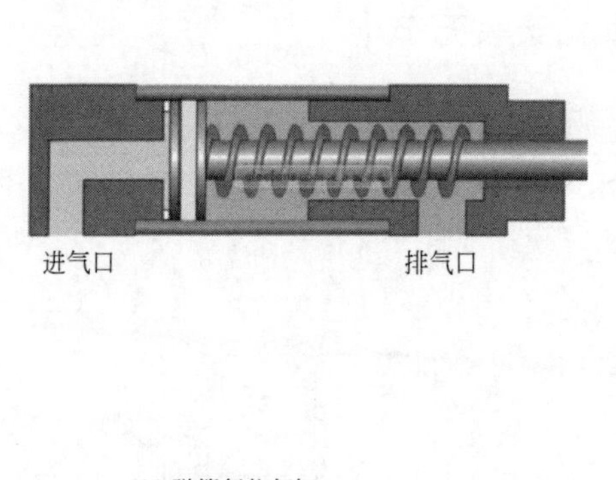

(a) 弹簧复位气缸

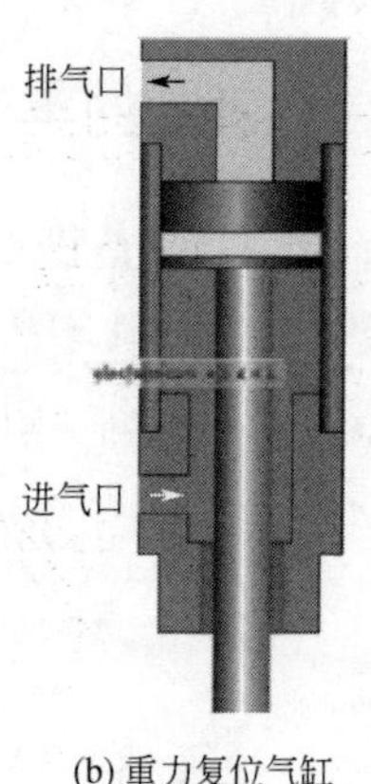

(b) 重力复位气缸

图3-2 单作用气缸

图3-3所示为双作用气缸，当一侧作为压缩空气的进气口时，另一侧就作为排气口，在两侧就会形成气压差，从而使气缸往一个方向运动，这样交替进行下去就实现了气缸活塞的双向运动。气缸内部结构如图3-4所示。

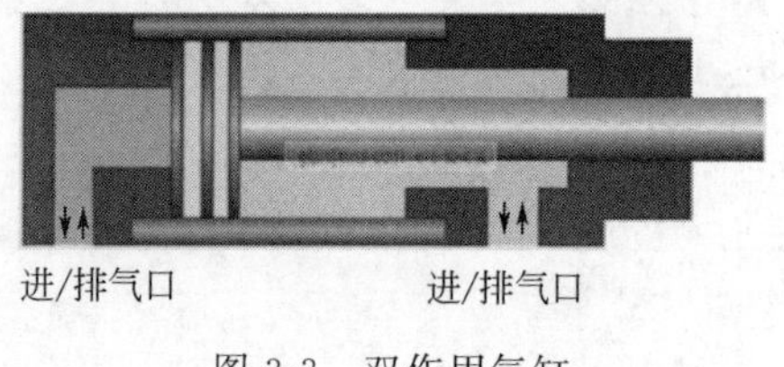

图3-3 双作用气缸

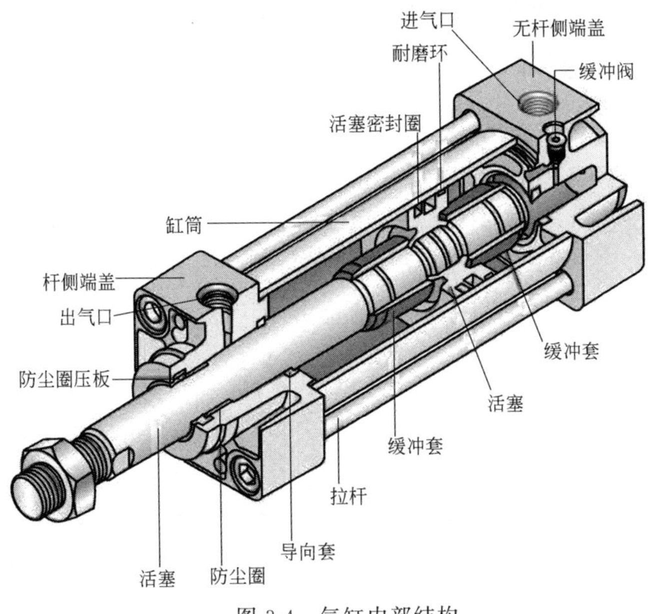

图 3-4　气缸内部结构

2. 气缸出力的计算

① 活塞式气缸。若已知气缸直径 D 和气缸工作压力 p，则按表 3-2 计算输出轴向力的大小。若按夹具所需的轴向力 F_k 自行设计气缸时，则令 $F_k=F$，用表 3-2 中的公式计算气缸内径 D。算出的气缸内径应按标称缸径系列（GB/T 2348—2018）圆整，接着进行气缸筒壁厚度和活塞杆直径等计算。

表 3-2　活塞式气缸输出轴向力计算公式

类型	简　图	工作情况	轴向力计算公式	符号含义
单作用	D　d　F	输出推力 F	$F=\frac{\pi}{4}D^2p\eta-R$ $R=C(L+S)$	p——气缸工作压力，MPa； η——气缸机械效率，通常 $\eta=0.8$； d——活塞杆直径，mm； D——气缸内径，mm； R——弹簧阻力，N； L——弹簧预压缩量，mm； S——活塞行程，mm； C——弹簧刚度系数，N/mm，粗算可取 $C=0.15\sim0.35$
双作用	D　d　F　F'	输出推力 F	$F=\frac{\pi}{4}D^2p\eta$	
			$F=\frac{\pi}{4}(D^2-d^2)p$	

② 薄膜式气缸。气缸输出轴向力与膜片的形式有关，其计算公式见表 3-3。

表 3-3 薄膜式气缸输出轴向力计算公式

膜片形式	材料	推杆行程范围	推杆位置	轴向力计算公式
碟形膜片 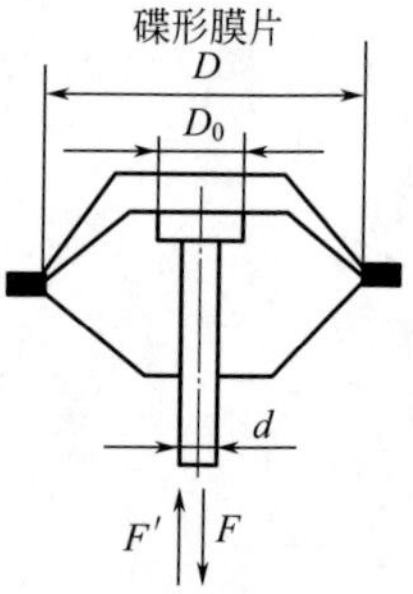 D D_0 d F' F	夹布橡胶 耐油橡胶		起始位置 $s=0$	$F=\frac{\pi}{4}pD_p^2=\frac{\pi p}{16}(D+D_0)^2$ $F'=\frac{\pi p}{16}[(D-D_0)^2-4d^2]$
	夹布橡胶	$(0.22\sim0.35)D$	接近终端位置 $s=0.3D$	$F=\frac{0.75\pi p}{16}(D+D_0)^2$ $F'=\frac{0.75\pi p}{16}[(D+D_0)^2-4d^2]$
圆板形膜片 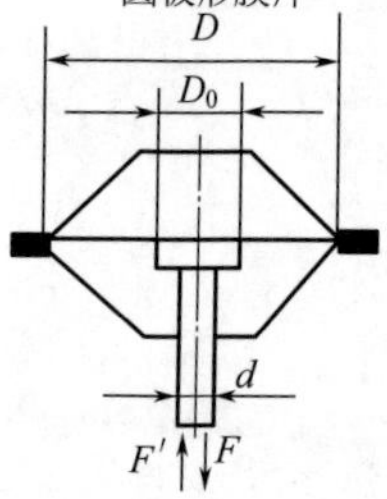 D D_0 d F' F	夹布橡胶	$(0.06\sim0.07)D$ (单面)	$s=0.07D$	$F=\frac{0.75\pi p}{16}(D+D_0)^2$ $F'=\frac{0.75\pi p}{16}[(D+D_0)^2-4d^2]$
	耐油橡胶 夹布橡胶		$s=0$	$F=\frac{\pi}{4}pD_p^2$ $F'=\frac{\pi p}{4}(D_0^2-d^2)$
	膜片上下均有托盘	$(0.17\sim0.22)D$ (单面)	$s=0.22D$	$F=\frac{0.9\pi}{4}pD_0^2$ $F'=\frac{0.9\pi p}{4}(D_0^2-d^2)$

注：1. F—推杆输出轴向推力，N；F'—推杆输出轴向拉力，N；D_0—托盘直径，mm；D—膜片有效直径，mm；D_p—膜片环形部分的平均直径，mm，$D_p=\frac{D+D_0}{2}$；p—工作压力，MPa；d—推（拉）杆直径，mm。

2. 表中公式只适用于双作用的气缸，若为单作用气缸，作用力中应减去弹簧阻力 R（见表 3-2 活塞式单作用气缸部分）。

各种类型的气缸现已标准化和系列化，它们的轴向力（推力或拉力）以及各结构参数等都可以在各类机械设计手册中查到。在工装设计时，一般是先根据工作情况选定气缸的类型，再根据工件所需夹紧力确定气缸需要输出的推力（或拉力），然后直接从手册或产品样本中选用。有特殊要求时，通过计算确定气缸的直径及其他参数。

气动机构中的重要组成元器件，在国内外均有标准化和系列化的产品，有重型、轻型、小型、微型等类别，每一类别都有各自的系列，大都符合 ISO 标准，就连气缸用的支座和活塞杆的接头也有相应的系列标准。这就为用户的直接选用和零件的更换、维修保养提供了极为便利的条件。我国生产气动元器件的专业化工厂已有多家，产品种类齐全、规格很多，其主要性能已多数达到或接近国际先进水平，完全可以满足气动夹紧机构的使用要求，在设计时。应尽量优先选用。

3. 气缸的安装方式

气缸的安装方式见表 3-4。

表 3-4　气缸的安装方式

安装形式			简　图	说　明
固定式	通用气缸		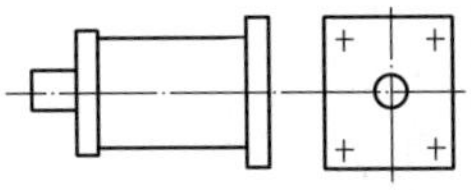	基本形式
	耳座式	轴向耳座	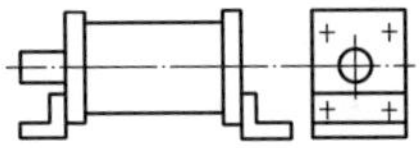	耳座上承受力矩，气缸直径越大，力矩越大
		切向耳座	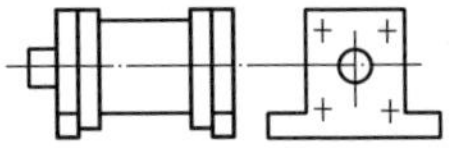	
	法兰式	前法兰	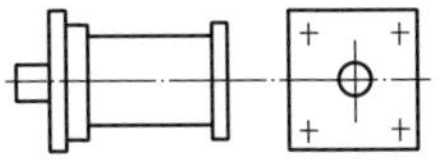	前法兰紧固，安装螺钉受拉力较大
固定式	法兰式	后法兰	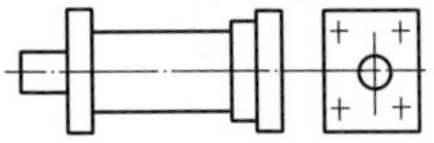	后法兰紧固，安装螺钉受拉力较小
轴销式（摆动式）	尾部轴销		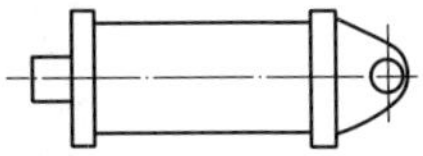	气缸可以摆动，活塞杆的挠曲比头部轴销、中间轴销形式大
	头部轴销		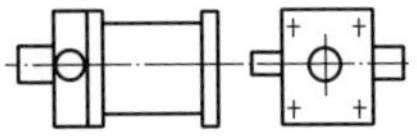	活塞杆的挠曲比尾部和中间轴销形式小
	中间轴销		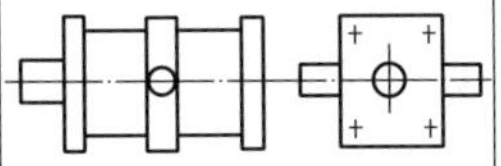	活塞杆的挠曲比尾部轴销形式小，而比头部轴销形式大

图 3-5 所示为气缸采用前法兰的安装形式，图 3-6 所示为气缸采用后法兰的安装形式。

图 3-5 气缸前法兰安装

图 3-6 气缸后法兰安装

第二节 液压传动装置

一、液压传动装置的特点

液压缸是将液压能转变为机械能的、做直线往复运动的液压执行元件。液压缸输出力和活塞有效面积及其两边的压差成正比。液压缸基本上由缸筒和缸盖、活塞和活塞杆、密封装置、缓冲装置与排气装置组成。缓冲装置与排气装置视具体应用场合而定，其他装置则必不可少。与气压传动相比，液压传动的主要特点如下。

① 同一结构尺寸下的输出力很大，工作压力一般为 1.96～7.84MPa，可达 9.8MPa。

② 在同样输出力情况下执行元件（液压缸）尺寸较小，惯性小，结构紧凑。

③ 液体有不可压缩性，故夹紧刚性较高，耐冲击，可以准确地控制速度，外载的变化对工作速度几乎没有影响。

④ 油有吸振能力，便于频繁换向。

⑤ 结构复杂，制造精度要求高，成本较高；控制复杂，不适合远距离操纵。

⑥ 因油的黏度大，动作缓慢，受温度变化影响，在低温和高温下工作不正常。

根据液压传动的这些特点，液压夹紧机构多用在对夹紧速度有要求的场合，以及要求夹紧力很大而安装空间尺寸受到限制的地方。

二、液压缸的类型、出力计算及安装方式

1. 液压缸的类型

按运动形式分液压缸有直线运动式和摆动式两大类。在焊接工装中主要使用直线运动式，其输出的是轴向力。直线运动式液压缸常用形式见表 3-5。

表 3-5　直线运动式液压缸常用形式

名称		示意图	符　号	说　明
单作用液压缸	活塞式液压缸	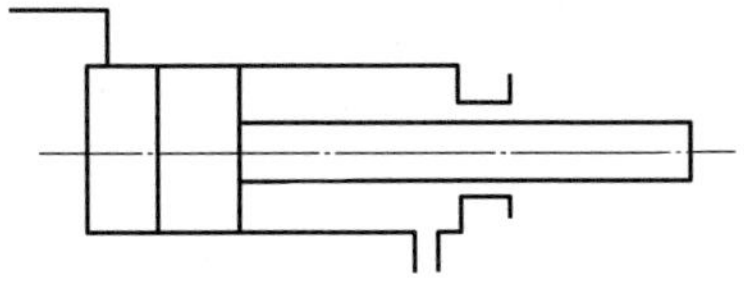	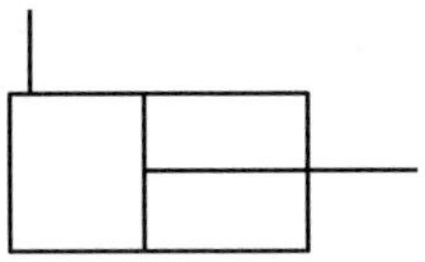	活塞仅能单向运动，其反向运动需由外力来完成
	柱塞式液压缸	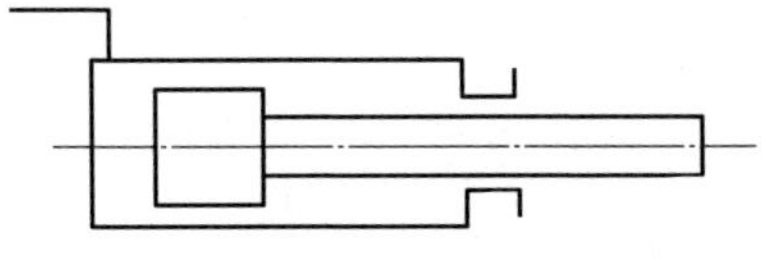	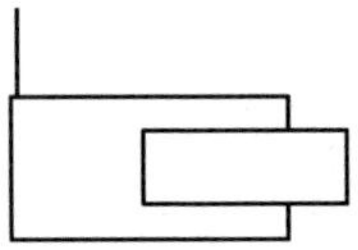	同活塞式液压缸，其行程一般较活塞式液压缸大
	伸缩式液压缸	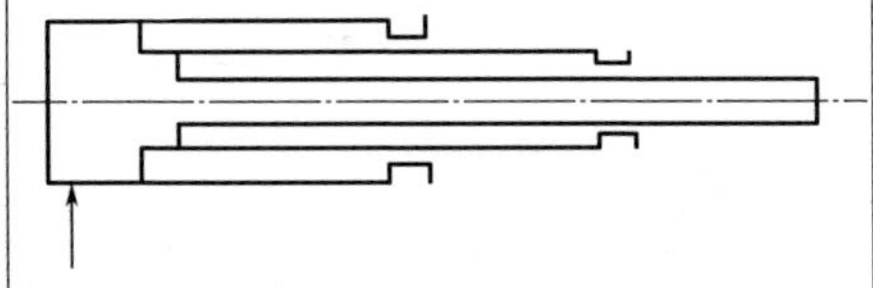	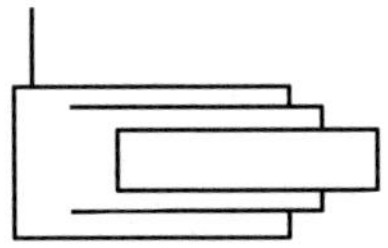	有多个依次运动的活塞，各活塞逐次运动时，其输出速度和输出力均是变化的

续表

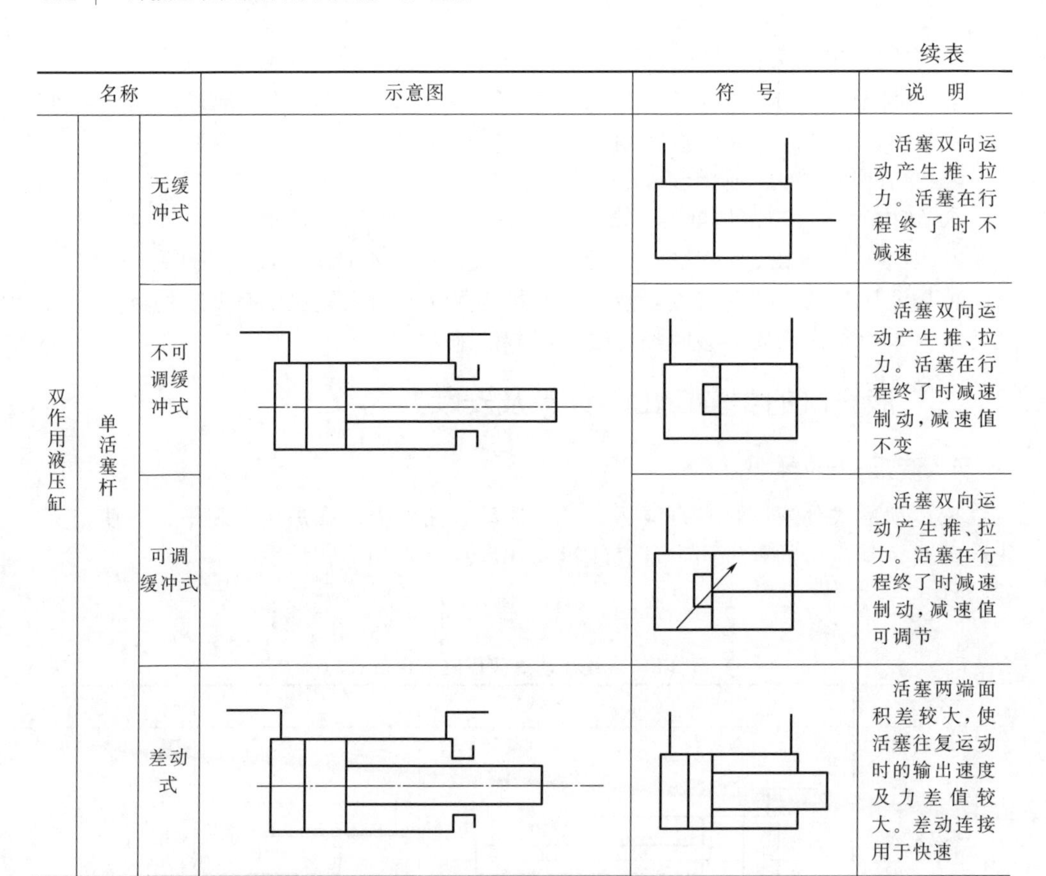

名称			示意图	符号	说明
双作用液压缸	单活塞杆	无缓冲式			活塞双向运动产生推、拉力。活塞在行程终了时不减速
		不可调缓冲式			活塞双向运动产生推、拉力。活塞在行程终了时减速制动，减速值不变
		可调缓冲式			活塞双向运动产生推、拉力。活塞在行程终了时减速制动，减速值可调节
		差动式			活塞两端面积差较大，使活塞往复运动时的输出速度及力差值较大。差动连接用于快速

单活塞杆液压缸只有一端有活塞杆。

图3-7所示为双作用单活塞杆液压缸，该液压缸主要由缸底1、缸筒10、缸盖13、活塞5、活塞杆15和导向套12等组成，缸筒一端与缸底焊接，另一端与缸盖

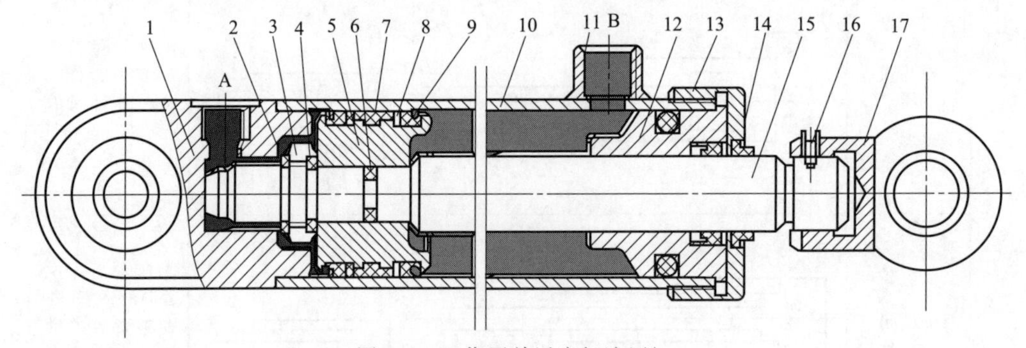

图3-7 双作用单活塞杆液压缸

1—缸底；2—弹簧挡圈；3—套环；4—卡环；5—活塞；6—O形密封圈；7—支承环；8—挡圈；9—Y形密封圈；10—缸筒；11—管接头；12—导向套；13—缸盖；14—防尘圈；15—活塞杆；16—定位螺钉；17—耳环

采用螺纹连接。活塞与活塞杆采用卡键连接，为了保证液压缸的可靠密封，在相应位置设置了密封圈 6、9 和防尘圈 14。

柱塞式液压缸是一种单作用液压缸，靠液压力只能实现一个方向的运动，柱塞回程要靠其他外力或柱塞的自重。柱塞只靠缸套支承而不与缸套接触，缸套极易加工，故适于制作长行程液压缸。工作时柱塞总受压，因而它必须有足够的刚度。柱塞重量往往较大，水平放置时，容易因自重而下垂，造成密封件和导向件单边磨损，故其垂直使用更有利。

伸缩式液压缸具有二级或多级活塞，活塞伸出的顺序是从大到小，而空载缩回的顺序则一般是从小到大。伸缩式液压缸可实现较长的行程，缩回时长度较短，结构较为紧凑。此种液压缸常用在工程机械和农业机械上。

2. 液压缸出力的计算

设计液压传动工装时，一般是根据工装结构方案和动作要求先选定液压缸的类型及安装方式，再根据作用力的需要确定液压缸输出的轴向力，然后计算缸径和其他结构参数，或者根据已定的缸径和液压缸工作压力计算其输出轴向力。

输出轴向力是指压力油推动活塞使活塞杆产生推力或拉力。现以最常用的双作用单活塞杆液压缸（图 3-8）为例进行计算。

$$F=F_h-F_m-F_b\pm F_g \tag{3-1}$$

式中　F——液压缸的输出轴向力，N；

F_h——活塞上的推力，N；

F_m——摩擦阻力，N，与密封方式有关，粗略计算时按 $F_m=\dfrac{F}{10}$估算；

F_b——排油阻力，N，$F_b=p_bA$；

p_b——排油侧的油液压力（即背压力），MPa，有背压阀时 $p_b=0.2\sim0.6$MPa，无背压阀时 $p_b=0$；

A——排油侧活塞的承压面积，m^2；

F_g——惯性力，N，$F_g=ma=m\dfrac{dv}{dt}$，粗略计算时忽略。

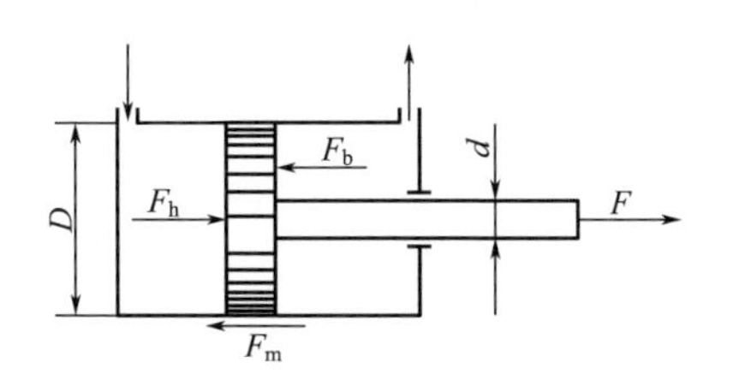

图 3-8　双作用单活塞杆液压缸输出轴向力计算

F_h 的计算，因活塞两侧的承压面积不等，故产生的推力也不相等。

活塞杆外伸时

$$F_h=p\frac{\pi D^2}{4} \tag{3-2}$$

活塞杆内缩时

$$F_h=p\frac{\pi}{4}(D^2-d^2) \tag{3-3}$$

式中 D——活塞直径，m；

d——活塞杆直径，m；

p——液压缸工作压力，MPa，考虑到液压缸和管道阻力损失，它应等于或小于液压泵额定压力的80%。

如果所需推力 F_h 和液压缸工作压力 p 已知，用上面的公式可计算液压缸的缸径、壁厚等结构参数。因液压缸已经标准化和系列化，没有特殊要求，不必进行计算，可以从有关手册或产品样品中按所需活塞杆的推力（或拉力）查出相应的液压缸的缸径和其他结构参数，或根据液压缸的缸径等查出活塞杆的输出轴向力大小。

3. 液压缸的安装方式

液压缸按设计需要可采用不同的安装方式，表3-6列出了缸体固定而活塞杆运动的各种安装方式。

表3-6 缸体固定而活塞杆运动的各种安装方式

外形特点	安装方式	外形特点	安装方式
通用外形	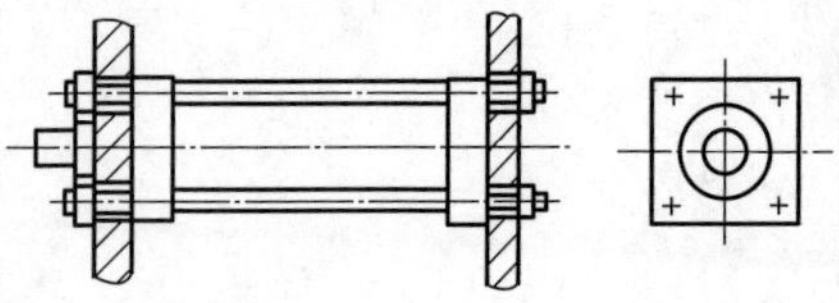	尾部外法兰	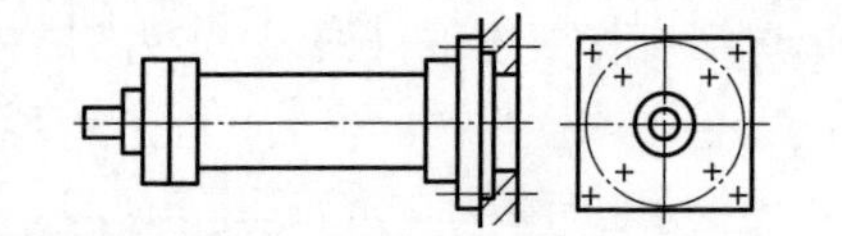
切向底座	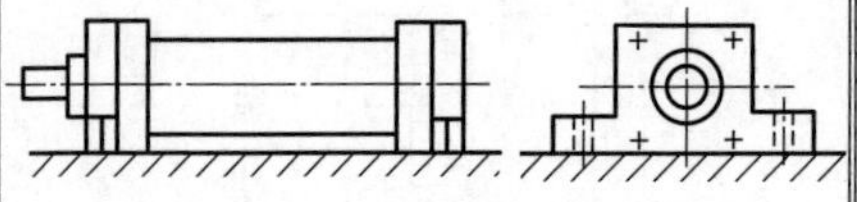	头部轴销	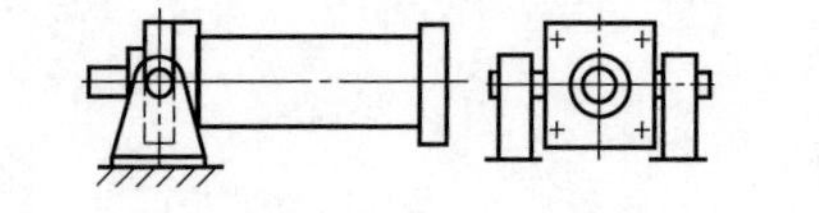
轴向底座	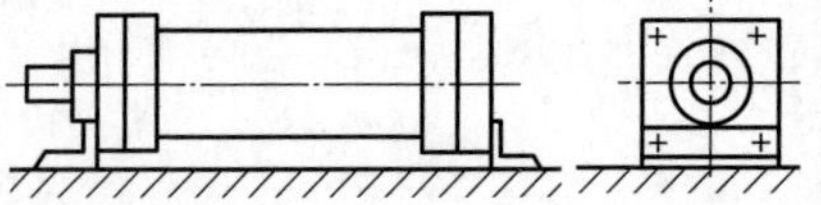	尾部轴销	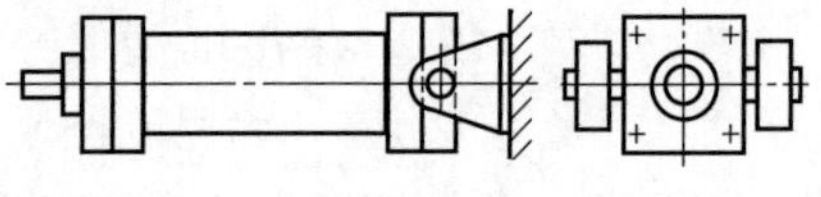
外部外法兰	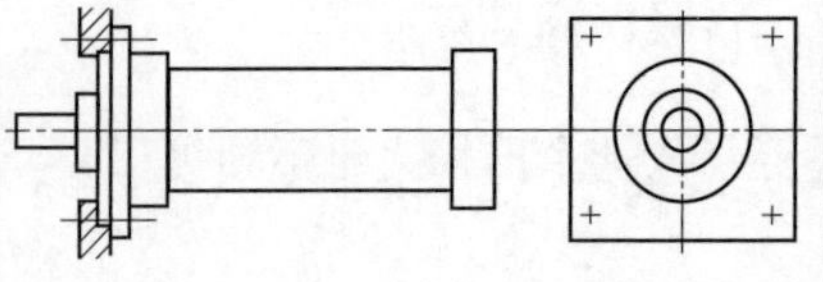	中部轴销	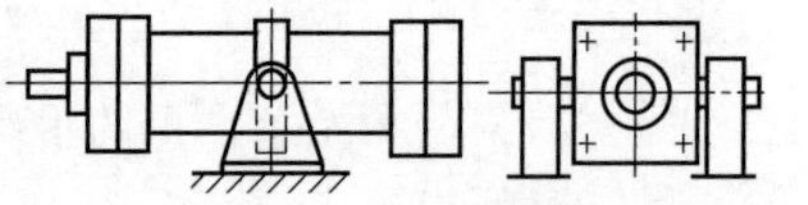
内部外法兰	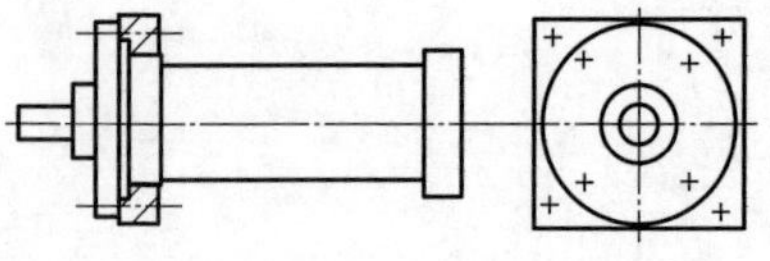	头部轴销	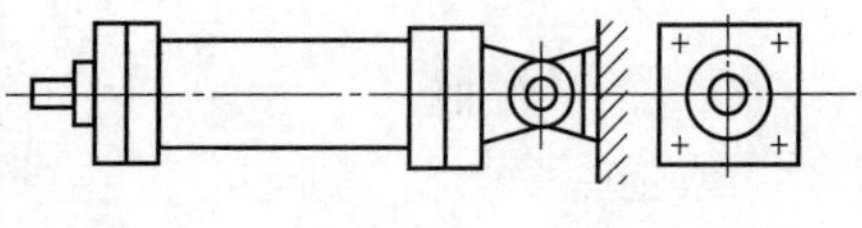

图 3-9 所示为转台侧板采用液压缸加杠杆组合进行夹紧，夹紧力可靠。

图 3-9　转台侧板液压组对工装

第三节　气动和液压传动装置的选择

在生产中，主要根据出力、活塞行程、安装方式来选用气缸和液压缸，注意事项如下。

① 根据外部工作力的大小，先确定活塞杆上的推力或拉力。液压缸的出力比较稳定，但气缸的出力随工作速度的不同而有很大的变化，速度增高时，则由于受背压等因素的影响，出力将急剧降低。通常应根据外部工作力的大小，乘以 1.15～2 的备用系数，来确定气缸的内径。

② 确定活塞杆的行程，即确定气缸或液压缸活塞所能移动的最大距离，行程的长短与使用场合有关，也受气缸和液压缸结构与加工工艺的影响，特别是采用小直径长行程气缸和液压缸时，要充分考虑制造的可能性。

③ 要根据夹具的结构形式、运动要求来确定气缸或液压缸的安装方式。

④ 根据焊件的结构情况，选择有、无缓冲性能的气缸。对于几何尺寸较大、板材较厚、刚性较好的焊件，由于气缸夹紧时对冲击作用不太敏感，从经济实用的角度出发，应选用无缓冲性能的气缸，反之，就要选用有缓冲性能的气缸。

⑤ 尽最选用标准化的气缸和液压缸。目前一些生产厂家还推出了带开关、带电控阀以及两者全带的集成式气缸。带开关的气缸，缸筒外面装有磁性开关，可调节气缸的中间行程，使用方便；带电磁阀的气缸，使缸阀一体化，结构紧凑，节省气路，维修操作方便；两者全带的集成式气缸，不仅具有两者的功能和优点，而且结构更加紧凑。在气动夹紧机构中，更便于实现自动化。

第四节 磁力、真空夹紧装置

一、磁力夹紧装置

磁力夹紧装置分永磁夹紧器和电磁夹紧器。永磁夹紧器外形及应用举例如图 3-10 所示。

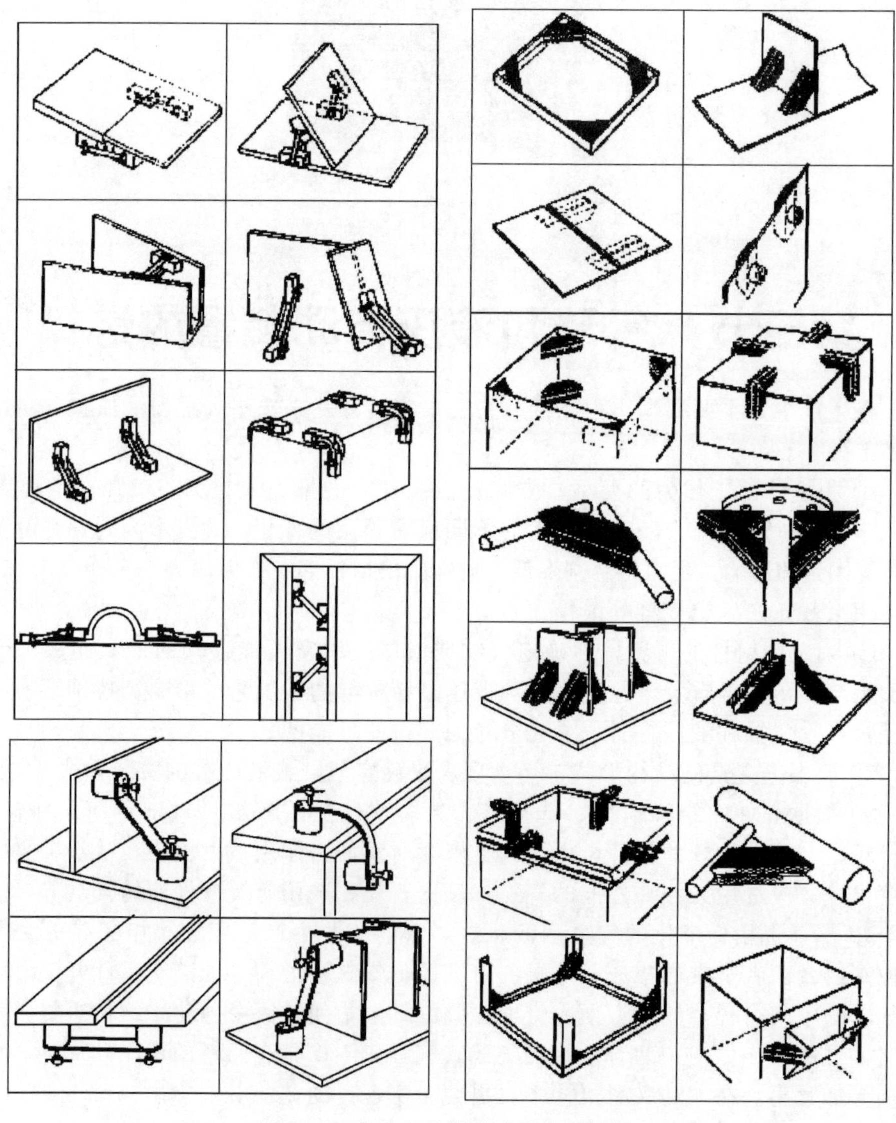

图 3-10 永磁夹紧器外形及应用举例

永久磁铁常用铝镍钴系合金和铁氧体等永磁材料来制作，特别是后者中的锶钙铁氧体，其货源丰富，性能好，价格低廉，得到了广泛的应用。

电磁夹紧器是利用电磁力来夹紧焊件的一种器具，其夹紧力较大，由于供电电源不同，分为直流和交流两种。

直流电磁夹紧器电磁铁励磁线圈内通过的是直流电，所建立的磁通是不随时间变化的恒定值，在铁芯中没有涡流和磁滞损失，铁芯可用整块工业纯铁制作，吸力稳定，结构紧凑，在电磁夹紧器中应用较多。

交流电磁夹紧器电磁铁励磁线圈内通过的是交流电，所建立的磁通随电源频率而变化，因而磁铁吸力是变化的，工作时易产生振动和噪声，且有涡流和磁滞损耗，结构尺寸较大，故使用较少。

电磁夹紧器的应用如图 3-11 所示。焊件筒体两端的法兰被定位销定位后，其定位不受破坏就是靠固定电磁夹紧器和移动电磁夹紧器来实现的。

机床用的直流电磁铁，又称电磁吸盘，在我国许多机床附件厂都有定型产品，型号很多，主要有圆形和矩形两种结构形式，单位面积吸力多在 0.5～1.5MPa 之间。也有个别厂家还生产圆形和矩形的永磁吸盘（特殊形式的还可以定制），单位

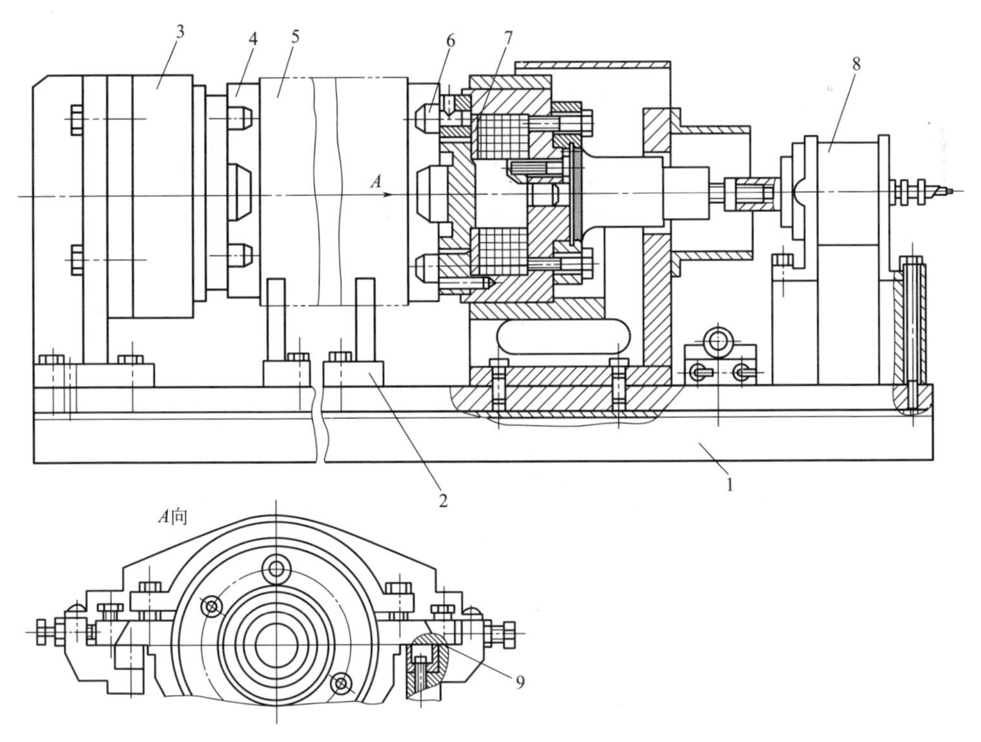

图 3-11　电磁夹紧器的应用

1—夹具体；2—V 形定位器；3—固定电磁夹紧器（同时起横向定位作用）；4—焊件（法兰）；5—焊件（筒体）；6—定位销；7—移动电磁夹紧器；8—气缸；9—燕尾滑块

面积吸力在0.6～1.8MPa之间。机床上使用的电磁吸盘，也可用在焊接工装夹具的磁力夹紧机构上，例如板材拼接用的电磁平台就是由电磁吸盘拼装而成的。

二、真空夹紧装置

真空夹紧装置是利用真空泵或以压缩空气为动力的喷嘴所射出的高速气流，使夹具内腔形成真空，借助大气压力将焊件压紧的装置。它适用于夹紧特薄的或挠性的焊件，以及用其他方法夹紧容易引起变形或无法夹紧的焊件，在仪表、电器等小型器件的装焊作业中应用较多（图3-12）。

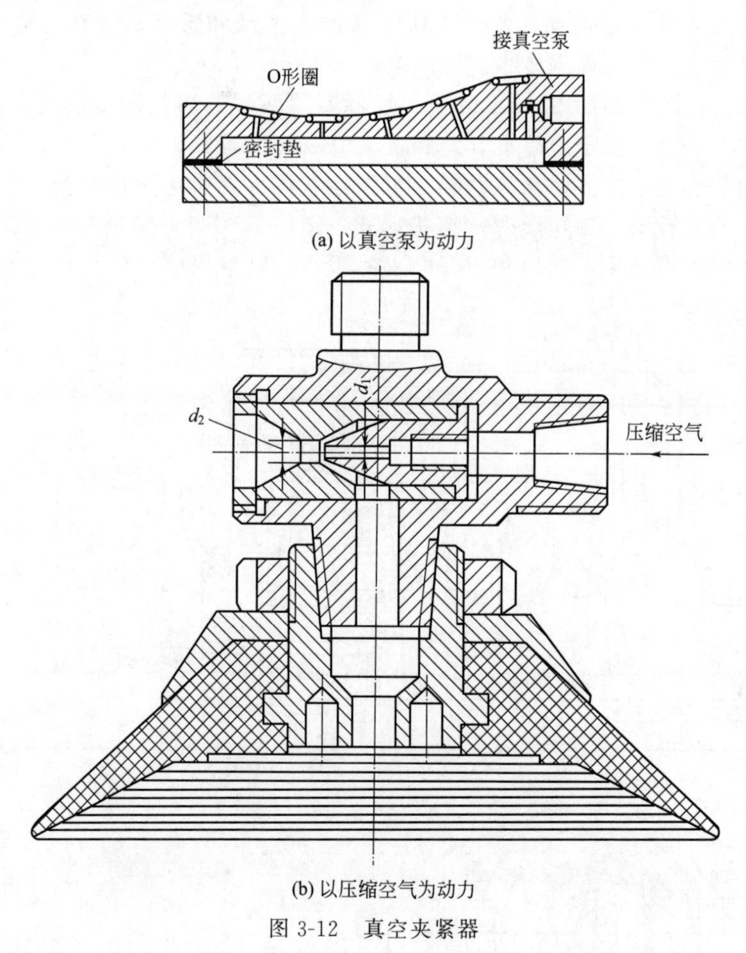

图3-12 真空夹紧器

真空夹紧装置的吸力计算式为

$$F=10^{-6}(p_0-p)S$$

式中 F——真空夹紧装置的吸力，N；

p_0——大气压，Pa；

p——夹具内腔的真空度，Pa；

S——内腔的吸附面积，mm^2。

通常，按标准大气压计算时，$p_0=101325$Pa，利用真空泵抽气形成真空［图3-12(a)］，一般夹具内腔的真空度可达0.134Pa，可近似认为$p=0$。

设计真空夹紧装置时，要考虑突然断电导致夹具松夹带来的危险。

图3-13所示的真空泵抽气控制系统，就较好地解决了这一问题。当电磁阀3通电后，阀芯左移，真空泵与夹具内腔接通进行抽气，使腔内形成真空而吸附焊件。当电磁阀3断电、阀芯复位、电磁阀4通电、阀芯左移后，夹具内腔与大气接通，焊件松夹。若突然断电，则阀芯因弹簧作用而处在图3-13所示位置，将夹具内腔通道封死，如果夹具密封性好，就不会立即造成松夹事故。

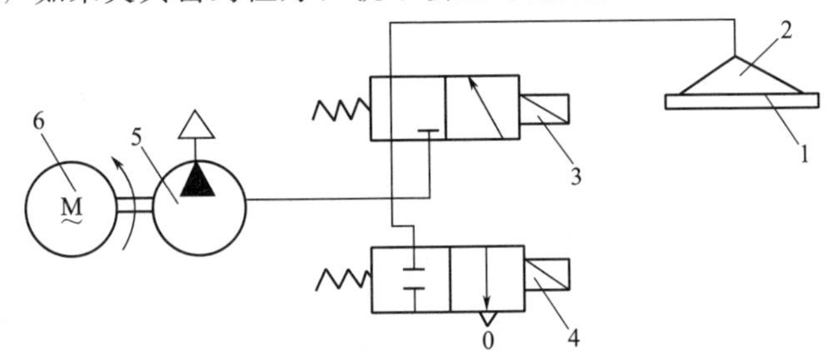

图3-13　真空泵抽气控制系统

1—焊件；2—夹具内腔；3,4—电磁阀；5—真空泵；6—电动机

另外，为了使夹具内腔很快形成真空，可在系统内设一真空罐，夹具工作时，内腔中的空气迅速进入真空罐，然后由真空泵抽走，这样不仅提高了夹具的工作效率，而且也增加了工作过程的可靠性。

通过喷嘴喷射气流而形成真空的夹紧机构［图3-12(b)］，由于利用车间内的压缩空气为动力，省去了真空泵等设备，比较经济。但因其夹具内腔的吸力与气源气压和流量有关，所以要求气源比较稳定。另外，工作时会发出刺耳的噪声，不宜用在要求安静的场所。

设计这种喷嘴式真空夹紧机构时，要注意喷嘴结构尺寸，如孔径、长度、锥角等，这些参数对夹具工作的稳定性、吸力的大小和耗气量的多少都有直接影响。喷嘴通道长度不能过长；通道内壁表面粗糙度Ra应控制在3.2μm以下；各通道截面的过渡处不能出现涡流，否则，气流速度会受到很大的阻碍。

上述这些结构尺寸，往往通过试验最后确定。通常，喷嘴的尺寸［图3-12(b)］d_1在1～1.8mm之间选取，d_2在3～3.5mm之间选取。喷嘴常采用青铜制造。

第五节　电动夹紧装置

电力传动系统一般由电动机、传动机构、控制设备和电源等基本环节组成，其中电动机是一个机电能量转换元件，它把从电源输入的电能转换为生产机械所需要的机械能。传动机构则用以传递动力，实现速度和运动方式的变换。电力传动系统按电流类型可分为交流传动系统和直流传动系统。

交流传动系统用同步电动机或异步电动机作为执行元件，具有结构简单、价格便宜、维护方便、单机容量大以及能实现高速传动等优点。在某些不适合用直流电动机的情况，如需要防爆、防腐蚀及高转速的情况，交流电动机都能应用。但是交流电动机调速装置复杂，某些简单的方案存在功率因数低或效率低的缺点。随着变频技术的发展，特别是大功率的电力电子器件的出现，为交流调速开辟了广阔的前景，是一个主要发展方向。

直流传动系统采用各种形式的直流电动机，有良好的调速性能，在需要进行调速，特别是需要进行精确控制的场合，直流调速系统一直占据统治地位。例如，焊接变位机、滚轮架、回转台等大多采用直流电动机进行无级调速。

在电力传动系统中除了提供动力的交、直流电动机以外，还有用于检测、放大、执行和计算的各种各样的小功率交、直流电动机，称为控制电动机或伺服电动机。就电磁过程以及所遵循的基本规律而言，控制电动机和一般电动机没有本质上的区别，只是后者的主要任务是完成机电能量的转换，要求有较高的力能指标，而前者除了实现能量转换外，更主要的是完成信号的传递和变换，因此对它们的要求是运行可靠、响应速度快及定位精确。控制电动机的种类繁多，在焊接工装中常用的有直流伺服电动机、力矩电动机和步进电动机。

电力传动方式与其他传动方式的比较见表3-7。

表3-7 不同传动方式的比较

项目	机械传动	气动传动	液压传动	电力传动
传递力	中	较大	大	中
动作快慢	一般	较快	较慢	快
传递位置精度	高	较低	较高	高
远距离操纵	近距离	中距离	近距离	远距离
无级调速	困难	较容易	容易	容易
环境温度	普通	普通	要注意	要注意
危险性	没问题	没问题	注意防火	注意漏电
载荷变化影响	没有	较大	有一些	几乎无
构造	一般	简单	复杂	稍复杂
维护	简单	一般	要求高	要求较高
价格	低	低	高	较高

电动机容量选择的基本步骤如下。

① 根据生产机械的运行特点和静阻转矩的性质作出生产机械的负载图 $M_z = f(t)$。

② 根据负载图或经验数据，预选一台容量适当的电动机，再用该电动机的数

据和生产机械的负载图，作出电动机的负载图，即电动机在生产过程中的转矩、功率、电流对时间的关系曲线 $M_z=f(t)$、$P=f(t)$、$I=f(t)$。

③ 根据电动机的负载图校验电动机的温升是否超过允许值。

④ 校验电动机的瞬时过载能力。因为在冲击性负载时，对电动机的发热影响不大，可是电动机的瞬时过载能力有限，因此在确定了电动机容量后，还需要校验其瞬时过载能力。

⑤ 选择电动机的容量应注意，电动机的容量不是任意设计的，标准电动机的额定容量是分级的，选择标准电动机时，一般都是往上靠级。

表 3-8 列出了机械行业标准（JB/T 9187—1999）焊接滚轮架驱动功率推荐值，表中所列功率值为一台电动机驱动一对主动滚轮时的功率，如果用两台电动机分别驱动两个主动滚轮时，电动机的功率值应为表中所列数值的一半。

表 3-8　焊接滚轮架驱动功率推荐值

额定载重量/t	0.6	2	6	10	25	60	100	160	250
电动机最小功率/kW	0.4	0.75	1	1.4	1.4	2.2	2.8	2.8	5.6

电动机功率计算的常用公式见表 3-9。

表 3-9　电动机功率计算的常用公式

名　　称	计算公式	说　　明
电动机功率 P/kW	$P=\frac{M_z n}{9550}$ $P=\frac{Fv}{\eta}\times10^{-3}$	M_z——电动机静阻转矩，N·m； n——电动机转速，r/min； F——作用到物体上的力，N； v——物体运动速度，m/s； η——机械传动总效率； m——运动物体质量，kg； J——转动惯量，kg·m^2； ω——角速度，rad/s； GD^2——飞轮矩，N·m^2
运动物体动能 E/J	$E=\frac{1}{2}mv^2$ $E=\frac{1}{2}J\omega^2$ $E=\frac{GD^2n^2}{7150}$	
滑动摩擦静阻转矩 M_{z1}/N·m	$M_{z1}=\frac{1}{2}\mu Gd_j\times10^{-3}$	G——物体重力或压力，N； μ——滑动摩擦因数； ρ——滚动摩擦因数； d_j——轴颈直径，mm； M_{zi}——摩擦静阻转矩，N·m； n_z——机械轴的转速，r/min
滚动摩擦静阻转矩 M_{z2}/N·m	$M_{z2}=\frac{1}{2}\rho Gd_j\times10^{-3}$	
折算到电动机轴上的静阻转矩 M_z/N·m	$M_z=\frac{M_{zi}n_z}{\eta n}$	
折算到电动机轴上的飞轮矩 GD_e^2/N·m^2	$GD_e^2=GD^2\left(\frac{n_z}{n}\right)^2$	

表3-10为80系列交流伺服电动机规格型号，用户可以根据要求的功率、力矩、转速等条件来选择相应的型号。

表3-10 80系列交流伺服电动机规格型号

电动机型号	80SM-M0130MAL	80SM-M0230MAL	80SM-M0320MAL	80SM-M0425MAL
功率/kW	0.4	0.75	0.73	1.0
额定线电压/V	220	220	220	220
额定线电流/A	2	3	3	4.4
额定转速/(r/min)	3000	3000	2000	2500
额定力矩/N·m	1.27	2.39	3.5	4
峰值力矩/N·m	3.8	7.1	10.5	12
峰值电流/A	6	9	9	13.2
反电势/(V/1000)①	40	48	71	56
力矩系数/(N·m/A)	0.64	0.8	1.17	0.9
转子惯量/kg·m^2	1.05×10^{-4}	1.82×10^{-4}	2.63×10^{-4}	2.97×10^{-4}
绕组(线间)电阻/Ω	4.44	2.88	3.65	1.83
绕组(线间)电感/mH	7.93	6.4	8.8	4.72
电气时间常数/mS	1.66	2.22	2.4	2.58
质量/kg	1.78	2.86	3.7	3.8
编码器线数	2500			
绝缘等级	B(130℃)			
防护等级	IP65			
使用环境	环境温度:−20～50℃ 环境湿度:相对湿度<90%(不结霜条件)			

电动机绕组插座					
	绕组引线	U(红)	V(黄)	W(蓝)	PE(黄绿/黑)
	插座编号	1	2	3	4

编码器插座																
	信号引线	5V	0	B+	Z−	U+	Z+	U−	A+	V+	W+	V−	A−	B−	W−	PE
	插座编号	2	3	4	5	6	7	8	9	10	11	12	13	14	15	1

① 伺服电动机的转速和外部输入电压是成正比的，有时会标称一个反电势，如12V/1000，就是12V电压对应1000r/min。

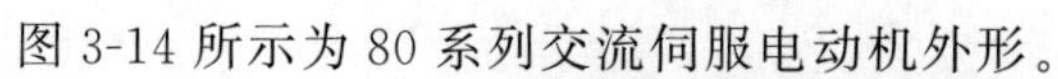

图3-14所示为80系列交流伺服电动机外形。

图3-14 80系列交流伺服电动机外形

图 3-15 所示为 80 系列交流伺服电动机安装尺寸。

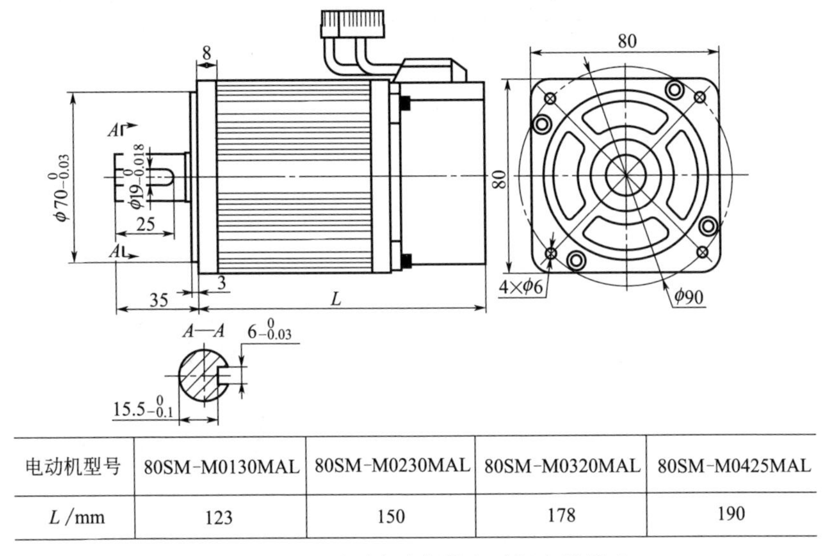

电动机型号	80SM-M0130MAL	80SM-M0230MAL	80SM-M0320MAL	80SM-M0425MAL
L /mm	123	150	178	190

图 3-15　80 系列交流伺服电动机安装尺寸

习题与思考题

1. 焊接工装中常用的动力源有哪几种？简述气压传动与液压传动的特点。

2. 气动三联件包括哪几个元件？它们的连接顺序如何？为什么？薄板直缝自动焊机采用气囊-琴键式夹具，如何使用气动三联件？

3. 结合焊接转台或焊接行走小车实例，计算电动机功率，选择合适的电动机型号。

第四章

焊接工装夹具的设计方法

第一节　焊接工装夹具的设计原则

焊接构件种类繁多，专用性强，多数焊接工装属非标设备，一般依据焊接构件的装配焊接工艺和产品结构特点、企业的生产条件以及实际需要而专门设计。焊接工装设计的质量，对生产效率、加工成本、产品质量以及生产安全等有直接的影响。实践表明，通过使用设计合理的工装进行装配焊接，能够满足图纸尺寸要求、方便操作、焊接可达性好，可以有效保证产品的质量，并极大地提高劳动生产效率。为此，设计焊接工装时必须考虑以下几个方面的基本原则。

一、工艺性原则

焊接工装既要有较好的使用性能，又要保证装配工艺要求，同时力求结构简单、轻巧，操作时动作迅速，而且要便于制造。

工艺性原则指所设计的工装应能满足产品的下述装配和焊接工艺要求。

① 焊接产品总是由两个以上的零部件组成，考虑到施焊方便或易于控制焊接变形等，装配和焊接两道工序可能是先装后焊，也可能是边装边焊，所设计的工装应能适应这种生产情况。

② 焊接是局部加热过程，不可避免地会产生焊接应力与变形，在工装上设置定位和夹紧器件时要充分考虑焊接应力和变形的方向。

通常在焊件平面内的伸缩变形不作限制，通过留收缩余量的方法使其自由伸缩。焊接平面外变形，如角变形、弯曲变形或波浪（即凹凸不平）变形等则宜采用夹具加以控制，有时还要利用夹具采取反变形措施，这些都要求由定位和夹紧器件来完成。

③ 用电作热源的焊接方法，一般都要求焊件本身作为焊接回路中的一个电极，就可能要求焊接工装夹具有导电或绝缘的功能。当焊接电流很大时，导电部分还需有散热措施。

④ 明弧焊接时，难免产生烟尘、金属或熔渣的飞溅物，会损坏工装上外露的光滑工作面，需有遮掩措施等。

如图 4-1 所示，马鞍管接头焊接采用双转轴变位机配合机器人，可以使焊缝处于水平或船形焊位置，工艺性良好。

图 4-1　机器人焊接马鞍管接头

二、经济性原则

在明确生产纲领的前提下，对产品进行焊接工艺分析，然后根据产品批量大小，制定工装设计方案。实际应用的焊接工装并不一定有多复杂，要根据工件的具体情况，提倡小夹具大效益。

例如，有些工装可设计成只用于工件定位，其任务就是按产品图及工艺要求，把焊接件上的各零部件相互位置准确地固定下来，而无需夹紧。装配工件时由对位操作者辅助焊工进行定位焊即可，此种工装既可以保证工件准确对位，又使工装制作复杂程度降到最低。

图 4-2 机器人搅拌摩擦焊

另外在进行工装设计时，应尽量考虑采用通用标准化元件，使之与夹具体有机组合，灵活应用这种设计方法，可以简化工装，降低工装制作成本，而且能很好地保证工装制作精度。在可能的情况下，尽量设计通用焊接工装、组合夹具、可调夹具或柔性工装，对这些工装不需调整或稍加调整，就能适用于相似类型构件的装配和焊接工作。

如图 4-2 所示，机器人搅拌摩擦焊时采用柔性工装对工件进行夹紧，可以对不同尺寸工件进行焊接，节约了成本。

根据产品生产纲领，如果是大批量生产，可以针对具体构件，将现有设备稍加改制成为专机，更可以收到显著的经济效益。必要时可以选择采用机械化和自动化程度高的工装夹具，可以显著提升焊接技术水平，从而增强企业生产竞争力。

三、可靠性原则

焊接工装必须具有安全可靠性，保证工装在使用期内，凡受力构件都应有足够的强度和刚度。操作位置要设置在工人易接近的部位，以保障安全生产。

1. 焊接工装在可靠性设计过程中应遵循的原则

① 可靠性设计应有明确的可靠性指标和可靠性评估方案。

② 可靠性设计必须贯穿于功能设计的各个环节，在满足基本功能的同时，要全面考虑影响可靠性的各种因素。

③ 应针对故障模式（即系统、部件、元器件故障或失效的表现形式）进行设

计，最大限度地消除或控制在寿命周期内可能出现的故障（失效）模式。

④ 在设计时，应在继承以往成功经验的基础上，积极采用先进的设计原理和可靠性设计技术，但在采用新技术，新型元器件、新工艺、新材料之前，必须经过试验，并严格论证其对可靠性的影响。

⑤ 在进行可靠性设计时，应对性能、可靠性、费用、时间等各方面因素进行权衡，以便制定出最佳设计方案。

2. 焊接工装可靠性设计的主要内容

① 建立可靠性模型，进行可靠性指标的预计和分配。应在设计阶段，反复多次地进行可靠性指标的预计和分配。随着技术设计的不断深入和成熟，建模和可靠性指标分配也应不断地修改和完善。

② 进行各种可靠性分析。诸如故障模式影响和危机度分析、故障树分析、热分析、容差分析等，以发现和确定薄弱环节，在发现隐患后通过改进设计，消除隐患和薄弱环节。

③ 采取各种有效的可靠性设计方法，如制定和贯彻可靠性设计准则、降额设计、冗余设计、简单设计、热设计、耐环境设计等，并把这些可靠性设计方法和性能设计结合起来，减少故障的发生，最终实现可靠性的要求。

图 4-3 所示为双工位、双机器人焊接工作站，此工作站工件放在焊接变位机的翻转架上，而回转台可以带动翻转架实现整体回旋，中间用遮光帘挡光，采用定制焊枪，气缸夹紧，可以保证工件焊接无死角，充分体现了工装设计的可靠性原则。

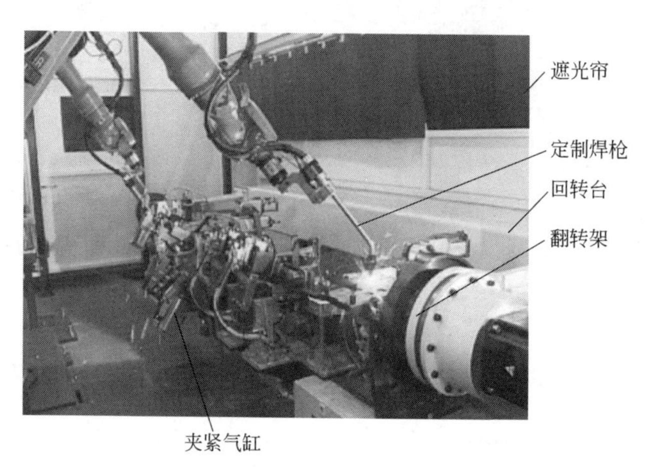

图 4-3　双工位、双机器人焊接工作站

四、艺术性原则

要求工装设计造型美观，在满足使用功能和经济许可的条件下，使操作者在生理上、心理上感到舒适，给人以美的享受。造型美法则是将形式美法则包括在内，如变化与统一、均衡与稳定、比例与尺度、对比与调和等，综合各种美感因素的美学原则，也是适应现代工业和科学技术的美学原则。

造型设计的原则：实用是第一位的，美观处于从属地位，经济是约束条件。造型设计首先要满足实用功能，设计的好坏并不由设计者鉴定，而最终由用户鉴定。功能决定造型，造型表现功能，但造型既不是简单的功能件的组合，也不是杂乱无章的堆砌，而是建立在人机系统协调的基础上，应用一般形态构成艺术规律和造型美学法则对其加以精练和塑造，使功能更合理，造型恰到好处。图 4-4 所示为汽车座椅双工位机器人焊接工作站，工装夹具设计紧凑、布局合理，台面镀铜可防飞溅，整体的功能满足要求，色彩美观协调，体现了工装设计的艺术性原则。

图 4-4　汽车座椅双工位机器人焊接工作站

第二节　焊接工装夹具的设计步骤与内容

一、焊接工装夹具的设计步骤

在拟定焊接工装夹具的结构方案时，除了考虑工装夹具必须具备的基本功能：定位、夹紧、翻转、回转、平移、升降等外，还必须考虑装配与焊接工艺特点和各种技术要求。特别是一些焊接方法在水、电、气及导热等方面对工装夹具的特殊要求。方案一旦确定，就可以综合运用工程力学、机械原理、机械零件等理论与知识进行设计和计算。

① 准备工作。主要是研究原始产品资料，明确设计任务和进行必要的调查研究。

一般应具有下列原始资料。

a. 焊接产品的生产纲领，主要是年产量和生产的性质与类型。

b. 产品的设计图样及技术要求。

c. 产品详细的装配和焊接工艺文件。

d. 产品工装设计任务书。

e. 车间生产条件，如起重运输能力、作业面积、气电供应和工人的技术水平等。

上述 c、d 两项通常在生产准备时由焊接工艺工程师提出。如果没有提出，则工装设计者必须根据产品图样和技术要求以及年产量等确定产品的装配和焊接工艺过程，并据此提出对工装的基本要求，以明确工装设计的任务。

此外，根据设计需要，可以到市场、同类工厂、用户和科技情报部门进行调研和搜集有关技术资料。技术资料中包括夹具零部件标准、夹具结构图册、样本等。另外还需要同工装的最终使用者进行仔细沟通，征求他们的意见，这样会少走弯路。

② 方案设计。在以上调查研究和资料综合分析的基础上拟定工装的设计方案。必须对下列内容进行构思和选择。

a. 车间的机械化程度或自动化水平。

b. 通用性，即确定是专用还是万能或适用范围，有无扩展性。

c. 实现某种功能拟采用的原理和相应的机构，如定位与夹紧的方式和机构、焊件的翻转或回转、焊接机头的平移或升降等动作，应选择何种传动方式或传动机构以及用何种动力源。

d. 工装的基本构成和总体布局，主要零部件的基本结构形式。

e. 主机、主要元件或构件的基本参数和技术性能的初步确定，如功率、载荷、速度、行程或调节幅度、外形尺寸等。

通常提出几种不同方案，从技术和经济两方面进行比较论证，选择最为理想的方案。

③ 绘制总装配图。复杂的工装一般先绘制草图，简单的或基本定型的结构可直接绘制正式总装配图。绘制草图不一定严格按比例，只要能表示出结构中的主要部分即可。绘制顺序如下。

a. 首先用红色细实线或黑色双点画线画出工件的轮廓和主要表面，如定位基准面、夹紧表面、焊接部位等，视工件为透明体，不影响各夹具元件的绘制。

b. 然后按总布局从定位元件、夹紧机构、传动装置等顺序画出各自的具体结构。

c. 最后绘出夹具体和连接件，把工装上各组成元件和装置连成一体。

在绘制过程中必须进行必要的计算，如几何关系计算、初步误差分析、夹紧力计算、传动计算、受力元件的强度与刚度计算等。

草图绘制完成后，必须经审议修改后才能绘制正式总装配图。正式总装配图必须按国家制图标准绘制，尽量用1∶1的比例。焊件过大时，可用1∶2或1∶5的比例；过小时用2∶1的比例。

④ 标注总装配图上各部分尺寸和技术要求。凡是影响精度的尺寸都应标注公差。技术要求主要是指位置精度要求，还包括在视图上无法表达的有关装配、调整、检验、润滑、维护等方面的要求。

⑤ 标注零件编号及编制零件明细表。明细表中注明工装名称、编号、序号、零件名称和材料、数量和重量等。

⑥ 绘制工装零件图。主要绘制工装中非标零件的工作图。拆绘零件图的顺序与绘制总装配图顺序相同。每个零件必须单独绘制在一张标准图纸上，尽量用1∶1的比例，按国家制图标准绘制。除绘出图形外，要标出尺寸及其公差、表面粗糙度、形位公差、材料、热处理及其他技术要求。

⑦ 校对。针对全部零件图和总图，从图形、尺寸、精度、技术要求等方面检查其正确性和合理性，使零件图与总图全面协调。

⑧ 编写设计计算说明书。

⑨ 编写使用说明书。

二、装配及焊接夹具的设计内容

1. 夹具类型的选定

进行夹具方案设计时，首先要确定夹具的类型，可从下列几个方面进行选定。

① 按装配与焊接程序选定。根据焊件的结构特点和焊接工艺要求，有两种不同的装配和焊接程序：一种是整装后整焊，即装与焊分开；另一种是随装随焊，即装配与焊接交叉进行。与此相应有三种不同用途的夹具，即装配用的夹具、焊接用的夹具和装配与焊接合用的夹具，应从产品装焊过程实际需要从这三种中选定。

② 按产品的生产性质和生产类型选定。主要是考虑夹具的通用性和机械化与自动化程度。大型金属结构的组装与焊接、单件试制的产品或小批量生产等，宜选用万能程度高的夹具；品种变换频繁、质量要求高，不用夹具无法保证装配和焊接质量的，宜选用组合式夹具；在流水线上进行大批量生产应选用专用夹具，且机械化自动化水平应较高。

③ 按夹紧力大小和动作特性选择。主要是考虑夹具的动力源，当夹紧力小且产量不大时，宜选用手动轻便的夹具；夹紧力较大、使用频度高且要求快速时，可

选用气动或电磁夹紧装置；夹紧力大且要求动作平稳牢靠时，宜选用液动夹具。

2. 焊件在夹具中的定位

在装配过程中把待装零部件的相互位置确定下来的过程称定位。通常的做法是先根据焊件结构特点和工艺要求选择定位基准，然后考虑其定位方法。

划线定位是定位的原始方法，费时费力，且精度低，只在单件生产、精度要求不高的情况下采用。在夹具上装配时，常使用定位元件进行定位，既快速又准确。定位元件是夹具上用以限定工件位置的器件，如支承钉、挡铁、插销等。它们必须事先按定位原理、工件的定位基准和工艺要求在夹具上精确布置好，然后每个被装零部件按一定顺序“对号入座”地安放在定位元件所规定的位置上（彼此必须接触）即完成定位。

(1) 定位基准的选择　确定位置或尺寸的依据称为基准，基准可以是点、线或面，按用途分为设计基准和工艺基准。工艺基准又分定位基准、装配基准和测量基准等。定位基准按定位原理分为主要定位基准、导向定位基准和止推定位基准。

在夹具上定位时，工件上的定位基准必须与夹具上的定位元件相接触或重合。正确选择工件的定位基准可以获得准确、稳定和可靠的定位，定位基准的选择影响到整个装配和焊接工艺过程以及夹具设计结构方案的确定。

按实践经验，常以产品图样上或工艺规程上已经规定好的定位孔或定位面作定位基准。若图样上没有规定出，则尽量选择图样上用以标注各零部件位置尺寸的基准作为定位基准，如边线、中心线等。当零部件的表面上既有平面又有曲面时，优先选择平面作主要定位基准。

若表面上都是平面，则选择其中最大的平面作主要定位基准，窄而长的表面作导向定位基准，窄而短的表面作止推定位基准；尽量利用零部件上经过加工的表面或孔等作定位基准，或者以上道工序的定位基准作为本道工序的定位基准。

(2) 定位元件的选用与设计　选用或设计定位元件时，要考虑与工件定位基准的状况相适应。工件的形状是多样的，但它们的基本结构都是由平面、圆柱面、圆锥面及各种成形面所组成。这些面都可能被选为定位基准。因此，可按不同形状的定位基准去选择或设计相应的定位元件。

① 平面定位元件。工件以平面作定位基准时，常使用的定位元件是挡铁和支承钉等。

② 圆孔表面定位元件。焊件以机械加工过的圆孔内表面作定位基准时，多采用定位销作定位元件。

③ 外圆表面定位元件。圆柱形焊件以其外圆柱面定位时，最常用的定位元件是 V 形块。

V 形块的优点较多，应用广泛，因而其结构形式也较多。V 形块上两斜面的

夹角 α 一般选用 60°、90°和 120°三种。最常用的是 90°，其结构和尺寸有国家标准。

④ 定位样板。根据焊件上各待装零件间的位置关系，借助它们的圆孔、边缘、凸缘等作基准制作样板，然后利用样板进行定位。样板的结构形状因产品不同而异，一般用薄钢板制成，其厚度在满足刚度的前提下尽可能薄。在非定位的部位开孔或槽以减轻样板重量，便于提携。图 4-5(a) 所示为确定筋板位置的定位样板；图 4-5(b) 所示为确定隔板位置的定位样板。

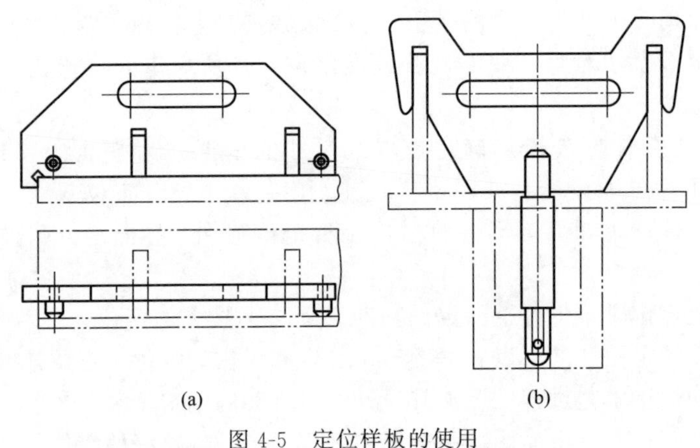

图 4-5 定位样板的使用

⑤ 注意事项。

a. 定位元件的工作表面常与工件接触摩擦，应耐磨，以保持定位精度。通常硬度为 40～65HRC，可通过选择材料及热处理方法获得。磨损或损坏后应易于修复或更换。

b. 定位元件一般不应作受力构件，以免损伤其精度。但在焊接过程中与夹紧元件配合工作时，就会受到夹紧力；控制焊接变形时，会引起拘束力；焊件翻转或回转时，会受到重力和惯性力等。因此，凡受力的定位元件一般要进行强度和刚度计算。

c. 定位元件应有好的加工性能，其结构简单，易于制造和安装。

d. 定位元件上的限位基准应具有足够的精度，为此，必须保证加工误差、表面粗糙度。定位元件之间相关尺寸和相互位置的公差一般取工件上相应公差的 1/5～1/2，常取 1/3～1/2。定位销工作直径的公差一般取 f7，表面粗糙度 $Ra \leqslant 0.4\mu m$；与夹具体配合的直径公差取 r6，表面粗糙度 $Ra \leqslant 0.8\mu m$。

三、焊接工装夹具的设计通则

① 夹具设计尽量采取模块化设计方式，要求能满足焊接工艺要求，夹具设计

图画法应贯彻国家机械制图标准。

② 夹具应有足够的装配、焊接空间，焊点在布置时注意方便焊枪接近。设计完成后的工装系统必须符合人机工程学的要求。

③ 所有图纸和文件中的尺寸单位要求采用公制，所有紧固件都必须是公制的。设计中采用非公制前都应得到业主书面认可。夹具本身必须有良好的制造工艺性和较高的机械效率。

④ 所有工装夹具，控制面板及面板显示器的标签要求使用中文。如果使用英文，应得到业主的认可。

⑤ 尽量选用已通用化、标准化的夹紧机构及标准零部件，并做到零配件易互换，易维修。紧固件采用国标内六角螺钉及圆柱形内螺纹定位销，所有紧固的地方要采取防松措施。

⑥ 回转夹具要求从回转中心进气（使用特殊的进气机构，可以任意角度转动），回转夹具高度可调节。

⑦ 手动夹具的夹紧器一般推荐选用知名品牌的标准产品。夹紧气缸一般应带缓冲机构，以防快速夹紧工件时损坏工件。

第三节 焊接工作站及工装夹具的设计和使用

一、前副车架焊接工作站简介

1. 前副车架产品形貌及焊道

图 4-6 所示为前副车架产品形貌，要求采用弧焊机器人工作站进行焊接部分的生产。

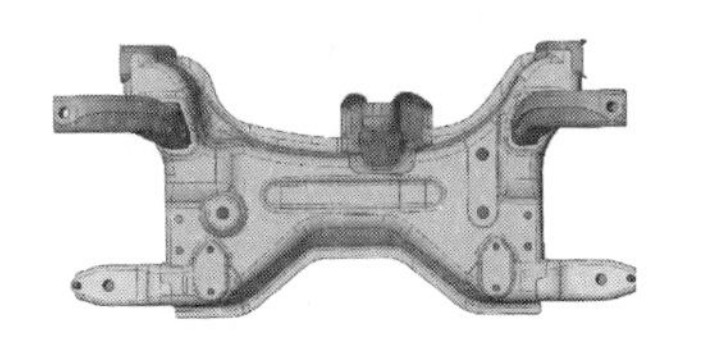

(a) 前副车架正面

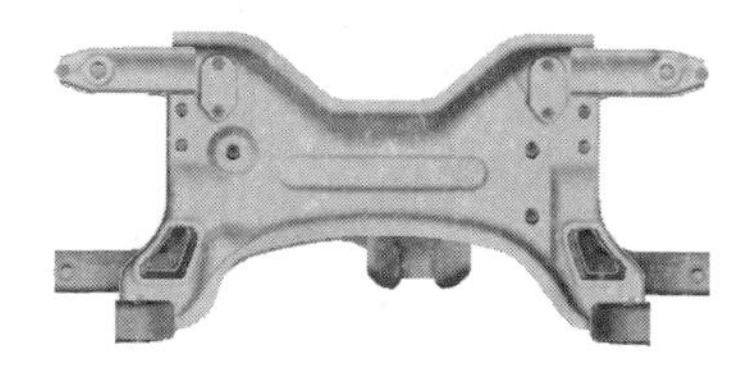

(b) 前副车架后面

图 4-6 前副车架产品形貌

图 4-7 所示为前副车架产品焊道分布，采用弧焊机器人工作站需进行合理的工序划分。

2. 前副车架产品焊接节拍及时间要求

表 4-1 列出了前副车架机器人焊接节拍及时间要求。

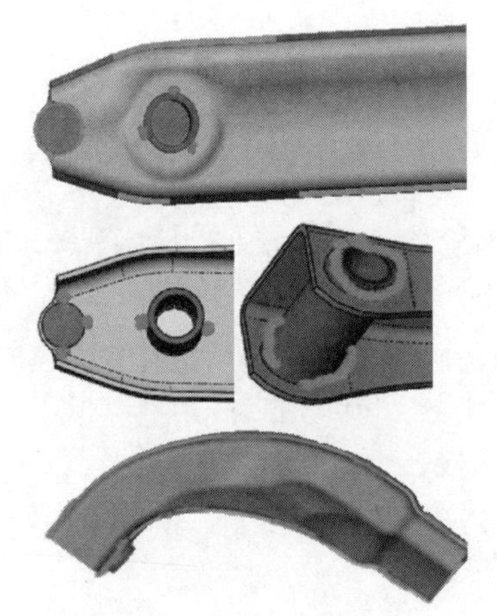

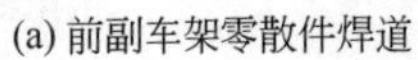

(a) 前副车架零散件焊道

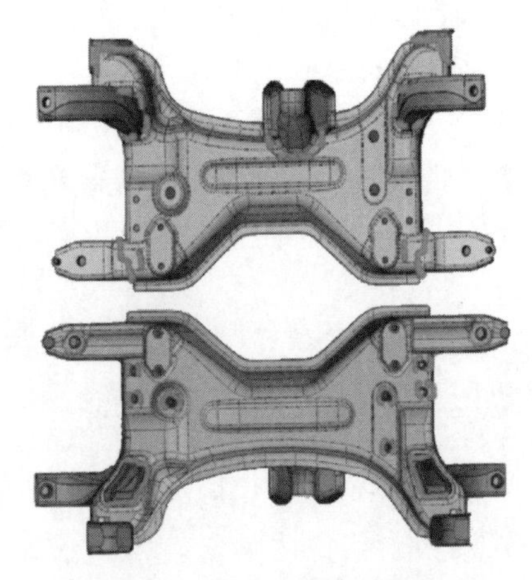

(b) 前副车架主件、次主件焊道

图 4-7 前副车架焊道分布

表 4-1 前副车架机器人焊接节拍及时间要求

生产节拍	生产时间	更换规格辅助时间
第一站：前副车架零散件焊接 38 条焊缝，16 个焊点，焊道总长为 127.6cm，机器人共需跳转 54 次 焊接时间： 127.6cm/(60cm/min)×60s/min+16×1s+54×2s≈252s	要求：日产量为 100 套 单班日产量： 8×3600/252≈114(套)	人工装卸件预留时间为 180s，因 180s<252s，机器人工作站的夹动和人工装卸匹配
第二站：前副车架上板主件、上板次主件焊接 34 条焊缝，焊道总长为 127cm，机器人共需跳转 34 次 焊接时间： 127cm/(60cm/min)×60s/min+34×2s=195s	要求：日产量为 100 套 单班日产量： 8×3600/(195+365)×2×2=206(套)	人工装卸件预留时间为 180s，因 180s<195s，机器人工作站的夹动和人工装卸匹配
第四站：前副车架总成焊接 60 条焊缝，焊道总长为 297cm，机器人共需跳转 60 次，变位机翻转 1 次，人工装卸时间预留 90s<195s，不计入节拍时间 焊接时间： 297cm/(60cm/min)×60s/min+60×1s+8s≈365s	要求：日产量为 100 套 单班日产量： 8×3600/(365+195)×2≈103(套)	总成焊接日产量为 103 套，满足生产要求，同时匹配生产线要求
综述：生产线第四站机器人工作站产能小于第二站机器人工作站和第一站机器人工作站产能，满足生产流程，且能满足日产量需求，第三站人工焊接站和第五站人工补焊站安排焊工来保障产能		
操作人员：3 名装卸工、2 名焊工、1 名配料工		
辅助添料人员：依量而定		

3. 前副车架产品焊接工序

(1) 工序分解　如图 4-8 所示，将前副车架的生产工序划分为五个工作站共同完成，具体如下。

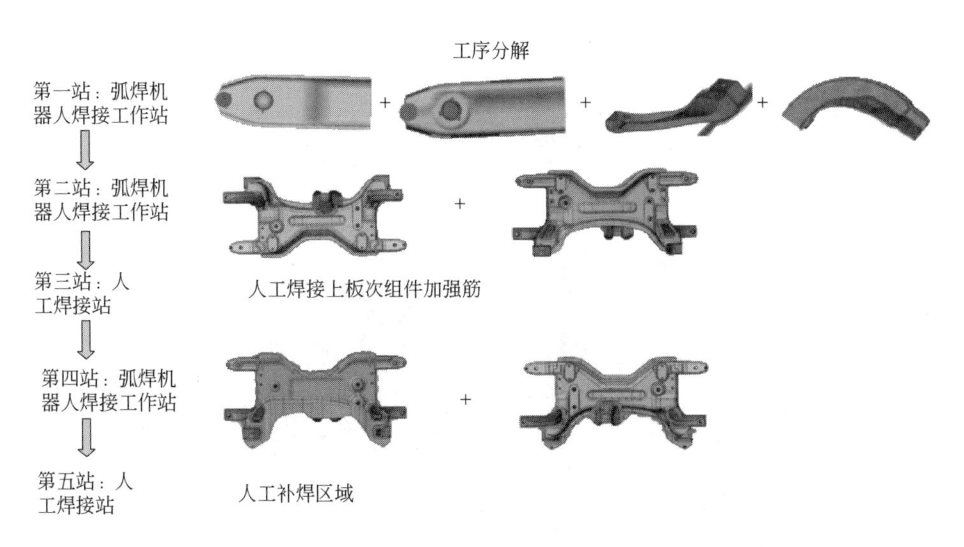

图 4-8　前副车架工序分解

第一站为弧焊机器人工作站，焊接各散件，日产量能达到 114 套。

第二站为弧焊机器人工作站，完成上板次组件的焊接，日产量能达到 206 套。

第三站为人工焊接站，人工焊接上板次组件加强筋。

第四站为弧焊机器人工作站，使用焊接变位机完成总成所有焊缝，日产量能达到 103 套。

第五站为人工焊接站，人工对成品工件的焊道进行外观检查，对不合格的产品进行补焊、返工或报废处理。

焊接生产线配合无动力倾斜式滚筒输送机为各工作站输送零部件和部品，减少人工劳动强度。以上机器人工作站流水式生产能满足客户要求日产量 100 套的需求。

(2) 焊接部分生产线流程

① 配料人员按生产需求配好物料置于相应物料筐中，再将空物料筐回收。

② 第一站工作人员从物料筐中取下该站所需物料进行焊接生产，并将本站成品置于第二站待焊物料筐中。

③ 第二站工作人员将该站所需物料取下进行焊接生产，并将本站成品置于第三站待焊物料筐中。

④ 第三站工作人员将该站所需物料取下进行焊接生产，并将本站成品置于第四站待焊物料筐中。

⑤ 第四站工作人员将该站所需物料取下进行焊接生产，并将本站成品置于第五站待焊物料筐中。

⑥ 第五站工作人员从物料筐中取下前序成品，并查看产品焊道是否合格，将合格产品摆放至成品落料区域，对不合格产品进行补焊后再摆放至成品区域。

⑦ 重复以上操作。

4. 前副车架产品工作站

如图 4-9 所示，将五个工作站按照生产流程进行合理布局，考虑了物料的走向及工人的分配。

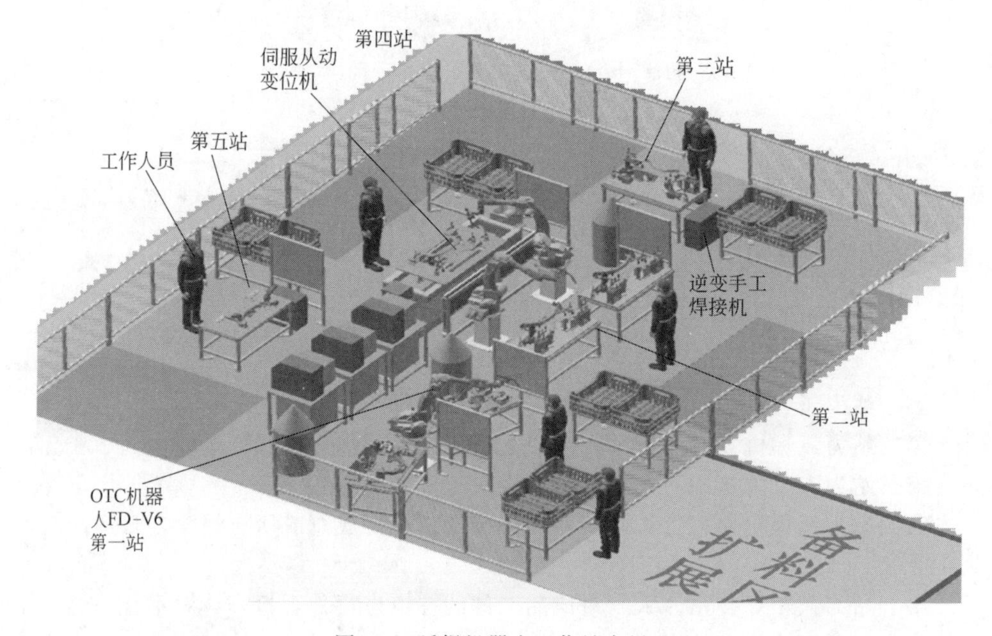

图 4-9 弧焊机器人工作站布局

(1) 第一站机器人工作站 如图 4-10 所示，一台机器人进行两个工位的焊接，以实现机器人的最大利用率。机器人在其中一个工位焊接时，另一个工位在装卸工件。

系统动作操作流程如下。

① 操作员将待焊接工件取下组装在工位 1 上，然后启动工位 1 的预约按钮，机器人进行焊接。

② 工位 1 焊接时，操作员将待焊接工件取下组装在工位 2 上，启动工位 2 的预约按钮，机器人进行工位 2 焊接。

③ 工位 2 进行焊接时，操作员将工位 1 上已经焊接好的工件传到第二工作站，并将待焊接工件取下组装在工位 1 上，然后启动工位 1 的预约按钮，机器人进行

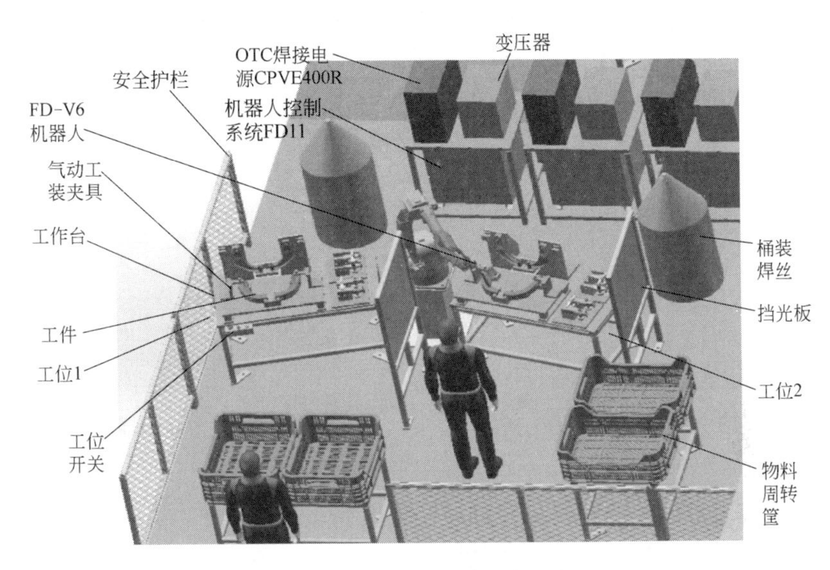

图 4-10　第一站机器人工作站布局

焊接。

④ 重复以上操作。

(2) 第二站和第四站机器人工作站　如图 4-11 所示，第二站和第四站的系统动作操作流程如下。

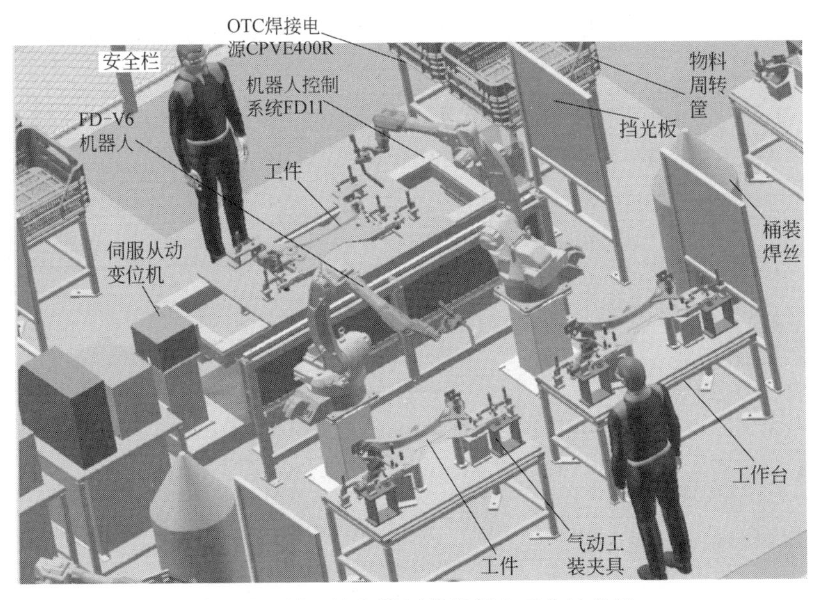

图 4-11　第二站和第四站机器人工作站布局

① 第二站操作员将待焊接工件取下组装在平台式工装夹具上，然后启动工位预约按钮，机器人进行焊接。

② 第二站焊接时，第四站操作员将待焊接工件取下组装在伺服从动变位工装夹具上，启动工位预约按钮，机器人进行焊接。

③ 第二站操作员将本站成品传到第三站待焊物料筐中，第四站操作员将本站成品传到第五站待焊物料筐中。

④ 重复以上操作。

(3) 第三站人工组焊接上板组件加强筋板 操作员将待焊接工件组装在人工焊接工装夹具上进行手工焊，焊接完成后传送至第四站。

重复以上操作。

(4) 第五站人工补焊 第五站为人工进行总成工件焊道的肉眼检查，对不合格的产品进行人工补焊。

5. 前副车架产品机器人工作站主要设备

前副车架产品机器人工作站主要设备见表4-2。

表4-2 前副车架产品机器人工作站主要设备

序号	名称		型号及规格	数量
1	弧焊机器人系统	弧焊机器人本体	FD-V6	3套
		机器人控制器和示教编程器	FD11	3套
		焊枪防碰撞传感器软件、焊枪安装架		3套
2	焊接电源	机器人专用全数字逆变焊接电源	CPVE400R	3套
		送丝装置及电缆总成		3套
		机器人焊枪及电缆总成	RT3500H	3套
3	降压变压器		MTD-3003(3kV·A)	3台
4	安装、调试、培训随机技术资料			3套
5	快换夹具	第一站(含工作台)	01A,01B,01C-1,01C-2	2套
		第二站(含工作台)	02-1	1套
		第二站(含工作台)	02-2	1套
		第三站(手工焊夹具及工作台)	03	1套
		第四站(不含变位机)	04	1套
6		第五站(手工焊夹具及工作台)	05	1套
7	OTC伺服从动变位机(含夹具过桥板)		OTC原装电机	1套
8	机器人底座			3件
9	第四站连体底座			1件
10	置物架(放置机器人控制系统及焊接电源)			3件

续表

序号	名称	型号及规格	数量
11	被焊部件暂放平台		5 件
12	逆变气体保护焊机	NBC-350H	2 套
13	站内气、电布线，工位控制盒(5 个)		1 套

二、摩托车车架焊接工序及工装夹具设计

摩托车车架（图 4-12）是摩托车的支撑骨架，在整车中既要满足众多车体零件安装的要求，又要保证车辆能长期平稳行驶，其焊接质量的好坏直接影响整车的强度以及安全性。目前广泛采用弧焊机器人来进行焊接，能很好地控制焊接质量，获得良好的焊接外观，同时降低了对操作人员专业技能的要求。

图 4-12　摩托车车架

(1) 车架工艺分解　为了最大限度地利用机器人以及追求最高的生产效率，可将车架分解为头部组合、头部加强筋组合、悬挂组合、车架前部组合、左右管组合、车架组合、小件组合（表 4-3 及图 4-13～图 4-20）。

表 4-3　摩托车车架工步设计

序号	工步	图示	上件数量/个	焊缝长度/mm	焊缝数量/个	焊接时间/s	装卸时间/s	工位
1	OP011		3	153	3	20	14	ST01
2	OP012		3	150	4	21	20	ST01

续表

序号	工步	图示	上件数量/个	焊缝长度/mm	焊缝数量/个	焊接时间/s	装卸时间/s	工位
3	OP013	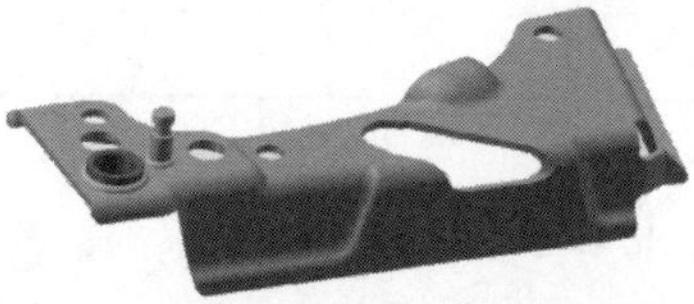	3	50	4	11	12	ST02
4	OP014		2	30	2	6	9	ST02
5	OP015		2	30	1	5	9	ST01
6	OP016	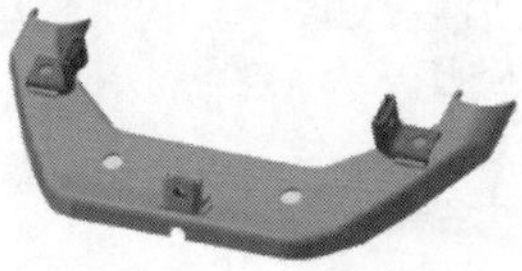	4	130	6	23	15	ST02
7	OP017	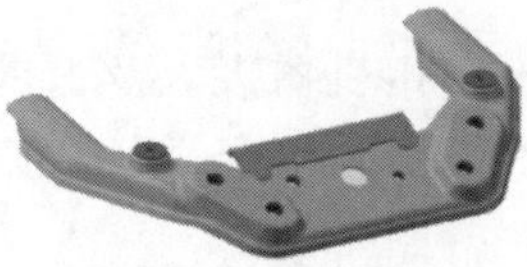	4	70	6	17	18	ST02
8	OP018		2	370	8	50	32	ST03
9	OP020	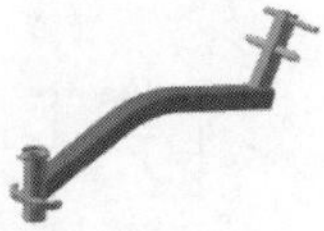	3	380	11	56	25	ST04
10	OP030	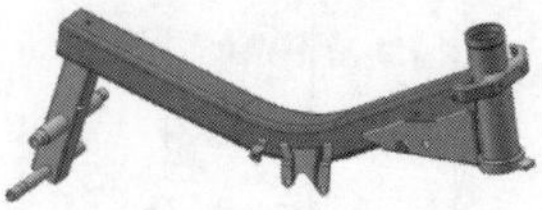	4	505	14	63	38	ST06

续表

序号	工步	图示	上件数量/个	焊缝长度/mm	焊缝数量/个	焊接时间/s	装卸时间/s	工位
11	OP040	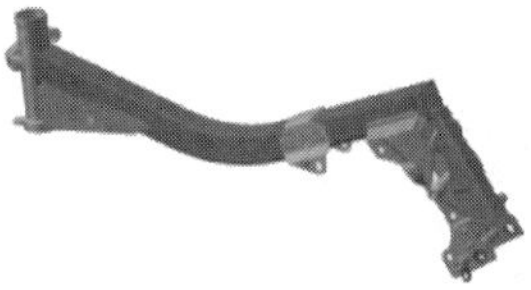	6	540	16	69	39	ST05
12	OP051		4	234	5	31	28	ST07
13	OP061		2	340	4	31	22	ST08
14	OP052		2	196	4	26	22	ST07
15	OP062		2	340	4	31	22	ST08
16	OP070		6	462	10	62	50	ST09
17	OP080	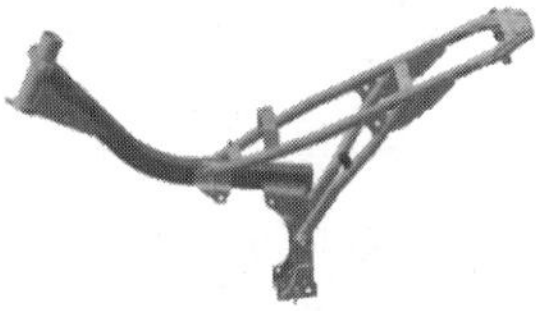	2	450	12	59	40	ST10
18	OP090	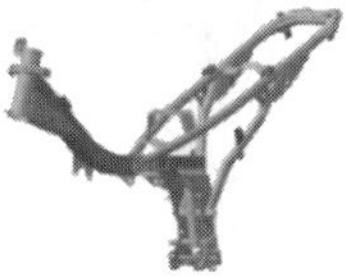	11	445	18	63	46	ST11
19	OP100	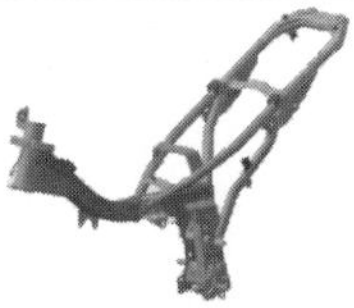	4	920	33	146	35	SD01

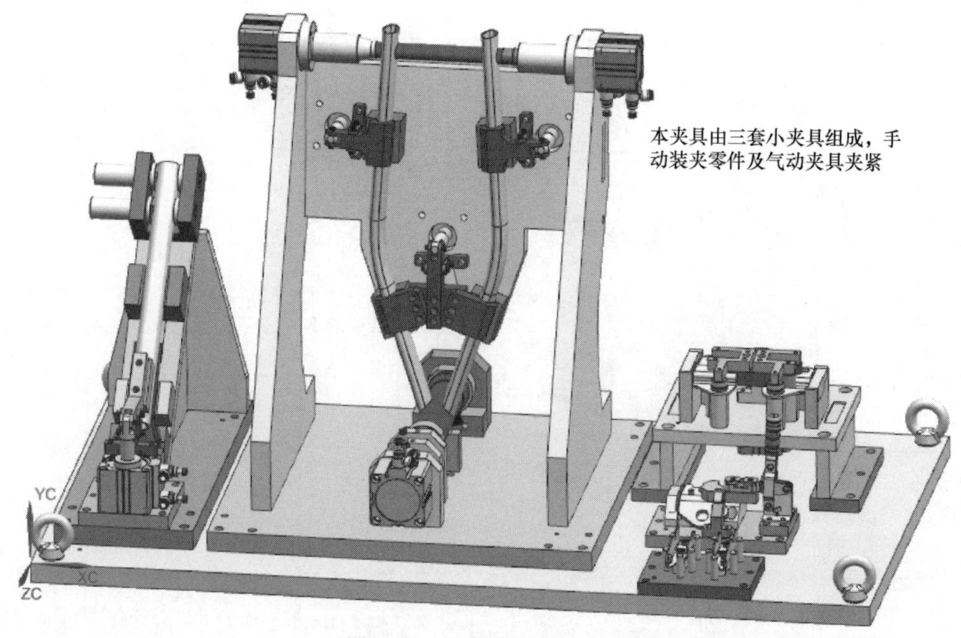

图 4-13 二序（头部组合）

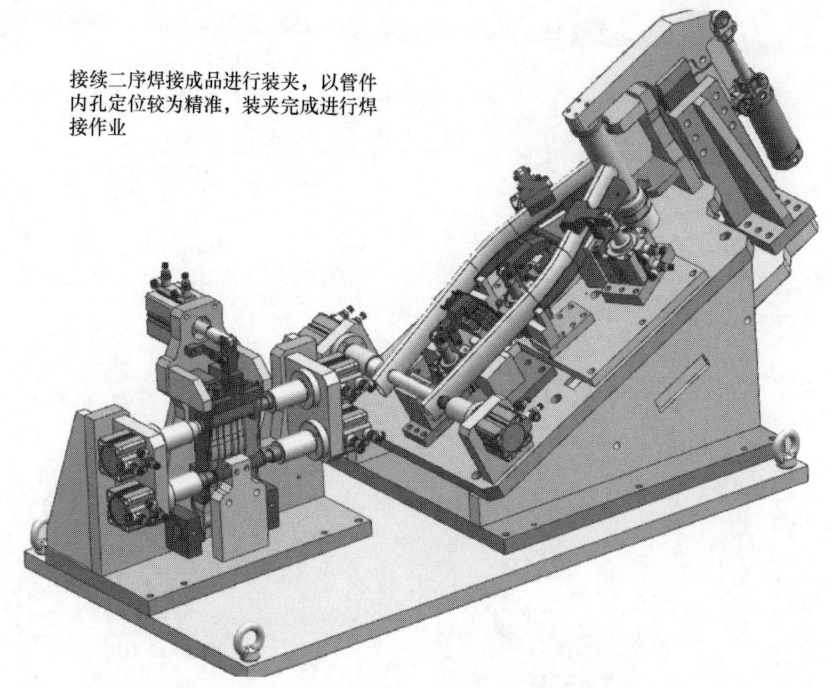

图 4-14 三序（头部加强筋组合、悬挂组合）

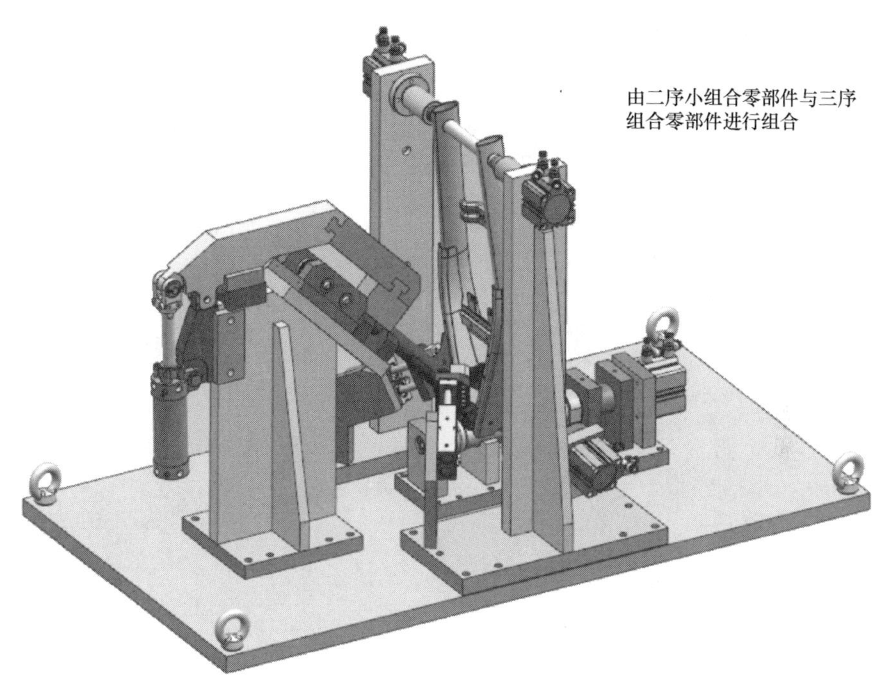

图 4-15　四序（车架前部组合 1）

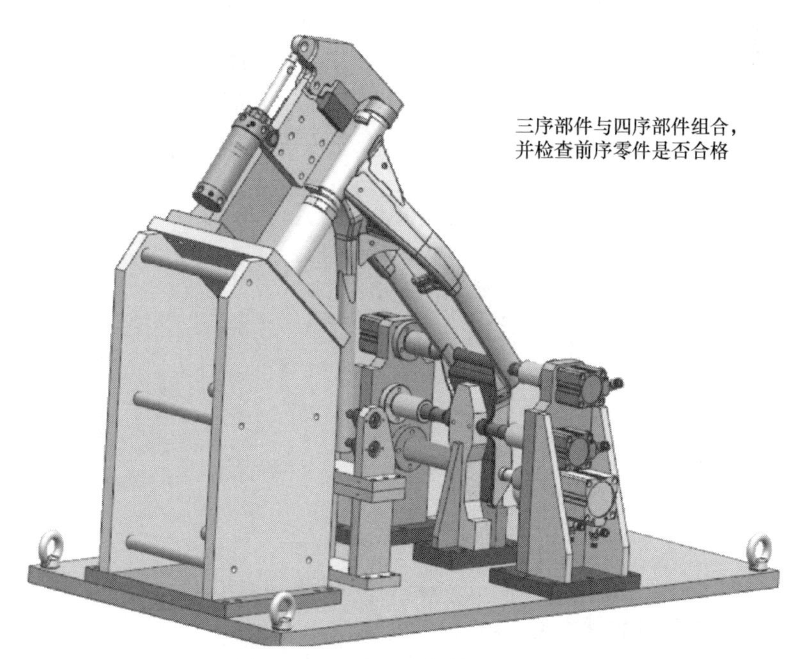

图 4-16　五序（车架前部组合 2）

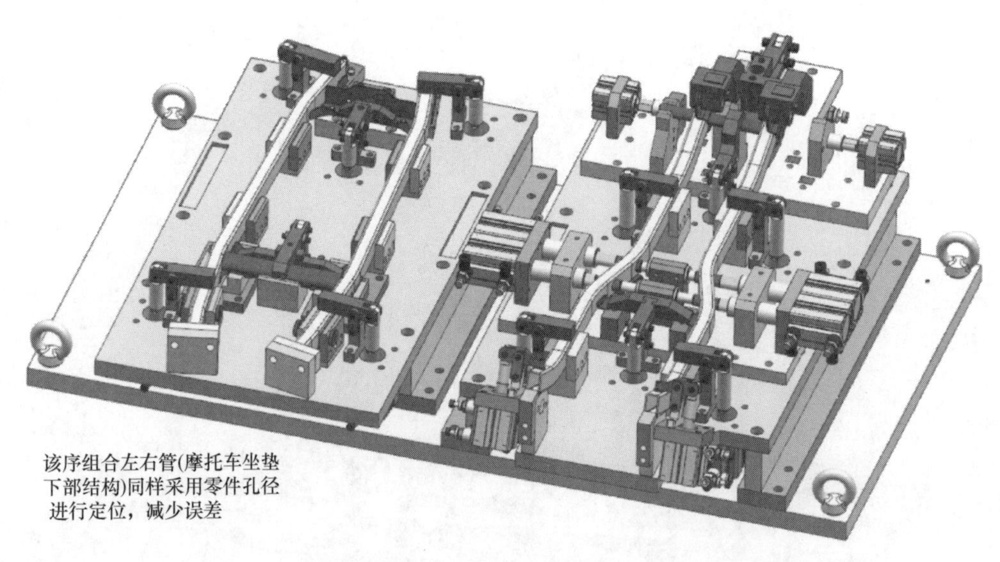

图 4-17 六序（左右管组合 1）

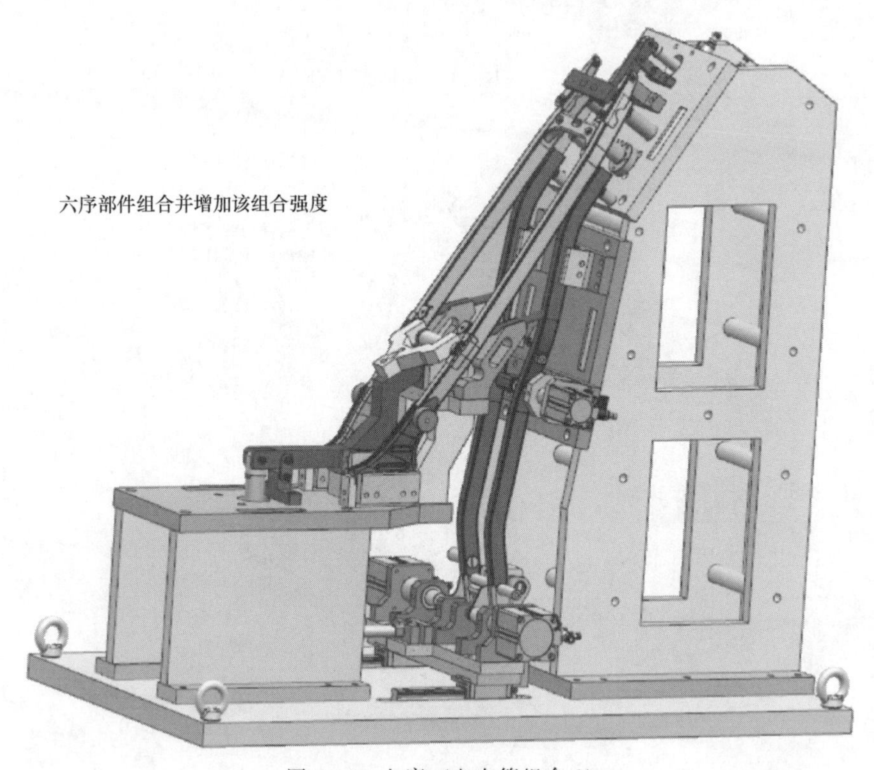

图 4-18 七序（左右管组合 2）

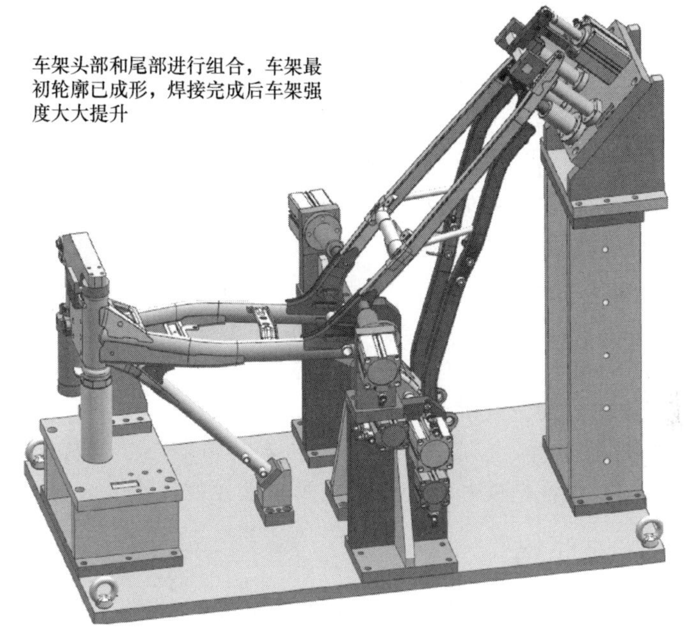

图 4-19　八序（车架组合）

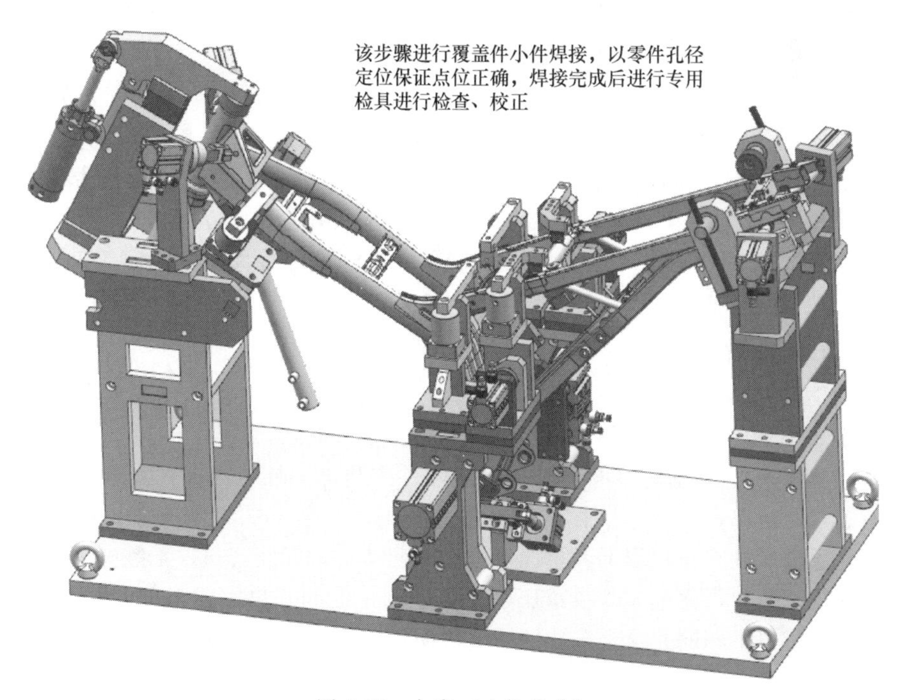

图 4-20　九序（小件组合）

(2) 零部件状态 对于焊接工作站，必须有准确、稳定的部品才能使机器人发挥最高的效率，故首先应保证零部件的准确性和稳定性，从根本上避免在焊接过程中出现配合不良、焊穿等现象（要求零部件的配合间隙在1mm以内）。

(3) 焊接工装 为了能达到稳定的焊接状态，焊接工装的式样很重要。

① 判定基准位置。根据图纸状态确定车架的基准位置，对基准位置的公差精度进行分析和确认，在保证精度的同时充分解决装配效率问题。同时，气缸运动应考虑其信息反馈功能，亦即气缸的运动应给机器人系统反馈信息，防止由于气缸的不运动而造成撞枪。

② 车架前部组合定位采用前立管下端内孔和下端面作为基准，前立管的上端面和内孔为辅助定位；同时主梁管的左右方向为辅助定位。保证前部组合的位置准确性以及和各部件配合的位置准确性。

③ 车架组合比较关键，控制基准是发动机安装轴处，以左侧为基准进行控制。采用单气缸定位，以保证精度和稳定性。此处公差控制在±0.5mm。

三、焊接工装防错

防错技术就是为防止不合格品的产生而在产品设计和制造过程中采用的技巧和方法。防错是通过改变产品的设计特性、过程特性来实现的，通过探测、报警来预防、控制生产过程中不合格品的产生。为了防止更多缺陷流到客户端，在焊接工装上尽可能增加防错装置，常用的防错装置有机械式、气动式、电子（传感器）式等。

1. 机械防错

机械防错是通过在焊接工装上增加挡块或销轴，防止零件错装或漏冲孔等。机械防错适用于监控钣金孔是否漏冲、小零件是否左右错装、钣金位置是否偏斜等。

图4-21所示为钣金孔漏冲防错，在夹具夹头上增加一检测销轴，当钣金孔漏冲时，夹头无法夹紧到位，螺柱焊枪和钣金不接触，焊接无法进行。有钣金孔时，夹头夹到位，可以进行螺柱焊接。

2. 气动防错

气动防错是通过控制工装气路的通断对小零件的安装进行防错。工装气路的通和断是由单向阀开启和关闭来控制的。

图4-22所示为气动防错的一种，被测零件带凸焊螺柱，当零件漏装时，单向阀压轮抬起，此时单向阀处于关闭状态，气路不通，工装夹头无法夹紧；当装上零件后，零件通过螺柱将压轮压下，单向阀处于开启状态，气路畅通，工装夹头可以夹紧而实现焊接。单向阀通过零件自重压下压轮控制单向阀开启，根据单向阀型号不同，零件最小重量也不相同，通常采用的单向阀防错需要被测零件的自重大于0.25kgf[1]。

---

[1] 1kgf=9.80665N。

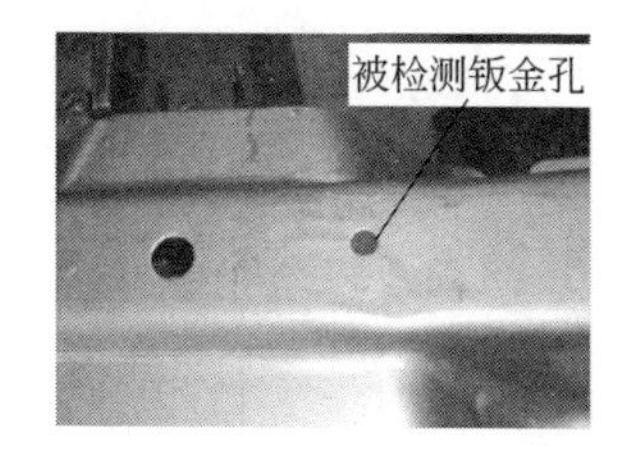

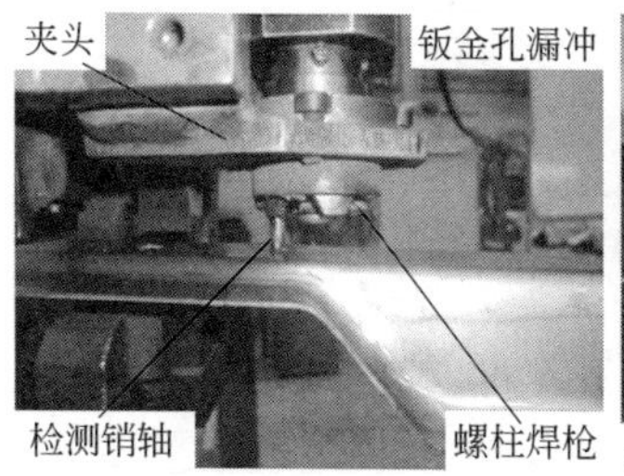

图 4-21 钣金孔漏冲防错

图 4-22 气动防错

3. 传感器防错

传感器防错即采用传感器（接近开关）感应零件进行防错，当零件接近传感器时，传感器就会感应到零件，通常使用的传感器感应距离一般为 0～3mm。传感器防错分类如图 4-23 所示。

(1) 普通结构单传感器防错 通过单个传感器感应需要防漏的零件达到防错目的。传感器感应到零件后，将信号传递到焊机控制器来控制焊枪动作。零件漏装时没有信号传递到控制器，焊枪不动作。普通结构传感器（图 4-24）由传感器主体、传感器支架、信号线及控制器组成。普通结构单传感器防错类型如下。

① 外置式，将传感器通过支架直接焊接到工装夹头或定位块上。适用情况如下。

a. 被检测零件焊接在总成零件的外侧，且靠近工装的定位块或夹头。如果距

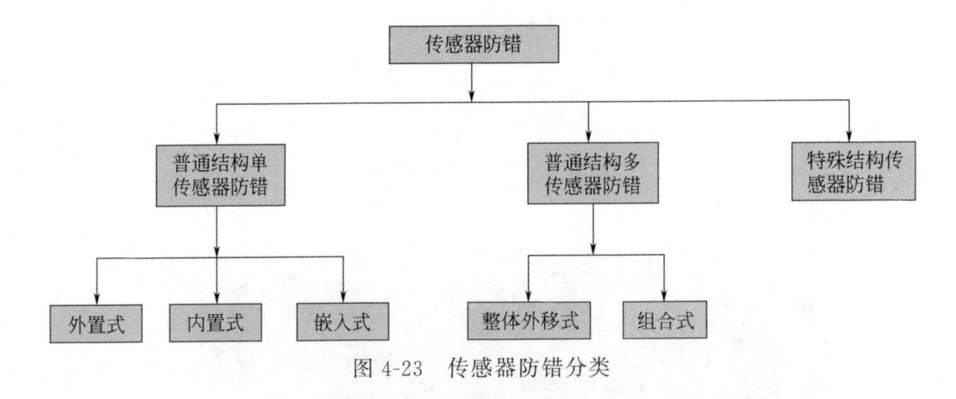

图 4-23 传感器防错分类

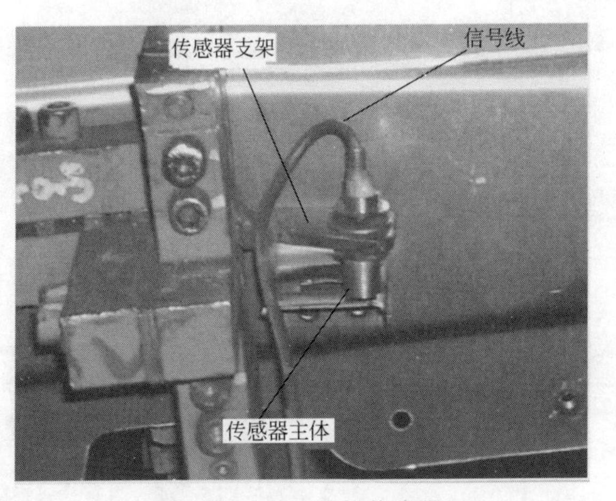

图 4-24 普通结构传感器

离太远，则传感器支架的刚性难以满足要求。

b. 传感器安装在后道工位，对前道工位焊接的小零件进行防错。如果在前道工位安装传感器防错，则在焊接过程中传感器容易被碰歪或碰坏，导致防错失效。

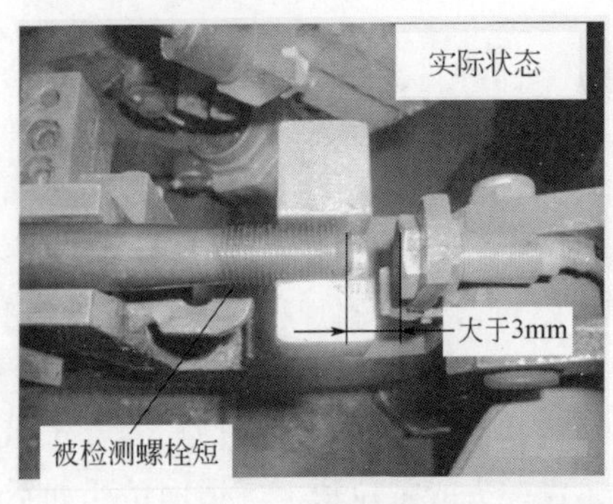

图 4-25 外置式普通结构单传感器防错

外置式普通结构单传感器防错用于特定位置，不仅可以防漏，还可以防止零件尺寸偏小（感应距离一般为 0～3mm），如前纵梁上紧固副车架的长螺栓，如果出现螺栓长度偏短，导致螺栓与传感器感应面之间的距离大于 3mm，传感器将无法感应到零件，则机器人不会动作（图 4-25）。

② 内置式，将传感器直接固定到工装夹头或定位块的通孔内感应零件。适用情况如下。

a. 被检测零件只能在焊接该零件的工位上检测，其他工位无法检测。

b. 小零件非焊接面用作定位面。

如前围板小支架是比较小的零件，其检测方式为内置式，螺栓焊接在小支架上，小支架非焊接面为它的定位面，该面上有一个凸焊的螺柱，小支架定位到夹头上焊接，将传感器固定在夹头孔内，检测螺栓实现防错，如果没有螺栓，则传感器直接感应小支架（图 4-26）。

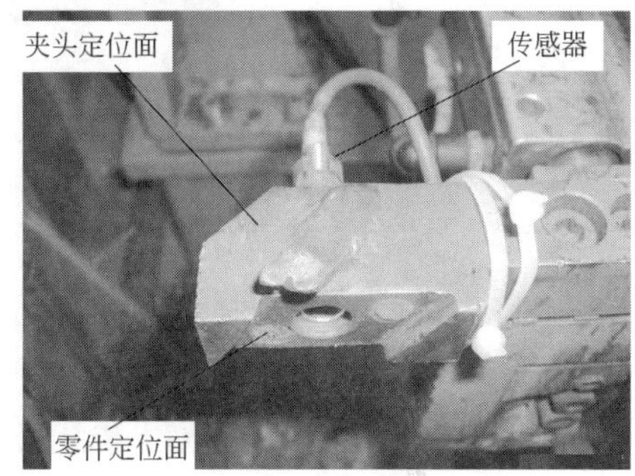

图 4-26　内置式普通结构单传感器防错

③ 嵌入式，将传感器用顶丝固定在套管内，再将套管焊接到夹头上。嵌入式防错传感器的支架细而长，主要适用于被检测零件位于其他钣金件的深槽内，且小零件上有定位销定位。

308 后纵梁上小加强件采用嵌入式防错，由于零件厚度太薄，只能检测零件拐角处的加强筋，将传感器固定在套管内，再将套管焊接到夹头上，实现防错，由于此处有定位销定位，如果采用外置式，则传感器支架就会和定位销干涉，传感器无法到达指定位置，感应不到零件（图 4-27）。

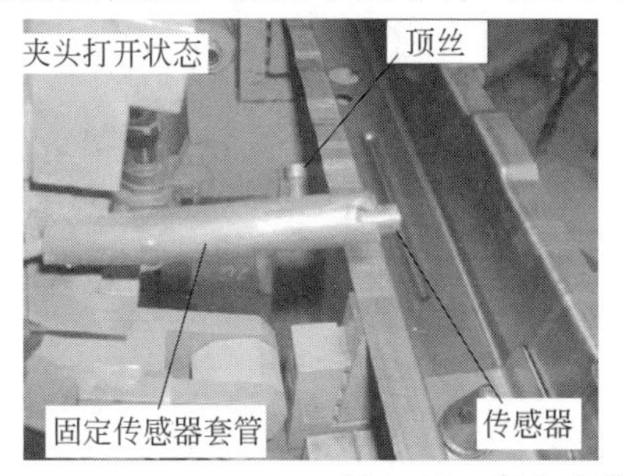

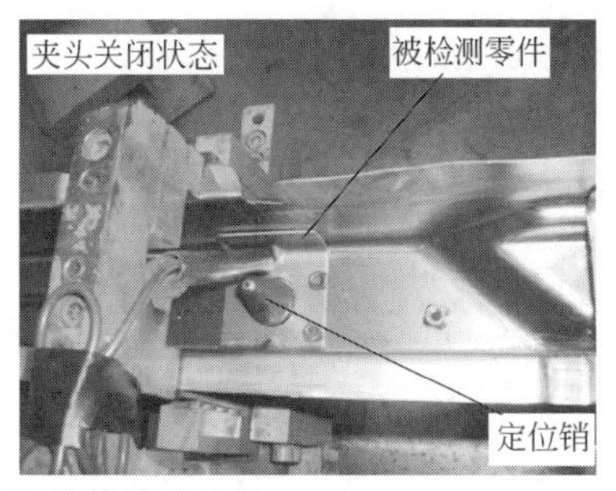

图 4-27　嵌入式普通结构单传感器防错

(2) 普通结构多传感器防错

① 整体外移式，将几个传感器固定在一个支架上，再将支架整体移到工装夹具的外部来检测零件。把相应传感器连接到控制夹具的PLC接线盒内，修改PLC程序，把每个传感器默认为夹具的一个夹紧单元（传感器感应到零件时为常闭点，PLC默认为夹紧；零件漏装传感器感应不到零件或传感器损坏时为常开点，PLC默认为打开）。

图4-28所示为整体外移式传感器防漏零件。将被测零件装到传感器支架上，再安装其他零件到工装夹具上，按动按钮：小零件未漏装，传感器传递感应信号到PLC，夹头夹紧零件；小零件漏装，传感器没有信号传递到PLC，夹头不动作。

图4-28 整体外移式传感器防漏零件

图4-29所示为整体外移式传感器防漏工序。当前道部分夹头夹紧零件后，将被测零件从支架上取走安装到工装上，按动按钮夹头全部夹紧，启动机器人按钮开始焊接。机器人动作后再从料架内取被测零件放到传感器支架上。当前道部分夹头夹紧零件后，没有从传感器支架上取走零件而是从料架中直接取被测零件装到工装上，此时传感器一直感应到零件为常闭点，PLC默认为夹紧状态，PLC程序会提示默认传感器夹紧单元存在重复夹紧错误，程序无法启动，夹头不会夹紧被测零件，无法启动机器人焊接。

图4-29 整体外移式传感器防漏工序

② 组合式，将需要被检测的零件分成几个组合，每个组合由几个串联的传感

器分别检测。每个组合中的传感器串联后分别连接到焊机的一个继电器上，当任何一个组合中的任意一个零件漏焊，传感器没有信号传递到继电器上，焊枪不会动作。同一个零件总成上需要检测的小零件很多，一般情况下被检测零件个数超过4个。

以地板通道板为例，总成上共有5个凸焊螺柱和6个凸焊螺母，需要11个传感器来检测，而通常焊机采用的继电器是欧姆龙MY2N-J/24VDC，每个继电器最多能承载4个传感器，因此将11个传感器分成3组，分别连接到焊机的3个继电器上，采用组合式传感器进行防错。任何一个组合中的所有传感器均为串联，任何一个组合中的任何一个零件漏焊，则其传感器无信号传递到控制器，焊枪不动作（图4-30）。

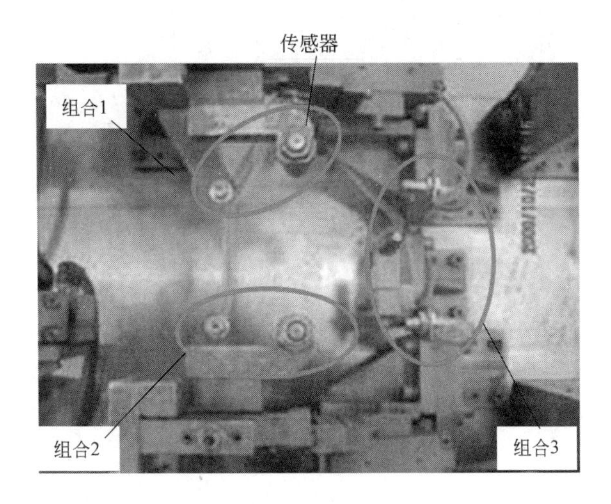

图4-30 组合式传感器防错

(3) 特殊结构传感器防错 利用传感器感应移动杆来间接检测小零件是否漏焊。当被检测零件漏焊时，移动杆处于下端位置，传感器感应不到移动杆；当被检测零件装上后，被检测零件将移动杆顶起，传感器感应到移动杆的上端。

由于特殊结构传感器防错主要是针对螺母进行防错，因此移动杆下端设计成圆锥体。圆锥体最大直径必须大于螺母的内径，否则防错失效。

如图4-31所示，特殊结构传感器由传感器主体、传感器支架、移动杆、弹簧、信号线及控制器组成。相比普通结构传感器，特殊结构传感器增加了移动杆、弹簧。弹簧的作用是使移动杆能够恢复到原位置。

前围板活动螺母先用盖帽固定在加强板内，然后将加强板焊接到前围板上，这样螺母就被包夹在钣金之间，传感器无法直接感应到螺母（图4-32）。

前纵梁焊接螺母凸焊到加强件上，然后被两层钣金包夹，传感器同样无法直接感应到螺母，相比前围板螺母，夹具上没有夹头夹在螺母上方的钣金面上，只能通

图 4-31 特殊结构传感器

图 4-32 前围板活动螺母传感器

过侧面检测螺母（图 4-33）。

后舱装载板焊接螺母周围焊点（四个圆圈处）距离太近，如果用传感器从钣金下面直接感应螺母，则传感器会和焊枪干涉，传感器容易碰坏失效。采用特殊结构

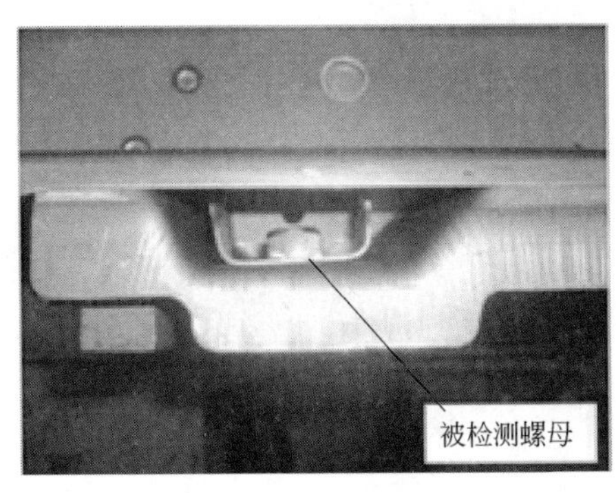

图 4-33　前纵梁焊接螺母传感器

传感器防错，在夹头夹紧的情况下焊接被测零件周围的焊点，焊枪同样会碰坏传感器，调整焊接顺序，焊枪先焊接被测零件上其他焊点，等夹头打开后再焊接剩余的焊点（图 4-34）。

螺母孔在夹具上作定位孔。在移动杆下端焊接一空心套，当螺母漏焊时，定位销会进到空心套内，不会阻碍移动杆下移，传感器感应不到移动杆，防错有效。螺母焊到螺母板上，由于在夹具上该螺母板没有其他定位孔，只能用螺母孔定位。采用特殊结构，在移动杆头部焊接一螺母，当螺母漏焊时移动杆向下移动，夹具上的定位销会进入移动杆头部的螺母孔内，不会阻挡移动杆下移，传感器感应不到移动杆，焊枪不动作，达到防错目的（图 4-35）。

(4) 普通结构传感器防错易出现的失效模式

① 传感器支架被碰歪，传感器感应到其他零件，导致防错失效。

② 感应面有焊接飞溅物。由于传感器距离焊点太近，焊接飞溅物容易粘在传感器感应面上，这种情况下无论零件是否漏装，传感器都会传递信号给控制器，导致防错失效。

③ 传感器感应面被损坏。当传感器位于零件下方，且钣金刚性差，这种情况下，零件在放置到夹具上的过程中，钣金上的螺母或螺柱容易将感应面碰坏，导致防错失效。

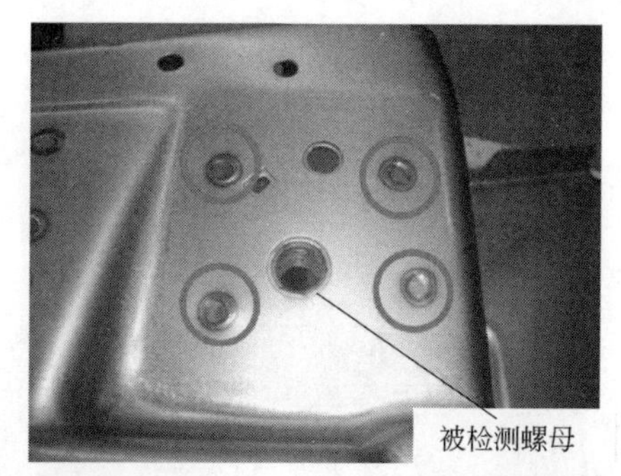

图 4-34 后舱装载板焊接螺母传感器

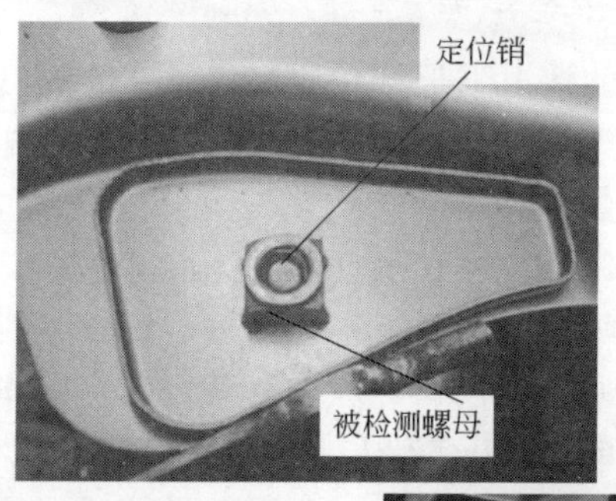

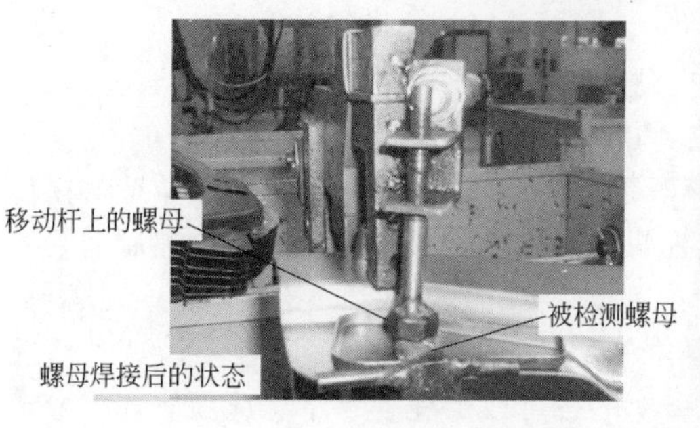

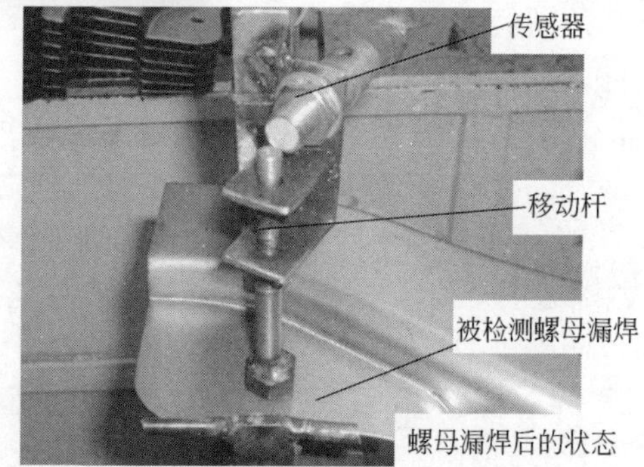

图 4-35 螺母孔在夹具上作定位孔传感器

解决措施如下。

① 增加传感器支架的刚性；在夹具上增加焊枪导向块（图 4-36），焊接时通过导向块很容易找到焊接位置，减少传感器支架被碰歪的概率。

图 4-36　焊枪导向块

② 更改传感器位置，利用被检测零件或其他钣金件遮挡，保护感应面。图 4-37 是传感器位置更改前后的实际状态比较。托钩支架有四个焊点，焊接时飞溅物落在感应器表面，导致防错失效。将传感器重新安装在托钩定位套的侧面，利用托钩本体挡住飞溅物。

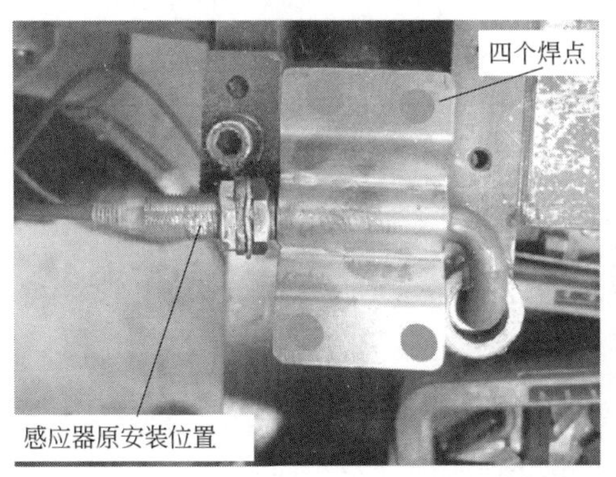

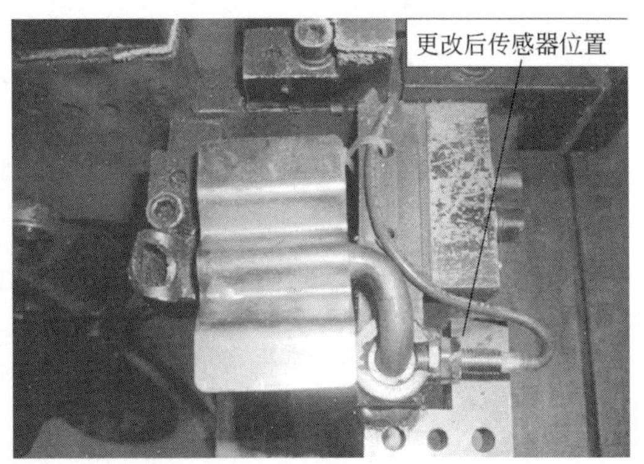

图 4-37　传感器位置更改前后的实际状态比较

③ 在传感器感应面上方加装盖帽（图 4-38），盖帽可以上下移动，没有零件时，通过弹簧将盖帽顶起，传感器感应不到盖帽，当零件放到位后，被测零件会将

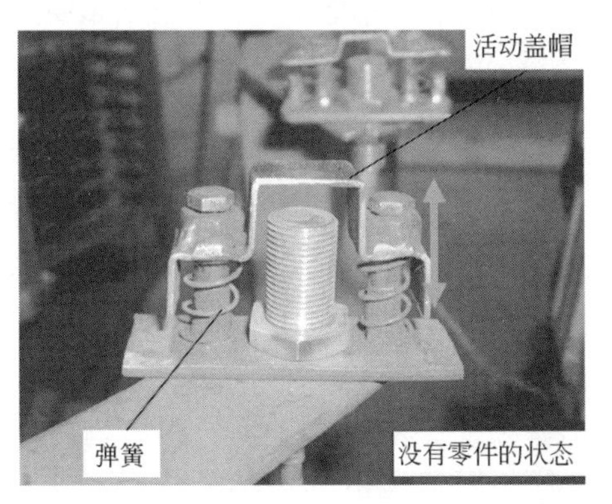

图 4-38　传感器感应面上方加装盖帽

盖帽向下压，盖帽被压后传感器感应传递信号，完成防错。

4. 防错综合归纳

(1) 防错方式优缺点比较 见表4-4。

表4-4 防错方式优缺点比较

防错方式	优 点	缺 点	价格
机械式	加工和安装比较简单，成本低，能监控钣金孔是否漏冲、小零件是否左右错装、钣金位置是否偏斜等	不能对单品小件、螺母、螺栓漏焊进行防错，有一定的局限性	10～30元
气动式	安装简单，稳定性高，便于维修，对安装空间比较大的螺母、螺栓漏焊及单品小件漏装都有防错功能	占用空间大，成本高，只能对结构相对简单的外露小零件进行防错，安装位置要求比较高，且位置调整比较麻烦	200～400元
电子式	稳定性较高，对各种状态的小零件、螺母、螺栓均能进行防错	成本高，部分防错结构安装复杂，必须熟悉悬挂焊机构造及有一定PLC基础才能操作	200～400元

(2) 小零件防错流程

① 列出防错零件清单。

② 评估防错装置安装的可行性。

③ 实施防错装置安装。

④ 重新检查未安装防错的零件清单。

⑤ 制定防错验证流程。

(3) 零件防错前移 前面介绍的各种防错方式大部分是被动防错，即小零件在前道工位已经焊接完毕，在后道工位再对小零件进行防错，如果缺陷从上一个工位溢出，就会造成生产返修浪费。根据质量三不原则，要尽可能将缺陷控制在焊接制造工位，即在小零件焊接工位增加防错，变被动为主动。对小零件的防错要尽可能将防错装置安装在小零件的焊接工位，对于凸焊螺母、螺栓，由于无法采用前述的各种防错方法，只能从管理上采取人工防错，如定额发料、焊接计数等方法控制缺陷产生，提高零件质量。

四、焊接工装设计管理

(1) 目的 规范焊接工装设计、评审、制作、验收、使用和管理的行为。

(2) 范围 设计、制作、使用、管理焊接工装的部门。

(3) 职责

① 技术部：负责组织焊接工装设计；工装结构设计评审；制作、试焊、修改、验收和交付；组织对使用中的焊接工装进行技术鉴定。

负责建立和管理焊接工装设计、评审、制作、使用、修理、报废和管理的电子档案资料；负责对报废的焊接工装进行技术鉴定。

② 工装组：负责焊接工装制作、试焊、修改；负责参与焊接工装验收和交付；负责对使用中的焊接工装进行监督；负责参与焊接工装报废鉴定。

③ 品质部：负责参与焊接工装设计评审、验收和交付；负责对使用中的焊接工装进行监督；负责参与焊接工装报废鉴定。

④ 焊接车间：负责参与焊接工装验收和交付工作；负责焊接工装使用、日常维护、报修、报废。

⑤ 总经理办公室：负责对焊接工装管理工作的督查。

⑥ 总经理：负责审核和批准焊接工装报废申请。

五、焊接工装夹具的使用要求

① 应熟练掌握工装夹具的操作并了解定位及夹紧原理。

② 每日工作前都应检查工装定位、夹紧是否可靠，有问题应停止生产，并及时与技术部门或夹具检修人员沟通。

③ 工作时应经常清理定位销及定位块上的焊接飞溅物等，避免由于定位不可靠造成批量废品。

④ 对于出现工件放入或取出夹具较困难的情况应及时查找原因并反应情况，不得强力敲打将工件装入或取出夹具，以免造成夹具定位不准或损坏以及造成工件变形。

⑤ 工装夹具在搬运时应轻拿轻放，谨防磕碰及剧烈振动造成夹具损坏及定位不准确。

⑥ 未经技术部门同意不得随意改动、修磨工装夹具。

⑦ 对于滑槽式定位，应定期涂油并及时清除附着物，保证移动自如、定位准确。

⑧ 悬点焊接时，焊枪电极及电极臂易与工件或夹具接触的部位应用工业装甲缠绕带将电极或电极臂绝缘，谨防工件或工装夹具被电弧击伤。

⑨ 修改或调整过的焊接工装夹具，必须经过首件检验合格才能批量生产，不能盲目焊接。

⑩ 每日工作后应清理工装夹具上的脏物，保持工装清洁。

⑪ 工装夹具上应禁止溅上水及其他液体，以防工装锈蚀。

⑫ 气体保护焊焊接时不得随意在工装夹具上引弧。

⑬ 气动夹具应保证压力表读数调整在规定范围，气动三联件应定期放水及注油，经常检查管路是否漏气。

六、焊接工装夹具的检修及使用管理

① 所有悬点焊及气体保护焊工装夹具均应每半年检修一次，并填写检修记录。

② 操作者应陪同检修人员一同完成检修工作。

③ 检修内容如下。

a. 定位销是否牢固以及是否弯曲变形，定位销磨损量是否过大，一般定位销与工件孔直径磨损量不大于0.25mm。

b. 定位块是否牢固，定位面磨损是否过大，磨损量一般不大于0.3mm。

c. 压钳能否可靠压紧，压头磨损是否严重，如果压头面积太小，易将工件压出凹坑，必须修磨或更换。

d. 各连接部件螺栓是否可靠拧紧，点焊固定处焊点有无开裂。

e. 滑槽式定位是否可靠，移动是否自如。

f. 气动夹具各部件是否损坏，气缸及管路是否漏气，夹紧机构是否可靠。

g. 焊接工装夹具标识是否清晰。

④ 除铜定位销外，其他定位销如钢定位销在更换时必须经过热处理，以增加耐磨性。图纸要求热处理的定位块更换时也应进行热处理。

⑤ 焊接工装夹具使用管理内容如下。

a. 生产使用的焊接工装夹具日常维护由操作者进行。焊接夹具在作业过程中，必须注意以下几点：要尽量避免焊枪（或工件）与夹具产生碰撞，以免造成夹紧臂变形或定位不准；避免焊枪直接接触夹具组件，以免产生电流烧伤夹具组件；保持夹紧臂各部位的连接螺栓紧固可靠，铰链活动销部位应润滑良好；夹紧不到位时，应检查相关问题，不能敲击作业；气动元件出现问题时，必须先切断气源，并排空余气，直至夹具没有动作为止方可处理。焊接夹具操作完毕后，必须对夹具进行维护保养。保养流程：关闭气源，排空余气；清除焊渣、油垢；转轴和转销部位加润滑油。

b. 对于不在工位上的待用焊接夹具要求摆放整齐、定置管理，各定位及夹紧装置应避免受其他物品撞击及挤压。活动件应采取有效措施避免脱落或丢失。

c. 工装夹具定位装置受到撞击后，应及时检查各定位装置是否活动及变形，发现问题及时联系工装夹具维修人员进行维修。

d. 对于没有报废且长期不使用的焊接工装夹具，生产部门应放在可靠地方妥善保管。

e. 报废的焊接工装夹具应填写报废申请单，经有关领导批准后方能进行报废处理。

习题与思考题

1. 设计焊接工装时应考虑哪些基本原则？谈一谈对工艺性原则的认识。
2. 比较铸造夹具体与焊接夹具体的优缺点。在哪些情况下采用焊接夹具体？
3. 如何正确选用定位基准？

第五章

焊接变位机械

第一节 概 述

一、焊接变位机械的分类

焊接变位机械是改变焊件、焊机或焊工空间位置来完成机械化、自动化焊接的各种机械设备。使用焊接变位机械可缩短焊接辅助时间，提高劳动生产率，减轻工人劳动强度，保证和改善焊接质量，并可充分发挥各种焊接方法的效能。

具有一定通用性的焊接变位机械现已逐步标准化和系列化，由专业工厂生产，用户可按规格和技术性能进行选购。专用机或有特殊要求的，通常由用户自行设计和制造。

在焊接生产中使用的各种变位机械可归纳为焊件变位机械、焊机变位机械和焊工变位机械三大类，每一类又按其结构特点或作用分成若干种，焊接变位机械的分类如图5-1所示。

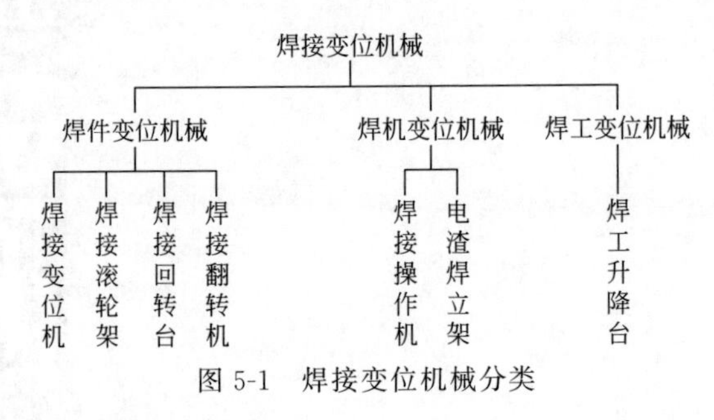

图5-1 焊接变位机械分类

二、焊接变位机械应具备的性能

通用的焊接变位机械应具备以下性能。

① 焊件变位机械和焊机变位机械要有较宽的调速范围、稳定的焊接运行速度以及良好的结构刚度。

② 对尺寸和形状各异的焊件，要有一定的适用性。

③ 在传动链中，应具有一级反行程自锁功能，以免动力源突然切断时，焊件因重力作用而发生安全事故。

④ 与焊接机器人和精密焊接作业相配合使用的焊件变位机械，视焊件大小和工艺方法的不同，其到位精度（点位控制）和运行轨迹精度（轮廓控制）应控制在0.1～2mm之间，最高精度可达0.01mm。

⑤ 回程速度要快，但应避免产生冲击和振动。

⑥ 有良好的接电、接水、接气（压缩空气或保护气）设施以及导热和通风性能。

⑦ 整个结构要有良好的密闭性，以免受到焊接飞溅物的损伤，对散落在其上的焊渣、药皮等，应比较容易地被清除掉。

⑧ 焊接变位机械要有联动控制接口和相应的自保护功能，以便集中控制和相互协调动作，采用机器人焊接就需要这种功能。

⑨ 工作台面上应刻有安装基线，并设有安装槽孔，能方便地安装各种定位器件和夹紧机构。

⑩ 装配用的焊件变位机械，其工作台面要有较高的强度和抗冲击（如锤击）性能。

⑪ 用于电子束焊、等离子弧焊、激光焊和钎焊的焊件变位机械，应满足导电、隔磁、绝缘等方面的特殊要求。

第二节　焊件变位机械

焊件变位机械是在焊接过程中通过翻转、回转或既翻转又回转改变焊件空间位置，使工件处于最便于装配或焊接位置的各种机械装备。

在手工焊作业中，经常使用各种焊件变位机械，但在多数场合，焊件变位机械是与焊机变位机械相互配合使用的，用来完成纵缝、横缝、环缝、空间曲线焊缝的焊接以及堆焊作业。

焊件变位机械也是机械化、自功化装焊生产线上重要组成部分。在以弧焊机器人为中心的柔性加工单元（FMC）和加工系统（FMS）中，焊件变位机械也是组成设备之一。

在复杂焊件焊接和要求施焊位置精度较高的焊接作业中，例如窄间隙焊接、空间曲面的带极堆焊等，都需要焊件变位机械的配合，才能完成作业。

焊件变位机械按功能不同，分为焊接变位机、焊接滚轮架、焊接翻转机和焊接回转台四类。

一、焊接变位机

1. 功能及结构形式

焊接变位机是在焊接作业中，将焊件回转并倾斜，使焊件上的焊缝置于有利施焊位置的焊件变位机械。焊接变位机主要用于机架、机座、机壳、法兰、封头等非长形焊件的翻转变位。焊接变位机按结构形式可分为下述三种。

(1) 伸臂式焊接变位机　如图 5-2 所示，其回转工作台绕回转轴旋转并安装在伸臂的一端，伸臂一般相对于某一转轴成角度回转，而此转轴的位置多是固定的，但有的也可在小于 100°的范围内上下倾斜。这两种运动都改变了工作台面回转轴的位置，从而使该机变化范围大，作业适应性好。但这种形式的变位机，整体稳定性较差。

该机多采用电动机驱动，承载能力在0.5t以下，适用于小型焊件的翻转变位。也有液压驱动的，承载能力多在10t左右，适用于结构尺寸不大但自重较大的焊件。

伸臂式焊接变位机在手工焊中应用较多。图5-3所示为5t液压前倾式变位机，该变位机主要用于大尺寸结构件人工焊接时工件的变位。此变位机具有水平回转、倾斜翻转及升降功能，可在较低位置安装和操作，升到高位后翻转，使焊缝处于理想的位置，回转台面加工有放射状的T形槽，用于固定工件，回转采用变频器无级调速，具有调速范围宽、转动平稳等特点，工作台采用液压翻转和升降，效率高、运行平稳。液压系统带卸压自保护功能，可有效地防止机械过载损害设备。其结构紧凑、占地面积小、操作更方便，设备不需固定在地基上，搬移方便，主控柜和手控盒控制，利用手控盒可以在设备的不同位置对设备进行操作。

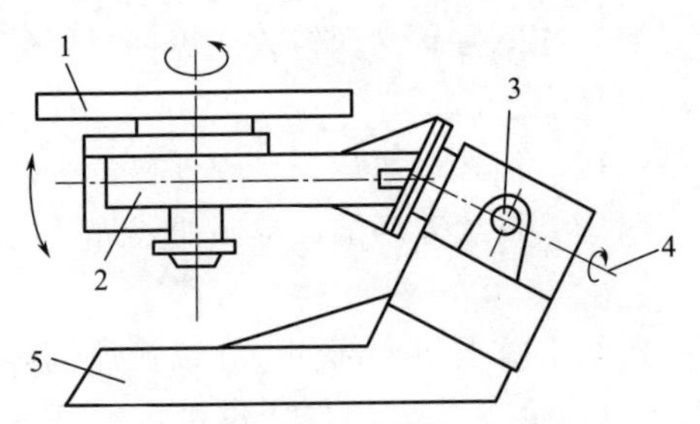

图5-2 伸臂式焊接变位机

1—回转工作台；2—伸臂；3—倾斜轴；4—转轴；5—机座

图5-3 5t液压前倾式变位机

(2) 座式焊接变位机 如图5-4所示，其工作台连同回转机构通过倾斜轴支承在机座上，工作台回转采用变频器无级调速，工作台通过扇形齿轮或液压缸驱动倾斜，多在110°～140°的范围内恒速或变速倾斜。适用于0.5～50t焊件的翻转变位，是目前产量最大、规格最全、应用最广的结构形式，常与伸缩臂式焊接操作机或弧焊机器人配合使用，可以实现与操作机或焊机联控。控制系统可选装三种配置：按键数字控制式、开关数字控制式和开关继电器控制式。图5-5所示为40t倾翻式焊接变位机，该机稳定性好，一般不用固定在地基上，搬移也方便。该产品用于各种轴类、盘类、筒体等回转体工件的焊接。

(3) 双座式焊接变位机 如图5-6所示，其工作台安装在回转架上，以所需的焊接速度回转；回转架安装在两侧的机座上，多以恒速或所需的焊接速度绕水平轴线转动。该机不仅稳定性好，而且如果设计得当，可使焊件安放在工作台上后，随回转架倾斜的综合重心位于或接近倾斜机构的轴线，从而使倾斜驱动力矩大大减小。因此，重型焊接变位机多采用这种结构。

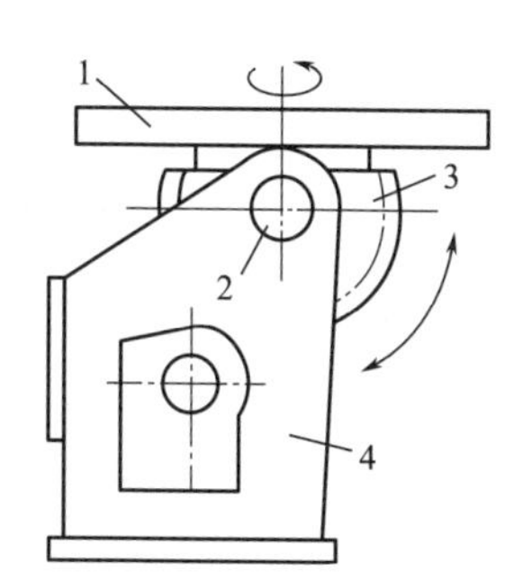

图 5-4　座式焊接变位机

1—回转工作台；2—倾斜轴；3—扇形齿轮；4—机座

图 5-5　40t 倾翻式焊接变位机

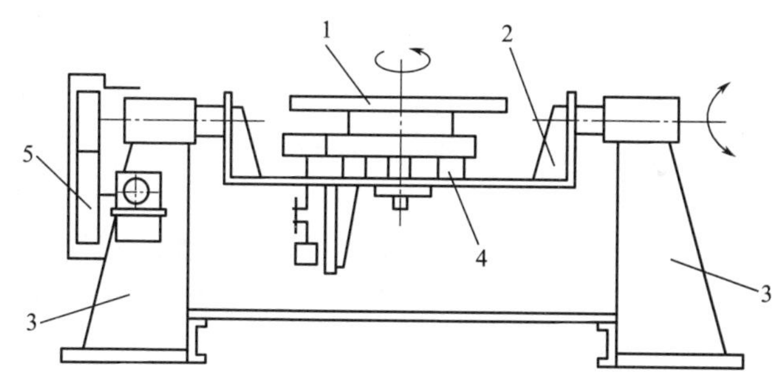

图 5-6　双座式焊接变位机

1—工作台；2—回转架；3—机座；4—回转机构；5—倾斜机构

双座式焊接变位机适用于 50t 以上大尺寸焊件的翻转变位。在焊接作业中，常与大型门式焊接操作机或伸缩臂式焊接操作机配合使用。

图 5-7 所示为 STW 型 100t 双座式焊接变位机，该机是集翻转和回转功能于一身的变位机械。翻转和回转分别由两根轴驱动，夹持工件的工作台除能绕自身轴线回转外，还能绕另一根轴倾斜或翻转，它可以将焊件上各种位置的焊缝调整到水平的或船形的易焊位置施焊，适用于框架形、箱形、盘形和其他非长形工件的焊接。

焊接变位机的基本结构形式虽只有上述三种，但其派生形式很多，有些变位机的工作台还具有升降功能，如图 5-8 所示。

图 5-7　STW 型 100t 双座式焊接变位机

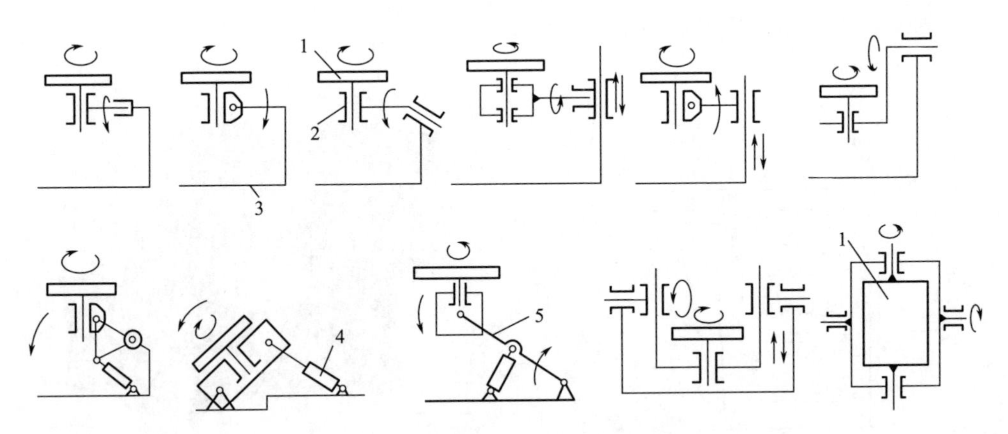

图 5-8 焊接变位机的派生形式

1—工作台；2—轴承；3—机座；4—推举液压缸；5—伸臂

2. 驱动系统

焊接变位机工作台的回转运动，多采用直流电动机驱动，无级变速。近年来出现的全液压变位机，其回转运动是由液压马达来驱动的。工作台的倾斜运动有两种驱动方式：电动机经减速器减速后通过扇形齿轮带动工作台倾斜（图 5-4）或通过螺旋副使工作台倾斜（应用不多）；另一种是采用液压缸直接推动工作台倾斜（图 5-9）。这两种驱动方式都有应用，在小型变位机上以电动机驱动为多。工作台的倾斜速度多是恒定的，但对应用于空间曲线焊接及空间曲面堆焊的变位机，则是无级调速的。工作台的升降运动，几乎都采用液压驱动，通过柱塞式或活塞式液压缸进行。

图 5-9 工作台倾斜采用液压缸推动的焊接变位机

在电动机驱动的工作台回转、倾斜系统中，常设有一级蜗杆传动，使其具有自锁功能。有的为了精确到位，还设有制动装置。

在变位机回转系统中，当工作台在倾斜位置以及焊件重心偏离工作台回转中心时，工作台在转动过程中，重心形成的力矩在数值和性质上是周期性变化的（图 5-10），为了避免因齿轮间隙的存在，在力矩性质改变时产生冲击，导致焊接缺陷，在用于堆焊或重要焊缝施焊的大型变位机上，设置了抗齿隙机构或装置。

另外，一些供弧焊机器人使用的变位机为了减少倾斜和回转系统的传动误差，保证焊缝的位置精度，也设置了抗齿隙机构或装置。

在重型座式和双座式焊接变位机中，常采用双扇形齿轮的倾斜机构，扇形齿轮或用一个单独的电动机驱动，或用各自的电动机分别驱动。在分别驱动时，电动机之间设有转速联控装置，以保证转速的同步。

另外，在驱动系统的控制回路中，应有行程保护、过载保护、断电保护及工作台倾斜角度指示等功能。

工作台的回转运动应有较宽的调速范围，国产变位机的调速比一般为1∶30左右；国外产品一般为1∶40，有的甚至达1∶200。工作台回转时，速度应平稳均匀，在最大载荷下的速度波动不得超过5%。另外，工作台倾斜时，特别是向上倾斜时，运动应自如，即使在最大载荷下，也不应产生抖动。

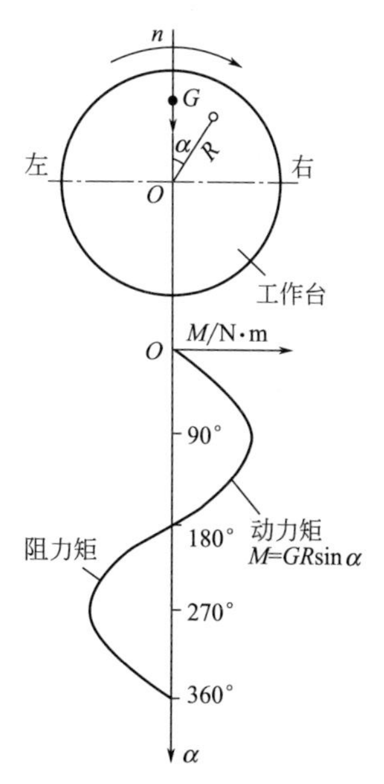

图5-10　工作台回转力矩的周期性变化
G—载重量；α—转角；O—工作台回转中心；n—转速

图5-11所示为1.5t座式焊接变位机，其工作台回转机构采用了少齿差行星齿轮减速，整体结构较紧凑。其主要技术指标：工作台回转速度为0.034～1.03r/min，工作台倾斜速度为0.25r/min，工作台倾斜角度为135°，变位机重1500kg。

该变位机载重量图如图5-12所示，可根据综合重心高h（工件重心至工作台面的距离）和综合重心偏心距e（工件重心至工作台轴线的偏心距）来确定变位机的载重量G。这种确定方式有利于合理地使用变位机，避免发生超载事故。

例如，$h=300$mm，$e=0$时，$G=1400$kg；$h=500$mm，$e=0$时，$G=1000$kg；$h=0$，$e=170$mm时，$G=1200$kg；$h=0$，$e=400$mm时，$G=500$kg。该机工作台回转总成布置合理。在工作台上未放工件时，回转总成的综合重心位于工作台倾斜轴线的一侧。放上工件后，综合重心将移近或移到倾斜轴线的另一侧，使工作台在有载或无载的情况下，综合重心所形成的倾斜阻力矩变化不大。因此，可减小倾斜机构的驱动功率，有利于充分发挥电动机的效能。

此外，该变位机装有测速发电机和导电装置，在倾斜机构上装有两个行程开关，当工作台进行倾斜运动时，起限位作用。

该变位机传动简图如图5-13所示，其回转系统采用2.24kW直流电动机，通过带传动-蜗杆传动-行星齿轮传动减速后，带动工作台回转。倾斜机构采用一级带传动和两级蜗杆传动及一级齿轮传动。它们除起减速作用外，带传动还有减振和过载保护的作用，蜗杆传动还有自锁作用。这对保证变位机运转速度的平稳和安全作业是有利的。

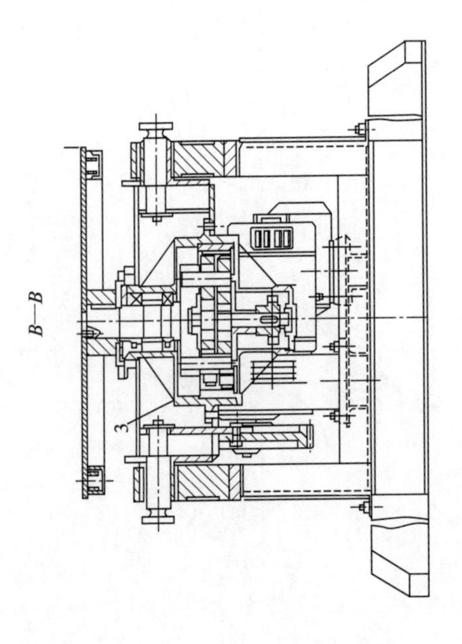

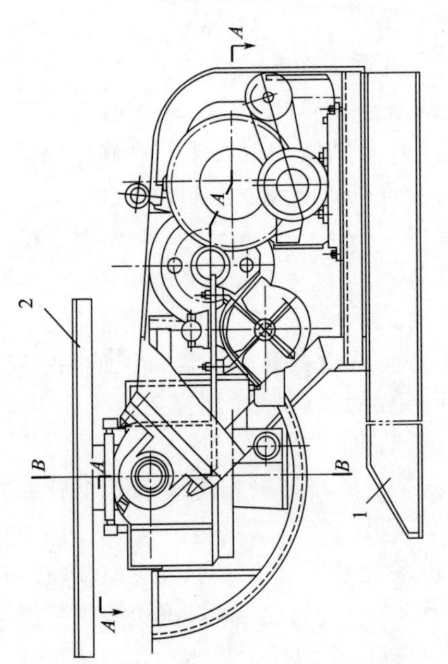

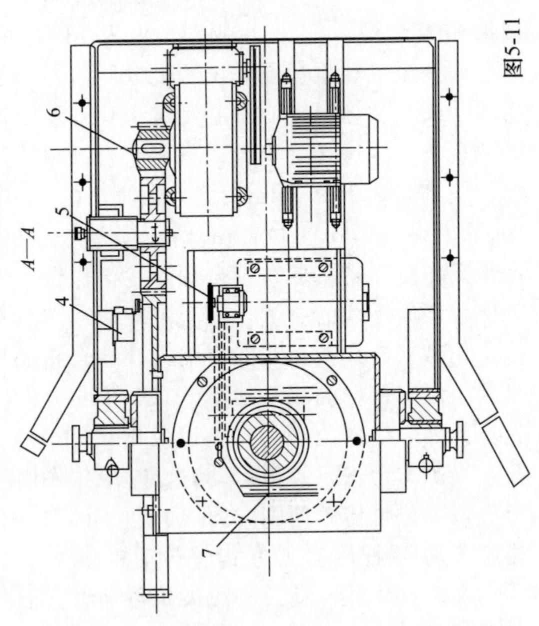

序号	名称	数量	备注
7	导电装置	1	组件
6	工作台倾斜总成	1	组件
5	测速发电机CFY-1	1	外购件
4	行程开关LX2	2	外购件
3	工作台回转总成	1	组件
2	工作台	1	组件
1	机 座	1	组件

图5-11　1.5t座式焊接变位机

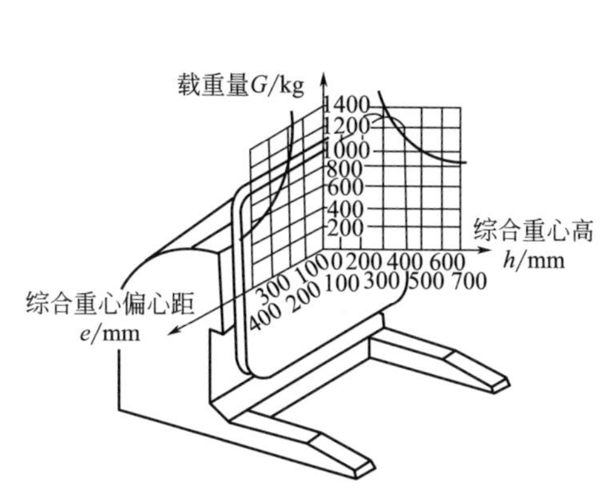

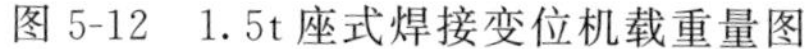
图 5-12　1.5t 座式焊接变位机载重量图

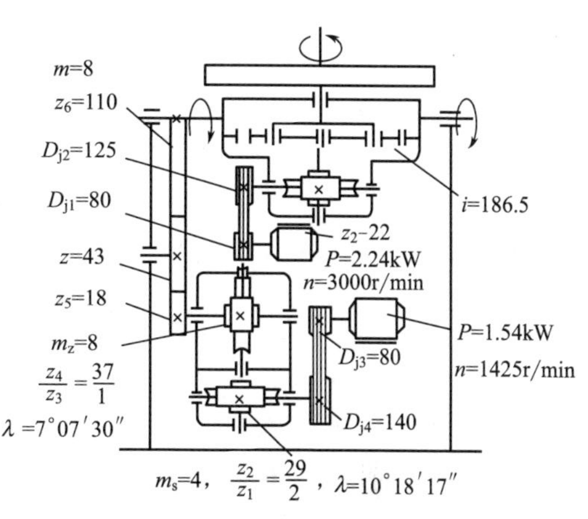

图 5-13　1.5t 座式焊接变位机传动简图

图 5-14 所示的是国产 20t 座式焊接变位机传动简图，其回转系统由 3kW 直流电动机，通过带传动-蜗杆传动-两级行星齿轮传动-外齿轮传动-内齿轮传动减速后，带动工作台回转。回转系统的总传动比为 11520，工作台许用回转力矩为 224kN・m。倾斜系统由 5.5kW 直流电动机，经圆柱齿轮减速器-蜗杆减速器-开式扇形齿轮传动减速后，带动工作台倾斜。倾斜系统总传动比为 7472，工作台许用倾斜力矩为 320kN・m，倾斜角为－45°～＋115°。

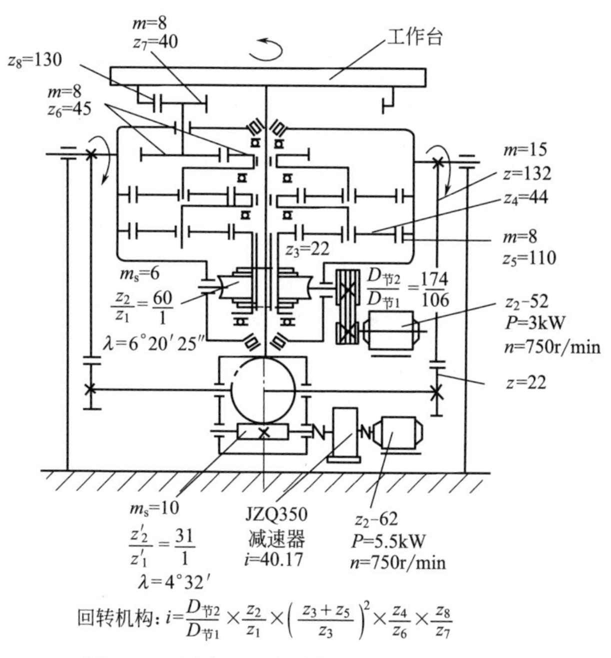

回转机构：$i=\frac{D_{节2}}{D_{节1}}\times\frac{z_2}{z_1}\times\left(\frac{z_3+z_5}{z_3}\right)^2\times\frac{z_4}{z_6}\times\frac{z_8}{z_7}$

图 5-14　国产 20t 座式焊接变位机传动简图

图 5-15 所示的是 10t 全液压座式焊接变位机传动简图。图 5-15(a) 是回转系统的传动简图，系统由额定转矩 98kN·m 的径向柱塞液压马达，通过蜗杆传动-两级行星齿轮传动减速后，带动工作台回转，其转速可在 0.01～0.6r/min 之间无级调节，工作台许用回转力矩为 40kN·m。图 5-15(b) 是倾斜系统的传动简图，该系统由两个推力为 274kN 的液压缸推动工作台倾斜，平均倾斜速度为 0.5r/min，工作台许用倾斜力矩为 150kN·m，可倾斜角度为 135°。

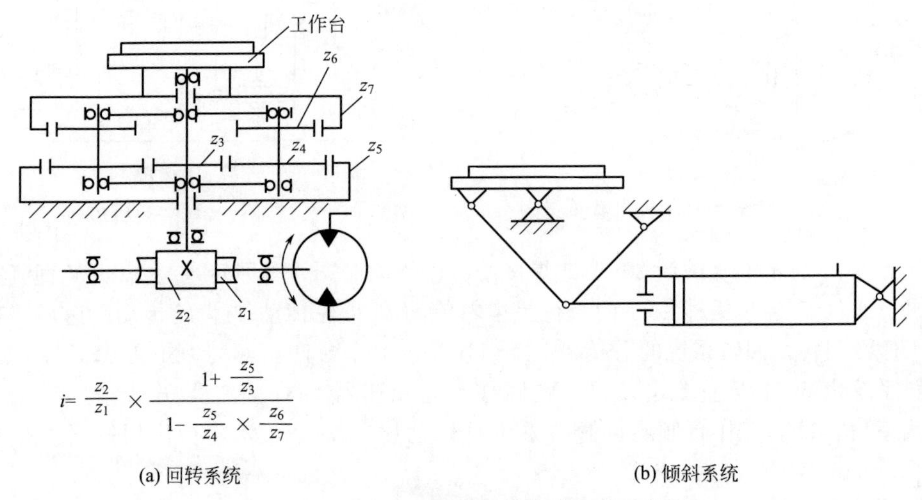

图 5-15 10t 全液压座式焊接变位机传动简图

全液压焊接变位机，由于具有结构紧凑、重量较轻、传动刚性好、运行平稳、可实现大范围无级调速、有很好的防过载能力等优点，应用日趋增多。

图 5-16 所示的是国产 100t 双座式焊接变位机传动简图。目前国内生产最大吨位的焊接变位机可以达到 250t（目前世界上最大的焊接变位机为 2000t，用于装焊分段船体时的翻转变位）。其回转系统由 22kW 直流电动机，通过带传动-变速器-蜗杆减速器-外齿轮传动减速后，带动工作台回转。该系统总传动比在 5112～30148 之间，无级可调。工作台的许用回转力矩为 98kN·m。倾斜系统由两台 22kW 直流电动机，通过蜗杆减速器-三级外齿轮传动减速后，带动工作台倾斜。该系统总传动比为 13903，工作台许用倾斜力矩为 196kN·m，倾斜角度为 −10°～+120°。在电动机的输出端还安装了电磁制动器，以保证工作台倾斜时准确到位。另外，该变位机为适应空间曲线焊缝的焊接和空间曲面的堆焊，还设置了液压抗齿隙装置。

3. 导电装置

焊接变位机作为焊接电源二次回路的组成部分，必须设有导电装置。目前，在焊接变位机上主要采用电刷式的导电装置，它由电刷、电刷盒、刷架等组成，结构

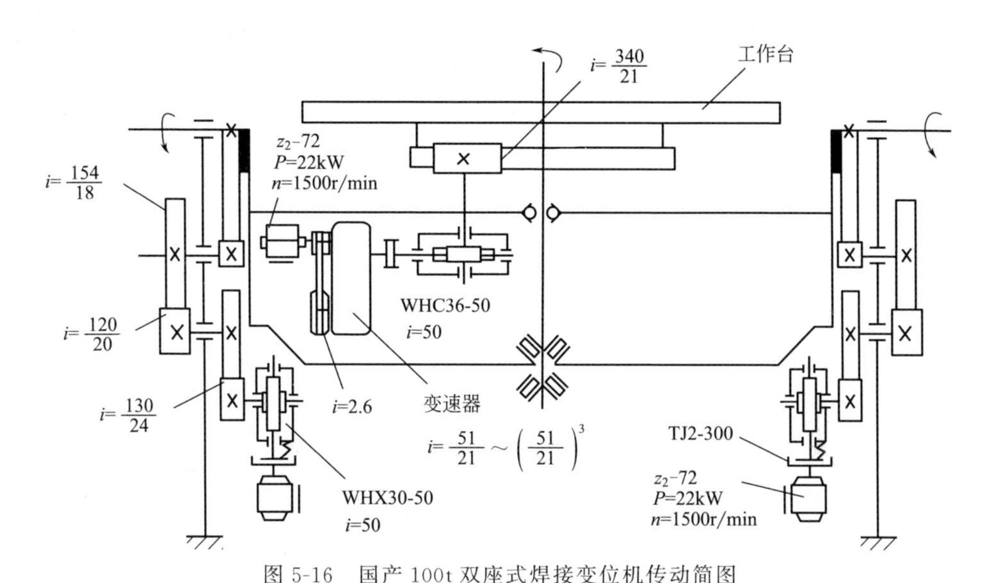

图 5-16　国产 100t 双座式焊接变位机传动简图

形式多样，如图 5-17 所示。

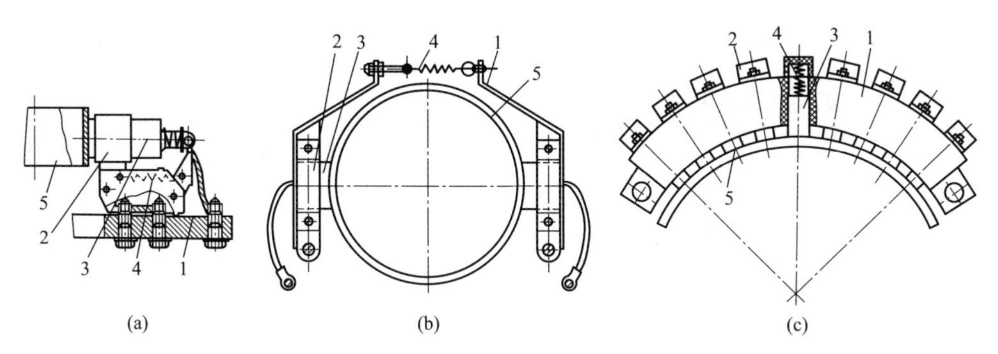

图 5-17　焊接变位机的各种导电装置

1—刷架；2—电刷盒；3—电刷；4—弹簧；5—导电环

图 5-17(a) 所示的导电装置，是借用直流电动机上使用的电刷装置，已标准化和系列化，在焊接变位机中应用最多。

导电装置的电阻不应超过 1mΩ；电刷数量应根据焊接额定电流来确定，其总过流能力应是焊接额定电流的 1.2～1.5 倍。各种电刷的过流能力见表 5-1。

表 5-1　电刷过流能力

电刷种类	额定电流密度 /A·cmm^{-2}	电刷种类	额定电流密度 /A·cmm^{-2}
石墨、硬质电化石墨	10～11	软质电化石墨	12
铜的质量分数为 91%的石墨	20	铜的质量分数为 52%的石墨	15

焊接变位机也可利用自身导电（图 5-18），但必须采取如下措施：使用带有石墨成分的润滑脂；在轴向力的作用下，各传动副之间、轴承内圈和外圈之间必须紧密接触。自身导电虽然省去了专用的导电装置，但对变位机各传动副的装配间隙要求较严，使用中又需经常检查和调整，比较麻烦，生产中采用不多。

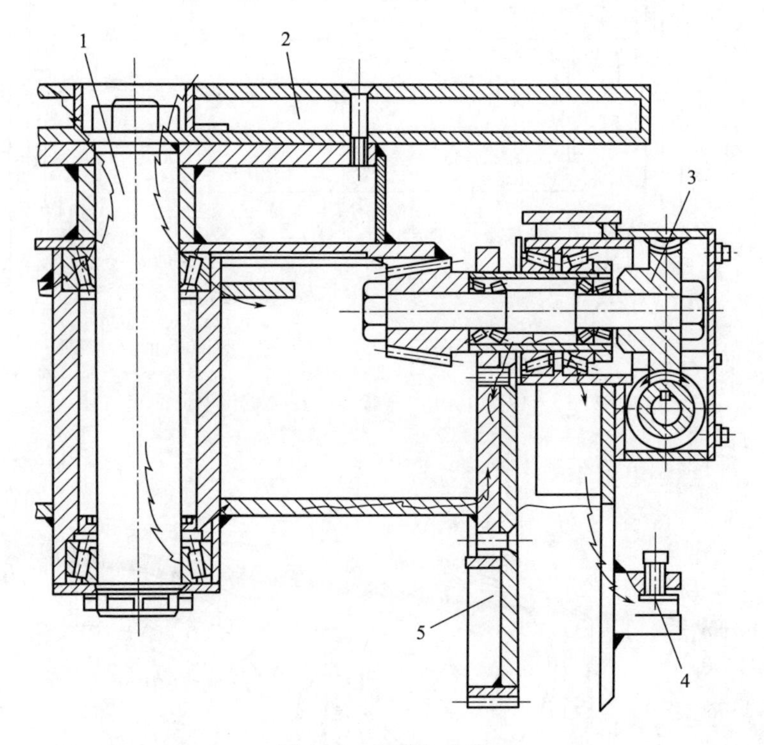

图 5-18 自导电示意

1—回转轴；2—工作台；3—工作台回转机构；4—焊机接地电缆；5—扇形齿轮

在焊接变位机的工作台上若装有气动夹具，则需设有导气装置，使进气接头能随工作台一起回转，并要避免输气管的缠绕，保证气路的畅通。其典型结构如图 5-19 所示，它由密封圈、接头壳体、轴承等组成。通常，都安装在工作台回转轴的下端。

4. 生产情况及标准化、系列化

在我国，焊接变位机已成为制造业不可缺少的设备之一，在焊接领域把它划为焊接辅机。近年来，这一产品在我国工程机械行业有了较大的发展，获得了广泛的应用。已问世的有十余个系列，百余种规格，正在形成一个小行业。

焊接变位机在国际上，包括各种功能的产品在内，有百余个系列。在技术上有普通型的，有无隙传动伺服控制型的；产品的额定负荷范围为 0.1～18000kN。可以说，焊接变位机是一个品种多，技术水平不低的产品。

一般来说，生产焊接操作机、滚轮架、焊接系统及其他焊接设备的厂家，大都生产焊接变位机；生产焊接机器人的厂家，大都生产与机器人配套的焊接变位机。但是，以焊接变位机为主导产品的企业非常少见。德国 Severt 公司、美国 Aroson 公司等，是比较典型的生产焊接变位机的企业。德国的 CLOOS 公司、奥地利 igm 公司、日本松下公司等，都生产伺服控制与机器人配套的焊接变位机。

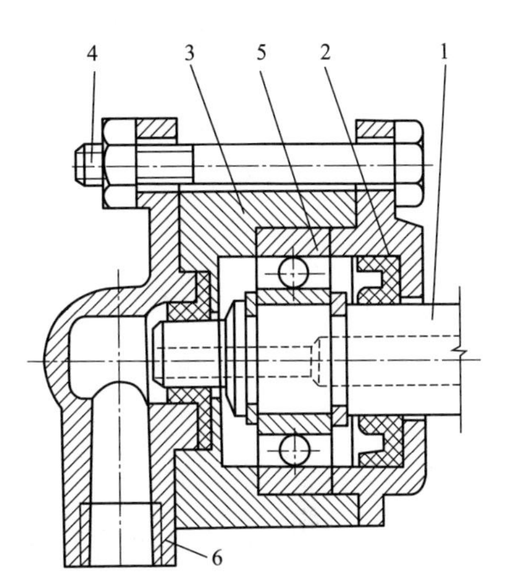

图 5-19　旋转式气路夹头典型结构
1—回转轴；2—密封圈；3—接头壳体；4—螺栓；5—轴承；6—接口

(1) 德国Severt 公司　该公司主要生产八种类型的产品，其中七种是焊接变位机。每种类型的焊接变位机，按其功能讲，均包括基本型、调速型、CNC 程控型和机器人配套型四种产品。

① S10 型，包括 S10.1～S10.4 四个产品系列，即 L 形双回转式、L 形双回转升降式；L 形双回转-倾翻式、L 形双回转-倾翻升降式；2×L 形双回转式、2×L 形双回转升降式；2×L 形双回转-倾翻式、2×L 形双回转-倾翻升降式。

② S20 型，包括 S20.1、S20.2 两个产品系列，即单座单回转式、单座单回转升降式；C 型双回转式。

③ S30 型，包括 S30.1、S30.2 两个产品系列，即立式单回转式；立式单回转双工位式。

④ S40 型，包括 S40.1～S40.7 七个产品系列，即双座单回转分体式；双座首尾单回转式；H 形双座双回转式；双座首尾单回转尾架移动式；双座首尾倾翻尾架移动式；双座三轴单回转式；单座滚圈单回转式、双座滚圈单回转尾架移动式。

⑤ S50 型，包括 S50.1～S50.7 七个多轴（自由度）产品系列，即立式三轴单回转双工位式；立式单回转双工位 2×倾翻-回转式（五轴）；立式单回转多工位 2×L 形双回转式（五轴）；立式单回转双工位 2×L 形双回转-倾翻式（七轴）；立式单回转双工位 2×双座单回转式（三轴）；立式单回转双工位 2×C 形双回转式（五轴）；立式单回转双工位 2×卧式单座单回转（三轴）。

⑥ S60 型，包括 S60.1、S60.2 两个产品系列，即倾翻-回转式（0°～90°）；倾翻-回转式（±90°）。

⑦ S70 型，包括 S70.1～S70.3 三个产品系列，即立式多工位四轴（四个自由

度）单回转式；立式多工位2×倾翻-回转式（六个自由度）。

（2）美国Aroson公司 该公司生产的焊接设备有焊接变位机、操作机、滚轮架等。主要类型为倾翻-回转式、倾翻-回转升降式、双座双回转式、双座单回转式和双座单回转升降式。

① 手动双回转式。C系列，型号有C1000、C2000、C4000，承载能力为25～4000lb。

② 小型倾翻-回转式。LD系列，型号有LD 60N、LD 150N、LD 300N，承载能力分别为132lb[1]、330lb、660lb。

③ 倾翻-回转式，倾翻角度135°。D、HD系列，承载能力为314～70000lb。

④ 倾翻-回转（换销）定位升降式，倾翻角度135°。AB系列，型号有AB30～AB1200，承载能力为4300～120000lb。

⑤ 倾翻-回转（齿轮齿条）无级升降式，倾翻角度135°。GE系列，型号有GE25～GE3500，承载能力为2500～350000lb。

⑥ 倾翻-回转式，倾翻角度90°。G系列，型号有G400～G4-MEGA，承载能力为4000～4000000lb。

⑦ 双座双回转式。DCG系列，最大产品承载能力为500t。

⑧ 单回转式。HTS系列。型号有HTS5、HTS9、HTS12、HTS20、HTS32、HTS40、HTS50、HTS60、HTS90、HTS160、HTS240，承载能力为500～240000lb。

⑨ 单回转（齿轮齿条）升降式。HTS-GE系列，型号有HTS5 GE、HTS240 GE，承载能力为500～240000lb。

（3）德国CLOOS公司 该公司是国际上生产焊接设备的大型公司之一，生产焊接机器人、焊机等产品，也生产作为焊接机器人外部轴的焊接变位机。在我国，除可见到与焊接机器人配套进口的L形双回转式型变位机、倾翻-回转式型变位机和单回转式变位机外，还有卧式单座单回转WPV型变位机、立式单回转RR502型变位机以及各种与焊接机器人配套的多轴变位机，如立式多工位2×卧式单回转R-WPV 2型（三轴）、立式多工位2×C形双回转式R-WPV2-CD（五自由度）、立式多工位2×倾翻-回转GR-WPK2（五轴）、立式多工位2×倾翻-回转×单回转移动式GR-WPK2-CD（九轴）等。

（4）日本松下公司 该公司也是机器人制造公司。这个公司生产的机器人外部设备——焊接变位机有12个系列。该公司把传动装置、机座、夹具体等制成了标准模块，集合而成这些产品系列。按轴数和结构形式分类。一轴变位机三个系列，即立式单回转式、卧式单座单回转式、双座单回转式；二轴变位机有五个系列，即C形、L形、H形、准L形双回转式及2×卧式单座单回转式；三轴变位机

---

[1] 1lb=0.45359237kg。

有三个系列，即立式多工位 2×立式单回转式、卧式多工位 2×双座单回转式、2×卧式单座单回转式；五轴变位机有 1 个系列，即立式多工位 2×L 形双回转式。最大有效负荷分别为 200kgf[1]、500kgf、1000kgf。

在我国，焊接变位机是一个年轻的产品。由于制造企业之间发展水平的差异，很多企业的焊接工位，还没有装备焊接变位机；同时，相关的研究也比较薄弱。国产焊接变位机，特别是大吨位焊接变位机，能够满足一般焊件的施焊要求。但从整体看，无论是品种规格还是性能质量，与先进工业国家相比仍然存在差距，在速度平稳性、变位精度、驱动功率指标与焊接操作机的联机等方面，存在着较大的差距。

焊接变位机是一种通用、高效的以实现环缝焊接为主的焊接设备，可配用氩弧焊机（填丝或不填丝）、熔化极气体保护焊机（CO_2/MAG/MIG 焊机）、等离子焊机等焊机电源，并可与其他机械组成自动焊接系统（主要由旋转机头、变位机构以及控制器组成）。旋转机头转速可调，具有独立的调速电路，拨码开关直接预置焊缝长度。倾斜角度可根据需要调节，焊枪可气动升降。

(5) 主要技术要求

① 回转驱动

a. 应实现无级调速，并可逆转。

b. 在回转速度范围内，承受最大载荷时转速波动不超过 5%。

② 倾斜驱动

a. 应平稳，在最大负荷下不抖动，整机不得倾覆。最大负荷超过 25kgf 的，应具有动力驱动功能。

b. 应设有限位装置，控制倾斜角度，并有角度指示标志。

c. 倾斜机构要具有自锁功能，在最大负荷下不滑动，安全可靠。

③ 其他

a. 变位机控制部分应设有供自动焊用的联动接口。

b. 变位机应设有导电装置，以免焊接电流通过轴承、齿轮等传动部位。导电装置的电阻不应超过 1mΩ，其容量应满足焊接额定电流的要求。

c. 电气设备应符合 GB/T 4064 的有关规定。

d. 工作台的结构应便于装夹工件或安装夹具，也可与用户协商确定其结构形式。

e. 最大负荷与偏心距及重心距之间的关系，应在变位机使用说明书中说明。

我国已经制定了焊接变位机的行业标准（JB/T 8834—2001）。标准中规定了焊接变位机的主要技术参数（表 5-2），在设计焊接变位机时应遵照执行。

---

[1] 1kgf=9.80665N。

表 5-2 焊接变位器的技术参数

<table>
<tr><th>型 号</th><th>最大负荷
/kgf</th><th>偏心距
/mm</th><th>重心形成的力矩
/mm</th><th>台面高度
/mm</th><th>回转速度
/r·min^{-1}</th><th>焊接额定电流/A</th><th>倾斜角度
/(°)</th></tr>
<tr><td>HB25</td><td>25</td><td>≥40</td><td>≥63</td><td rowspan="3">—</td><td>0.5～16.0</td><td>325</td><td rowspan="12">≥135</td></tr>
<tr><td>HB50</td><td>50</td><td>≥50</td><td>≥80</td><td>0.25～8.0</td><td rowspan="2">500</td></tr>
<tr><td>HB100</td><td>100</td><td>≥63</td><td>≥100</td><td>0.10～3.15</td></tr>
<tr><td>HB250</td><td>250</td><td rowspan="2">≥160</td><td rowspan="9">≥400</td><td rowspan="2">≤1000</td><td rowspan="3">0.05～1.6</td><td>630</td></tr>
<tr><td>HB500</td><td>500</td><td rowspan="2">1000</td></tr>
<tr><td>HB1000</td><td>1000</td><td rowspan="5">≥250</td><td rowspan="2">≤1250</td></tr>
<tr><td>HB2000</td><td>2000</td><td rowspan="3">0.03～1.0</td><td rowspan="4">1250</td></tr>
<tr><td>HB3250</td><td>3250</td><td rowspan="4">≤1600</td></tr>
<tr><td>HB4000</td><td>4000</td></tr>
<tr><td>HB5000</td><td>5000</td><td rowspan="3">0.025～0.80</td></tr>
<tr><td>HB8000</td><td>8000</td><td rowspan="5">≥200</td><td rowspan="3">1600</td></tr>
<tr><td>HB10000</td><td>10000</td><td rowspan="2">≤2000</td></tr>
<tr><td>HB16000</td><td>16000</td><td>≥500</td><td rowspan="3">0.016～0.50</td><td rowspan="3">≥120</td></tr>
<tr><td>HB20000</td><td>20000</td><td>≥630</td><td rowspan="2">≤2500</td><td rowspan="5">2000</td></tr>
<tr><td>HB32500</td><td>32500</td><td>≥800</td></tr>
<tr><td>HB40000</td><td>40000</td><td rowspan="3">≥160</td><td>≥800</td><td rowspan="3">≤3250</td><td rowspan="3">0.010～0.325</td><td rowspan="3">≥105</td></tr>
<tr><td>HB50000</td><td>50000</td><td>≥1000</td></tr>
<tr><td>HB63000</td><td>63000</td><td>≥1000</td></tr>
</table>

注：1kgf=9.80665N。

5. 选用焊接变位机时应注意的事项

① 根据焊接结构件的结构特点选择合适的焊接变位机，如装载机后车架、压路机机架可用双立柱单回转式，装载机前车架可选 L 形双回转式，装载机铲斗焊接变位机可设计成 C 形双回转式，挖掘机车架、大臂等可用双座头尾双回转式，对于一些小总成焊接件可选取目前市场上已系列化生产的座式通用变位机。

② 根据手工焊接作业的情况，所选的焊接变位机能把被焊工件的任意一条焊缝转到平焊或船形焊位置，避免立焊和仰焊，保证焊接质量。

③ 选择开敞性好、容易操作、结构紧凑、占地面积小的焊接变位机，工人操作高度应尽量低，安全可靠。工装设计要考虑工件装夹简单方便。

④ 工程机械大型的焊接结构件变位机的焊接操作高度很高，工人可通过垫高的方式进行焊接。焊接登高梯的选取直接影响焊接变位机的使用，视高度情况可用小型固定式登高梯、三维或二维机械电控自动移动式焊接升降台。

⑤ 应根据工件的重量、重心距和偏心距来选择适当吨位的变位机。

⑥ 要在变位机上焊接圆环形焊缝时，应根据工件直径与焊接速度计算出工作台的回转速度，该速度应在变位机的调节范围内。另外，还要注意工作台的运转平稳性是否满足施焊的工艺要求。变位机仅用于工件的变位时，工作台的回转速度及倾斜速度应根据工件的几何尺寸及重量选择，对大型、重型工件速度应慢些。

⑦ 若焊件外形尺寸很大，则要考虑工作台倾斜时，其倾斜角度是否满足焊件在最佳施焊位置的要求，是否会发生焊件触及地面的情况，如有可能发生，除改选工作台离地面的间距更大的变位机外，也可用增加基础高度或设置低坑的方式来解决。工作台的倾斜速度一般是不能调节的，如在倾斜时要进行焊接操作，应对变位机提出特殊要求。

⑧ 批量生产定型产品时，可选用具有程序控制功能的变位机。变位机只能使工件回转、倾斜，要使焊接过程自动化，还应考虑配用相应的焊接操作机。

⑨ 变位机上若需要安装气动、电磁夹具以及水冷设施时，应向相应的厂家提出接气、接电、接水装置的要求。

⑩ 变位机的许用焊接电流，应大于焊接施焊工艺所要求的最大焊接电流。

二、焊接滚轮架

焊接滚轮架是借助焊件与主动滚轮间的摩擦力来带动圆筒形（或圆锥形）焊件旋转的装置。焊接滚轮架是一种焊接辅助设备，常用于圆筒类工件内、外环缝和内、外纵缝的焊接，包括底座、主动滚轮、从动滚轮、支架、传动装置，驱动装置等。与自动焊接设备配套可实现自动焊接，能大大提高焊缝质量，减轻劳动强度，提高工作效率。焊接滚轮架还可以配合手工焊或作为检测、装配圆筒体工件的设备。

1. 分类及特点

焊接滚轮架按结构形式分为两类。第一类是长轴式滚轮架，滚轮沿两平行轴排列，与驱动装置相连的一排为主动滚轮，另一排为从动滚轮（图 5-20），也有两排均为主动滚轮的，主要用于细长薄形焊件的组对与焊接。有的长轴式滚轮架其滚轮为一长形滚柱，直径为 0.3～0.4m、长度为 1～5m。筒体置于其上不易变形，适用于薄壁、小直径、多筒节焊件的组对和环缝的焊接（图 5-21）。这类滚轮架多是用户根据焊件特点自行设计制造的，市场可供选用的定型产品很少。

第二类是组合式滚轮架，按传动方式不同可分为双主动滚轮架、从动滚轮架、单主动滚轮架（图 5-22）。它的主动滚轮架［图 5-22(a)］、从动滚轮架［图 5-22(b)］、混合式滚轮架［即在一个支架上有一个主动滚轮座和一个从动滚轮座，图 5-22(c)］都是独立的，使用时可根据焊件的重量和长度进行任意组合，其组合的比例也不仅是 1∶1 的组合，因此使用方便灵活，对焊件的适应性很强，是目前应用最广泛的结构形式，国内外有关生产厂家均有各自的系列产品供应市场，

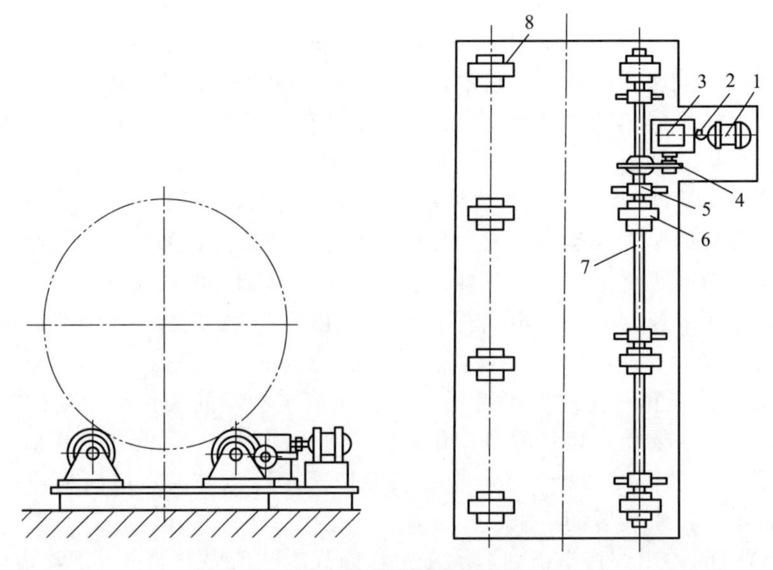

图 5-20 长轴式焊接滚轮架

1—电动机；2—联轴器；3—减速器；4—齿轮对；5—轴承；6—主动滚轮；7—公共轴；8—从动滚轮

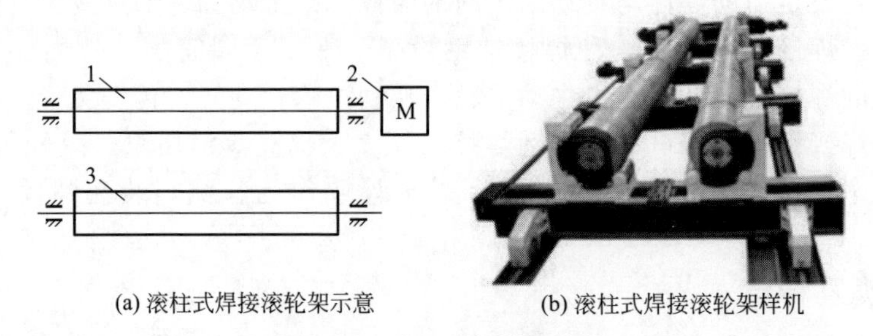

(a) 滚柱式焊接滚轮架示意 (b) 滚柱式焊接滚轮架样机

图 5-21 滚柱式焊接滚轮架

1—主动滚柱；2—驱动装置；3—从动滚柱

图 5-22(d) 为 JY-GT 型滚轮架典型样机，此类滚轮架技术参数见表 5-3。

若装焊壁厚较小、长度很长的筒形焊件，宜用几台混合式滚轮架的组合，这样，沿筒体长度方向均有主动滚轮的驱动，使焊件不致打滑和扭曲。若装焊壁厚较大、刚性较好的筒形焊件，则常采用主动滚轮架和从动滚轮架的组合，这样即使是主动滚轮架在筒体一端驱动焊件旋转，但因焊件刚性较好，仍能保持转速均匀，不致发生扭曲变形。

为了焊接不同直径的焊件，焊接滚轮架的滚轮间距应能调节。调节方式有两种：一种是自调式；一种是非自调式。自调式的可根据焊件的直径自动调节滚轮架的间距（图 5-23）。自调式滚轮架是由差动滚轮组成的滚轮架。当工件直径变化时，

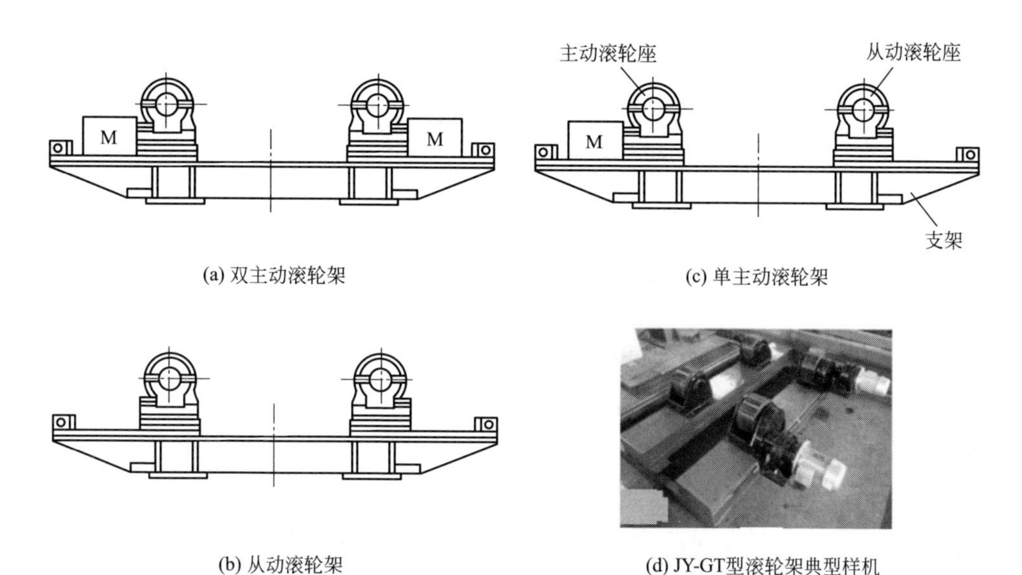

(a) 双主动滚轮架　(c) 单主动滚轮架

(b) 从动滚轮架　(d) JY-GT型滚轮架典型样机

图 5-22　组合式滚轮架

表 5-3　JY-GT 型滚轮架技术参数

项　　目	JY-GT3T	JY-GT5T
承载能力/t	3	5
滚轮线速度/(mm/min)	550～5500	550～5500
调速方式	变频无级调速	变频无级调速
电动机功率/kW	1×0.75	2×0.75
工件尺寸范围/mm	ϕ150～2500	ϕ300～3500
橡胶轮直径/mm	ϕ250	ϕ250
橡胶轮宽度/mm	150	150
滚轮中心高/mm	160	160

在工件重力作用下，滚轮随摆架自动调节滚轮中心距，使工件获得平衡支承。自调式滚轮架适用于不同直径的工件焊接。当直径为最小值时，每侧只有一个滚轮接触工件。当工件直径大到一定值时，所有滚轮才接触工件。表 5-4 为 ZT 型焊接滚轮架技术参数。

非自调式的依靠移动支架上的滚轮座来调节滚轮的间距（图 5-24）。主动滚轮由两台电动机分别驱动，利用调速电动机、调速控制器通过变频调速或电磁调速实现无级变速，可以满足手工焊、自动堆焊、自动埋弧焊等各种不同焊接的需要，以及实现工件的各种铆装。可以通过丝杠或螺钉分挡调节滚轮间距，以满足不同规格工件的焊接要求。表 5-5 为 KT 型焊接滚轮架技术参数。

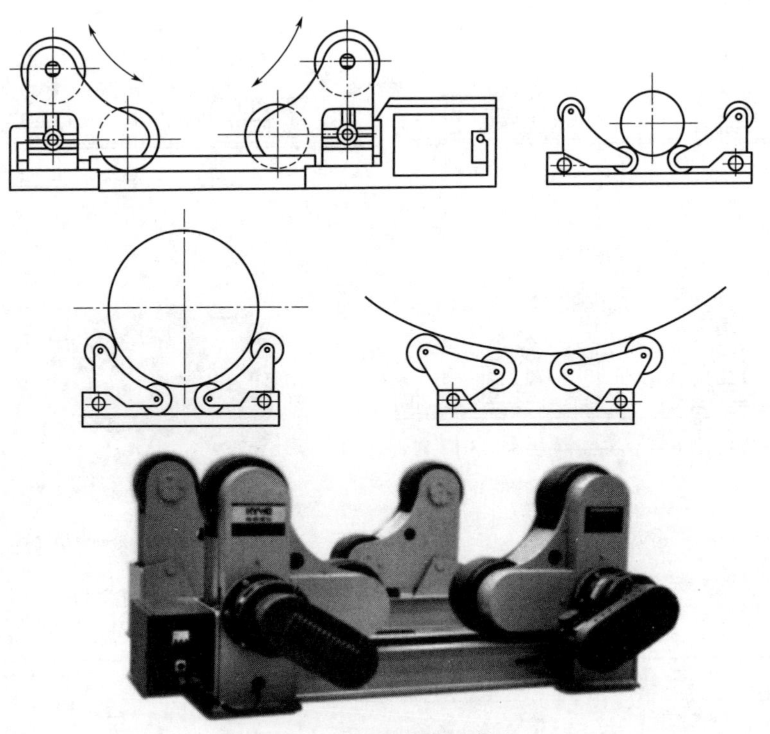

图 5-23 自调式焊接滚轮架

表 5-4 ZT 型焊接滚轮架技术参数

型　号	承重/t	滚轮线速度/mm·min^{-1}	功率/kW	工作直径/mm	滚轮(直径×宽度×胶宽)/mm	电压/V
ZT-5	5	100～1000	2×0.18	500～4500	φ350×118(全胶轮)	380
ZT-10	10		2×0.25		φ350×170×120(钢胶轮)	380
ZT-20	20		2×0.37		φ350×180×120(钢胶轮)	380
ZT-30	30		2×0.55			380
ZT-40	40		2×0.55	900～5200	φ425×198×120(钢胶轮)	380
ZT-50	50		2×0.75			380
ZT-60	60		2×0.75			380
ZT-80	80		2×1.1	1000～7800	φ500×240×120(钢胶轮)	380
ZT-100	100		2×1.1			380

也可将从动轮座设计成图 5-25 所示的结构形式，以达到调节便捷的目的，但调节范围有限。

对重型滚轮架，多采用车间起重设备挪动滚轮座进行分段调节，对轻型滚轮架，多采用手动或电动丝杠-螺母机构来移动滚轮座进行连续调节。为了便于调节滚轮架之间的距离，以适应不同长度焊件的装焊需要，有的滚轮架还装有机动或非机动的行走机构，可沿轨道移动，以调节相互之间的距离。

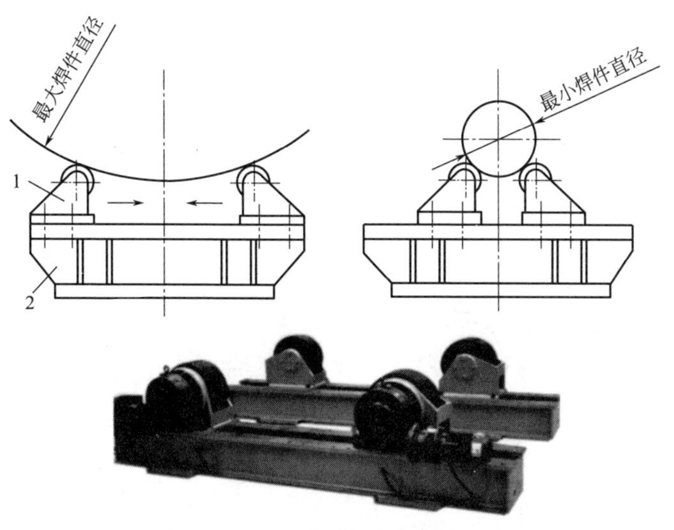

图 5-24　KT 型非自调式焊接滚轮架
1—滚轮架；2—支座

表 5-5　KT 型焊接滚轮架技术参数

<table>
<tr><th>型　号</th><th>承重/t</th><th>滚轮线速度/mm·min^{-1}</th><th>功率/kW</th><th>工作直径/mm</th><th>滚轮(直径×宽度×胶宽)/mm</th><th>电压/V</th></tr>
<tr><td>KT-3</td><td>3</td><td rowspan="13">100～1000</td><td>2×0.18</td><td>200～2200</td><td rowspan="2">ϕ250×110(全胶轮)</td><td>380</td></tr>
<tr><td>KT-5</td><td>5</td><td>2×0.25</td><td>200～3000</td><td>380</td></tr>
<tr><td>KT-10</td><td>10</td><td>2×0.37</td><td>300～3400</td><td rowspan="2">ϕ300×170×120(钢胶轮)</td><td>380</td></tr>
<tr><td>KT-20</td><td>20</td><td>2×0.37</td><td>400～4600</td><td>380</td></tr>
<tr><td>KT-30</td><td>30</td><td>2×0.55</td><td>400～5200</td><td rowspan="2">ϕ400×200×120(钢胶轮)</td><td>380</td></tr>
<tr><td>KT-40</td><td>40</td><td>2×0.75</td><td>400～5200</td><td>380</td></tr>
<tr><td>KT-50</td><td>50</td><td>2×1.1</td><td>500～5200</td><td>ϕ425×198×120(钢胶轮)</td><td>380</td></tr>
<tr><td>KT-60</td><td>60</td><td rowspan="2">2×1.5</td><td>400～5500</td><td>ϕ500×240×120(钢胶轮)</td><td>380</td></tr>
<tr><td>KT-80</td><td>80</td><td rowspan="3">600～6200</td><td rowspan="2">ϕ580×280×120(钢胶轮)</td><td>380</td></tr>
<tr><td>KT-100</td><td>100</td><td rowspan="3">2×2.2</td><td>380</td></tr>
<tr><td>KT-150</td><td>150</td><td>ϕ580×200(全钢轮)</td><td>380</td></tr>
<tr><td>KT-200</td><td>200</td><td>800～6000</td><td>ϕ600×200(全钢轮)</td><td>380</td></tr>
<tr><td>KT-300</td><td>300</td><td>2×3</td><td>1000～6500</td><td>ϕ600×250(全钢轮)</td><td>380</td></tr>
<tr><td>KT-500</td><td>500</td><td></td><td>2×5.5</td><td>1000～8000</td><td>ϕ700×300(全钢轮)</td><td>380</td></tr>
</table>

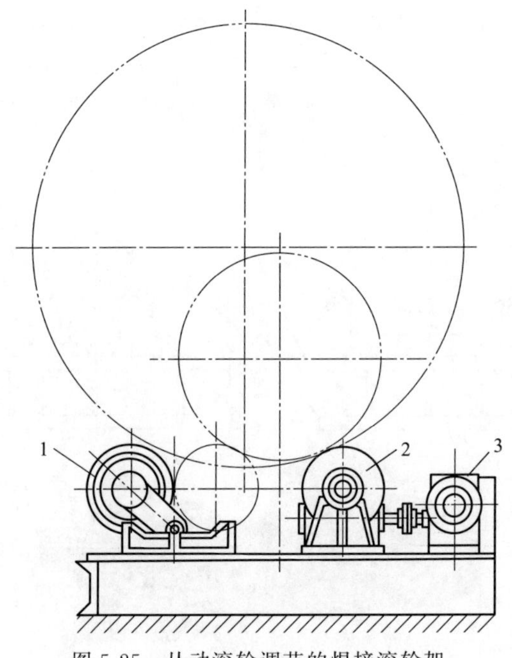

图 5-25 从动滚轮调节的焊接滚轮架

1—从动轮；2—主动轮；3—驱动装置

焊接滚轮架多采用直流电动机驱动，降压调速。但用于装配作业的滚轮架则采用交流电动机驱动，恒速运行。近年来，随着晶闸管变频器性能的完善以及价格的下降，采用交流电动机驱动、变频调速的焊接滚轮架也日趋增多。

焊接滚轮架的滚轮主要有四种，其特点和适用范围见表 5-6。

表 5-6 不同种类滚轮的特点和适用范围

种　类	特　点	适用范围
钢轮	承载能力强，制造简单	一般用于重型焊件和需热处理的焊件以及额定载重量大于 60t 的滚轮架
橡胶轮	钢轮外包橡胶，摩擦力大，传动平稳，但橡胶易被压坏	一般多用于 10t 以下的焊件和有色金属容器
组合轮	钢轮和橡胶轮相结合，承载能力比橡胶轮高，传动平稳	一般多用于 10～60t 的焊件
履带轮	大面积焊件和履带接触，有利于防止薄壁工件的变形，传动平稳，但结构较复杂	用于轻型、薄壁、大直径的焊件及有色金属容器

金属滚轮多用铸钢和合金球墨铸铁制作，其表面热处理硬度约为 50HRC，滚轮直径多在 200～800mm 之间。橡胶轮与同尺寸的钢轮相比，承载能力要小许多。为了提高滚轮的承载能力，常将 2 个或 4 个橡胶轮构成一组滚轮，或是钢轮与橡胶轮联合使用。焊接滚轮架行业标准（JB/T 9187—1999）建议滚轮工作面的材料按

额定载重量选取。

① 滚轮架额定载重量 $X_1 \leqslant 10t$，采用橡胶轮。

② 滚轮架额定载重量 $10t < X_1 \leqslant 60t$，采用金属橡胶组合轮，金属轮承重，橡胶轮驱动。

③ 滚轮架额定载重量 $X_1 > 60t$，采用金属轮。

④ 长轴式滚轮架滚轮工作面的材料由供需双方商定。

国外焊接滚轮架的品种很多，系列较全，载重量为 1～1500t，适用焊件直径为 1～8m 的标准组合式滚轮架（即两个主动轮座与两个从动轮座的组合）均成系列供应，其滚轮线速度多在 6～90m/h 之间无级可调，有的还有防止焊件轴向窜动的功能。

我国已有不少厂家生产焊接滚轮架，最大载重量已达 500t，适用焊件直径可达 6m，滚轮线速度多在 6～60m/h 之间无级调速。防轴向窜动的焊接滚轮架已有生产，但性能尚待提高。

2. 主要技术要求

焊接滚轮架的行业标准（ZBJ 33003—1990）中规定了焊接滚轮架的技术要求。

① 主动滚轮应采用直流电动机或交流宽调速电动机通过变速器驱动。

② 主动滚轮圆周速度应满足焊接工艺的要求，在 6～60m/h 范围内无级调速，速度波动量按不同焊接工艺要求划分为 A 级（≤±5%）和 B 级（≤±10%），滚轮转速应平稳、均匀，不允许有爬行现象。

③ 焊接滚轮架的制造和装配精度应符合国家标准中的 8 级精度要求。滚轮架应采用优质钢制造，如用焊接结构的基座，焊后必须进行消除应力热处理。

④ 滚轮架必须配备可靠的导电装置，不允许焊接电流流经滚轮架的轴承。

⑤ 滚轮直径、滚轮架的额定载重量以及筒体类工件的最大、最小直径应符合表 5-7 的规定。如果筒体类工件在防轴向窜动滚轮架上焊接时，在整个焊接过程中工件的轴向窜动量应不超过±3mm。

表 5-7　焊接滚轮架技术数据

滚轮直径/mm	额定载重量 X_1/t									筒体类工件直径/mm	
	0.6	2	6	10	25	60	100	160	250	最小直径	最大直径
200	+									200	1000
250		+	+	+						250	1600
325			+	+	+					325	2500
400				+	+					400	3250
500				+	+	+	+			500	4000
630					+	+	+	+		630	5000
800						+	+	+	+	800	6300
1000								+	+	1000	8000
1250									+	1250	

注：“+”表示可选择的额定载重量。

⑥ 焊接滚轮架每对滚轮的中心距必须能根据筒体类工件的直径进行相应调整，保证两滚轮对筒体的包角大于45°且小于110°。

3. 选用及设计要点

选用焊接滚轮架时，除使焊接滚轮架满足焊件重量、筒径范围和焊接速度的要求外，还应使滚轮架的驱动力矩大于焊件的偏心阻力矩，但目前国内外生产厂家标示的滚轮架性能参数，均无此项数据，所以为使焊件转速稳定，避免打滑或因偏重而造成的自行下转，对大偏心矩焊件使用的滚轮架，进行驱动力矩和附着力的校验是非常必要的。另外，对薄壁大直径焊件使用的焊接滚轮架，为防止筒体轴向变形，宜选用多个混合式滚轮架的组合。

当选用不到合适的焊接滚轮架而需自行设计时，下述几点应在方案中充分考虑。

(1) 拖动与调速 焊接滚轮架的拖动与调速主要有两种方式：一种是直流电动机拖动，降压调速；另一种是交流异步电动机拖动，变频调速，前者沿用已久，技术很成熟，电动机的机械特性较硬，启动力矩较大，是目前滚轮架使用最广的拖动、调速方式。直流电动机的缺点是电动机结构复杂，调速范围较窄，一般恒转矩的调速范围为1∶10，低速时的速度不够稳定，有爬行现象。随着电子逆变技术的发展和大电流晶闸管性能的完善，交流异步电动机在技术上日趋成熟。其优点是调速范围宽，可达1∶20，转动平滑性好，低速特性硬；缺点是低速段过载系数降低较大，变频电源的价格也较高，但随着电动机额定功率的增加，价格上升则相对平缓。

例如，一台11kV·A的变频电源和同功率的晶闸管调压直流电源相比，在价格上相差并不很大。因此，在重型焊接滚轮架上，采用交流异步电动机拖动和变频调速方式较为适宜。1994年，上海交通大学为江南造船厂设计的250t焊接滚轮架(用四台3kW的交流电动机拖动) 就采用了交流变频调速，使用至今，用户十分满意。

(2) 电动机的选配 为使焊接滚轮架的滚轮间距调节更方便，机动性更强，组合更加便利，采用单独驱动的焊接滚轮架日益增多。但是，每一主动滚轮均由一台电动机驱动时，应解决好各滚轮转速的同步问题。由于制造工艺、材料性能等因素的影响，同一型号规格的电动机，其额定转速实际上并不一致，因此要把实测数据最相近的一组电动机作为滚轮架的拖动电动机。另外，对重型焊接滚轮架，还应考虑以测速发电机为核心的速度反馈装置来保证各滚轮转速的同步。

(3) 导电装置 国外生产的焊接滚轮架，若滚轮是全钢结构的，多自带图5-17(a) 所示的电刷式导电装置。电刷与金属轮毂或轮辋接触，接通焊接电源的二次回路。若是橡胶轮缘，则常采用市售旋转式导电装置（图5-26）。国产焊接滚轮架，即使滚轮是全钢结构的，也很少自带导电装置。国内也没有专门厂家生产和销售滚轮架使用的导电装置，多数是用户自行设计制造的，结构形式较多，其过流能力多在500～1000A之间，最大可达2000A。

图5-26　旋转式导电装置

图5-27(a)、(b)所示为卡在焊件上的导电装置，前者用电刷导电，后者用铜盘导电，其导电性能可靠，不会在焊件上起弧。图5-27(c)～(e)所示为导电块与焊件接触直接导电，导电块用含铜石墨制作，许用电流密度大，但若焊件表面粗糙或氧化皮等较多时，易在接触处起弧，对焊件表面造成损伤。

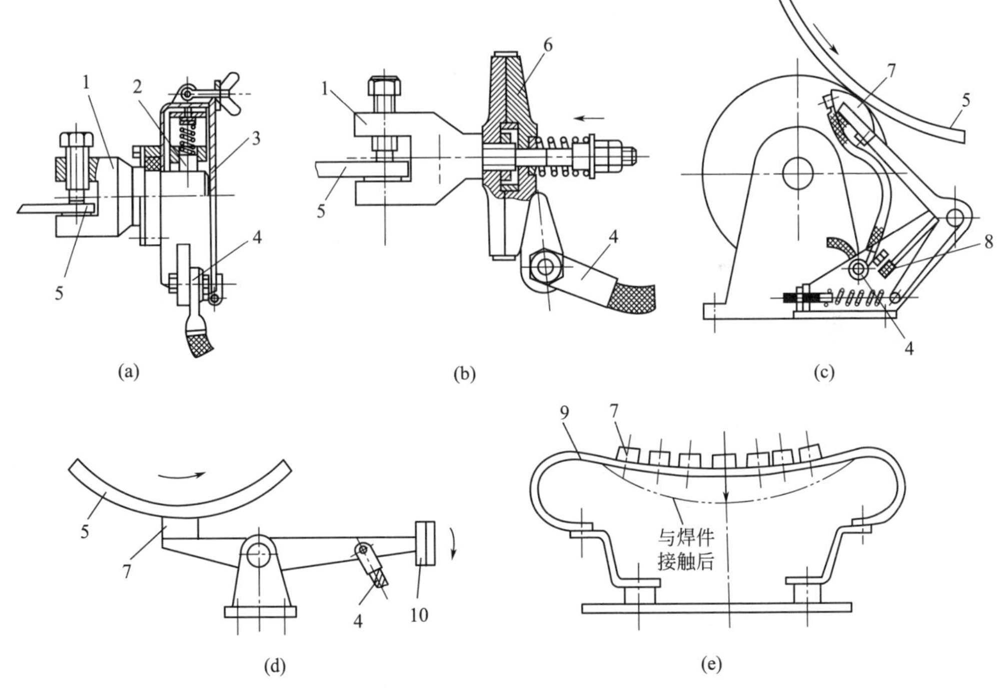

图5-27　焊接滚轮架的各种导电装置

1—夹持轴；2—电刷；3—电刷盒；4—接地电缆；5—焊件；6—铜盘；7—导电块；8—限位螺栓；9—黄铜弹簧板；10—配重

(4) 滚轮结构　前已述及，焊接滚轮架的滚轮主要有四种，适用于不同场合。其中，橡胶轮缘的滚轮常因结构不合理，或橡胶质量不佳或挂胶工艺不完善，使用不久就会发生挤裂、脱胶而损坏。为此，设计滚轮时常将橡胶轮缘两侧开出15°的倒角（图5-28），以留出承压后橡胶变形的空间，避免挤裂。另外，常在橡胶轮辋与金属的结合部，将金属轮面开出多道沟槽，以增加橡胶与金属的接触面积，强化

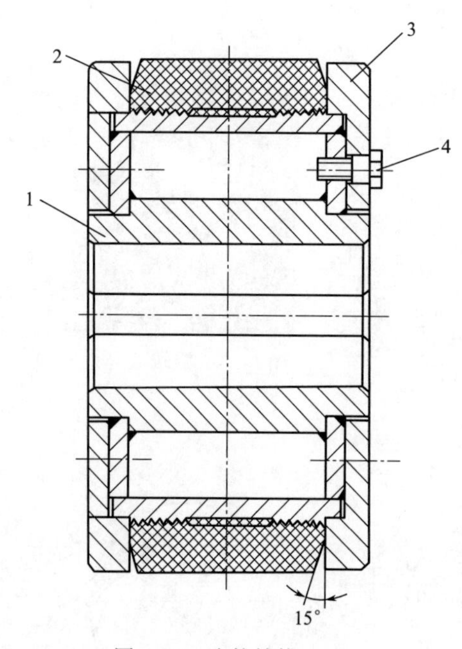

图 5-28 滚轮结构（一）
1—轮毂；2—橡胶轮辋；3—压板；4—螺栓

结合牢度，避免脱胶（图 5-28）。其他滚轮结构如图 5-29 所示。至于橡胶成分和挂胶工艺，在美国是一项专利，国内兰州石油化工机器厂，将国产橡胶轮缘的坦克支重轮用在焊接滚轮架上取得了很好的效果，使滚轮寿命延长了许多。

(5) 联机接口 焊接滚轮架往往与焊接操作机配合，进行焊接作业，因此在其控制回路中要留有联机作业的接口以保证两者的运动联锁与协调。

(6) 标准化要求 我国在 1990 年颁布了焊接滚轮架的行业标准（ZBJ 33003）。该标准对滚轮架和滚轮形式进行了分类，并规定主动滚轮的圆周速度应在 6～60m/h 范围内无级可调，速度波动量按不同的焊接工艺要求，要低于±5%和±10%，滚轮速度稳定、均匀，不允许有爬行现象。传动机构中的蜗轮副、齿轮副

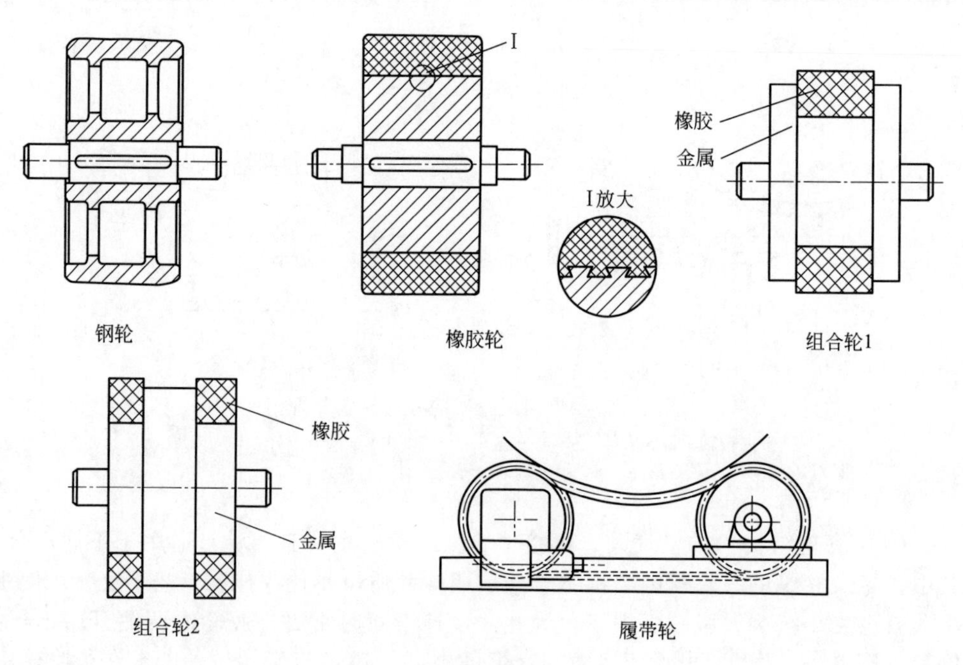

图 5-29 滚轮结构（二）

等传动零件，应符合国家标准中的 8 级精度要求。滚轮架的位置精度，标准中也有明确的规定，同时要求焊接滚轮架必须配备可靠的“焊接电缆旋转接地器”（即导电装置）。标准中还规定“按 GB 150 规定制造的筒体类工件在防轴向窜动滚轮架上进行焊接时，在整个焊接过程中允许工件中的轴向窜动量为±3mm”。标准中规定了滚轮架额定载重量的数值序列、滚轮直径及许用焊件的最小、最大直径（表 5-7）；同时推荐了不同额定载重量时的驱动功率（表 5-8）。

表 5-8 焊接滚轮架驱动功率推荐值

额定载重量 X_1/t	0.6	2	6	10	25	60	100	160	250
电动机最小功率/kW	0.4	0.75	1	1.4	1.4	2.2	2.8	2.8	5.6

注：所列功率值为一台电动机驱动一对主动滚轮时的功率，如果用两台电动机分别驱动两个主动滚轮时，电动机功率值应为表中所列数值的一半。

在设计焊接滚轮架时，应该严格遵守以上规定。

4. 焊件轴向窜动的分析

(1) 问题的提出 焊接滚轮架驱动焊件绕其自身轴线旋转时，往往伴有轴向窜动，从而影响焊接质量和焊接过程的正常进行，严重时会导致焊接过程的中断，甚至造成焊件倾覆等设备及人身事故。因此，国内一些工厂常采用在焊件端头硬顶的方法，强行制止焊件的窜动。这种方法，对小吨位焊件还较有效，但对大吨位焊件或对焊缝位置精度和焊速稳定性要求很高的带极堆焊和窄间隙焊等作业，往往效果不佳。因为焊件重量大，旋转时轴向窜动力也大，强行阻挡，则势必使焊件旋转阻力增大，引起转速不稳定，产生焊接缺陷，并可能使焊件端部已加工好的坡口因挤压而破坏，有时甚至还会发生电动机过载烧坏的事故。在此背景下，国外开发了防轴向窜动技术，并于 20 世纪 80 年代中期推出了防止焊件轴向窜动的焊接滚轮架，将焊件的轴向窜动量控制在±2mm 以内，满足了各种焊接方法对施焊位置精度的要求。我国自 20 世纪 80 年代末期开始也开展了此项技术的研究，并研制出了样机。20 世纪 90 年代初期，国内个别焊接辅机制造厂已有产品上市，但未形成生产规模。在防窜动精度（行业标准规定小于或等于±3mm）和使用可靠性方面，与瑞典和意大利等国家的产品相比尚存在差距。

(2) 焊件发生轴向窜动的原因及其影响因素 对焊接滚轮架而言，当滚轮和焊件都是理想的圆柱体，且各滚轮尺寸一致，转动轴线都在同一水平面内并平行于焊件轴线时，则主动滚轮驱动焊件作用在焊件上的力，和从动滚轮作用在焊件上的反力，均为圆周力。此时，焊件绕自身轴线旋转，不会产生轴向窜动，但是，当这一条件受到破坏，例如滚轮架制造安装存在误差、焊件几何形状不规则等，使前、后排滚轮存在高差和滚轮轴线与焊件轴线不平行，从而导致焊件自重以及主动滚轮、从动滚轮与焊件接触存在轴向分力时，便形成了焊件轴向窜动的条件。但是各轴向力的方向并不完全一致，只有满足下式时，才具备了发生轴向窜动的必要条件：

$$F_{zz}+\sum_{i=1}^{n}F_{zi}\neq 0$$

式中　F_{zz}——焊件重力的轴向分量；

F_{zi}——各滚轮作用到焊件上的轴向力；

n——焊接滚轮架的滚轮数量。

在生产实践中，由于前、后排滚轮的高程精度很容易控制，且前、后排滚轮间距较大，因此，焊件自重产生的轴向分力很小，不是产生轴向窜动的主要因素，而滚轮架的安装制造误差、焊件几何形状偏离理想圆柱体等综合因素的作用，使滚轮轴线与焊件轴线不平行而形成空间交角，导致各滚轮都有轴向力作用于焊件（图5-30），才是发生轴向窜动的主要原因。

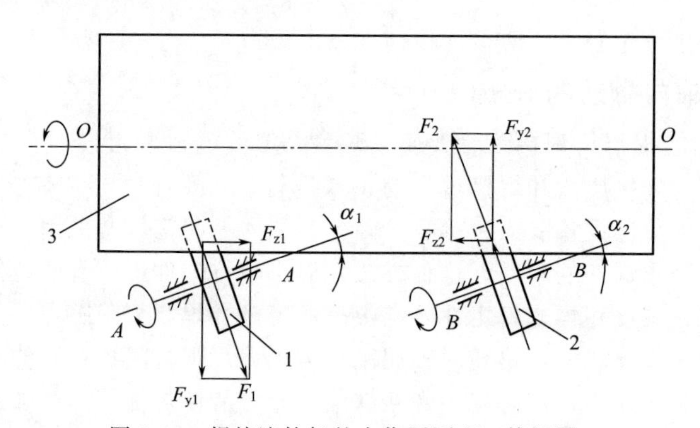

图5-30　焊接滚轮架的力作用原理（俯视图）

1—主动滚轮；2—从动滚轮；3—筒形焊件；F_1—主动滚轮作用到焊件上的驱动力；F_{z1}—F_1沿轴向的分力；F_{y1}—F_1沿焊件周向的分力；F_2—从动滚轮作用到焊件上的反力；F_{z2}—F_2沿轴向的分力；F_{y2}—F_2沿焊件周向的分力；α_1,α_2—主动滚轮轴、从动滚轮轴与焊件轴线的俯视投影角

从试验结果和分析可以得到如下结论。

① 滚轮轴线与焊件轴线越不平行，所形成的螺旋角β（图5-31）就越大，则焊件的轴向窜动速度v_a越大，当$\beta=1°\sim6°$时，$\tan\beta$与v_a成线性关系；当$\beta>6°$时，随$\tan\beta$的增加，v_a成非线性增加，但增量递减（图5-32）。

② 焊件轴向窜动速度与其转速成正比。

③ 同向偏转同一角度的滚轮数越多，焊件轴向窜动速度越快，成非线性增长关系。

④ 焊件的椭圆度和焊件的偏重都使轴向窜动速度成周期性变化。

⑤ 各滚轮轴线在同一水平面的情况下，滚轮间距和滚轮架之间的相互距离，对轴向窜动没有影响。

⑥ 焊件重量的增加，对轴向窜动速度几乎没有影响。

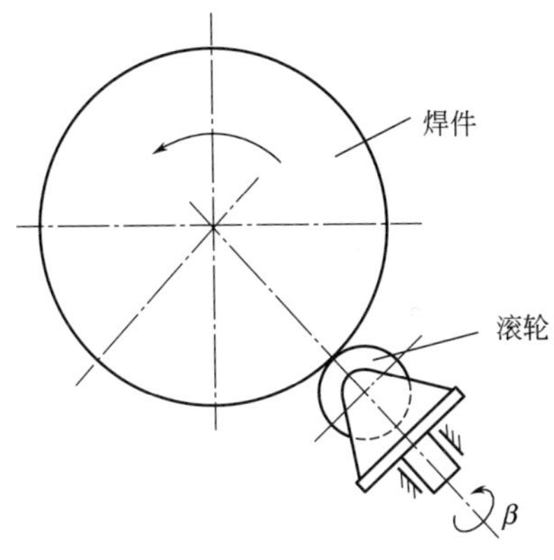

图 5-31 滚轮座旋位调节机构

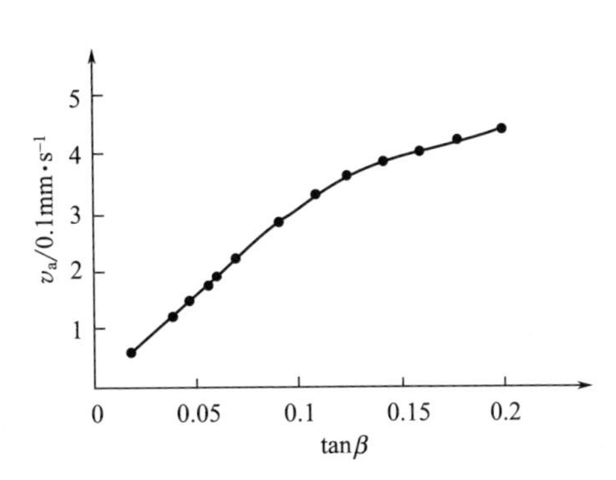

图 5-32 从动滚轮螺旋角的正切与焊件轴向窜动速度的关系曲线

由此可知，滚轮各轴线与焊件轴线的平行度应是焊件轴向窜动的主要控制因素。因此，在制造和使用焊接滚轮架时，应注意使滚轮轴线都在同一水平面内，并相互平行，滚轮间距应相等，滚轮架都位于同一中心线上。

5. 防轴向窜动的执行机构

放在焊接滚轮架上的焊件，若在旋转过程中伴有轴向窜动（向前或向后），则实际上焊件是在做螺旋运动（左旋或右旋）。若能采取某种措施，使焊件的左旋运动及时地改为右旋运动，或将右旋运动及时地改为左旋运动，则焊件可返回初始位置。要达到这一目的，从原理上讲，凡能改变滚轮轴线与焊件轴线螺旋角的执行机构，均可实现这一目的，即在不改变焊件转向的前提下，设法使焊件的轴向位移方向发生改变。从此原理出发，目前已有三种结构形式的执行机构可完成此任务。

(1) 偏转式执行机构 如图 5-33(a) 所示，当焊件发生左向轴线窜动时，位移传感器便发出信号，控制机电装置动作，使从动滚轮在水平面内逆时针偏转一 α 角，焊件即在摩擦分力 F_1 的作用下开始向右移行；当越过坐标线后，位移传感器又发出信号，使从动滚轮顺时针偏转，则焊件向左移行［图 5-33(b)］，这样，焊件在动态调节过程中，被稳定在给定的位置范围内，达到防轴向窜动的目的。

偏转式执行机构如图 5-34、图 5-35 所示。前者是通过液压缸推动转动支座，使从动滚轮偏转的；后者是电动机经减速后，通过与小齿轮啮合的扇形齿轮，使从动滚轮偏转的。

图 5-36 所示为偏转式防窜滚轮架，根据工件大小自动调节滚轮的摆角，采用齿轮啮合传动，钢胶组合滚轮，承载能力大，驱动能力强，变频无级调速，精度高、力矩大、手控盒可远控操作，简单可靠，并在电气箱留有联动接口，可与焊接操作机等相关的设备控制系统相连，实现联动生产。

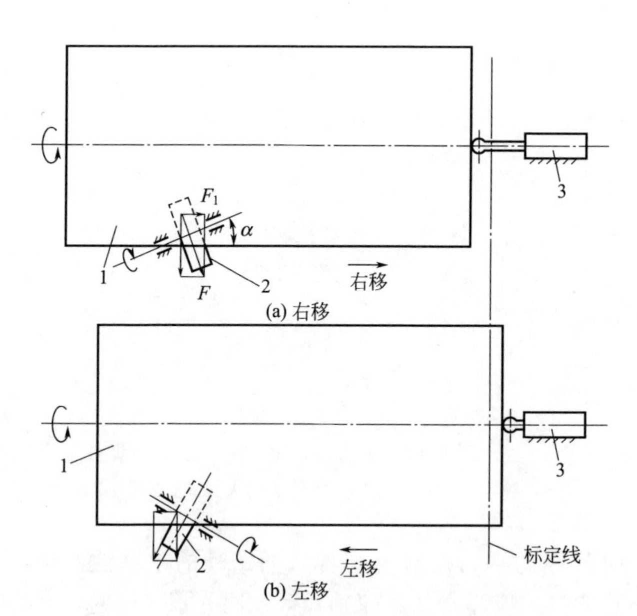

图 5-33 偏转式执行机构的调节原理（俯视图）

1—焊件；2—从动滚轮；3—位移传感器

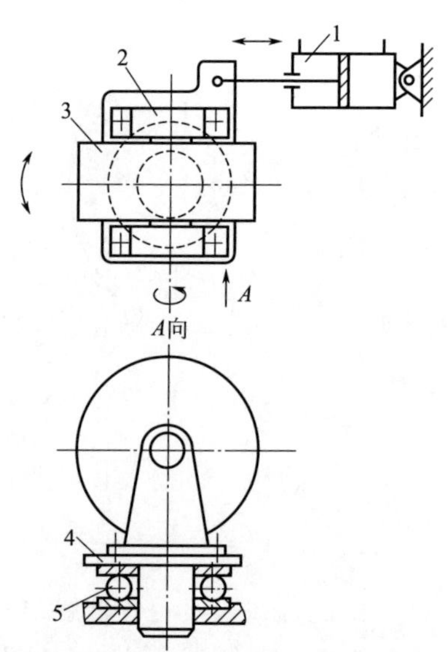

图 5-34 液压驱动的偏转式执行机构

1—液压缸；2—轴承座；3—从动滚轮；4—转动支座；5—止推轴承

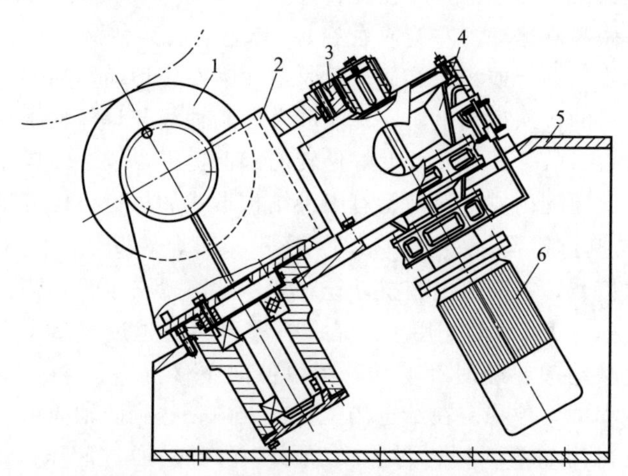

图 5-35 电动机驱动的偏转式执行机构

1—从动滚轮；2—偏转座；3—扇形齿轮；4—摆线针轮减速器；5—底座；6—电动机

(2) 升降式执行机构 如图 5-37 所示，当控制从动滚轮升降时（由 B 点到 B_1 点），焊件轴线在空间相对于从动滚轮（件 4）轴线发生偏斜，其在水平面的投影角为 α，在垂直面的投影角为 β。在水平面内，焊件相对于从动轮偏转了 α 角，其作用和在上述偏转式执行机构中从动轮相对焊件偏转 α 角是一样的。另外，在垂

图 5-36　偏转式防窜滚轮架

直面内投影角 β 的出现，也使焊件自重产生了轴向分量。这两种因素的综合作用，将使焊件轴向位移的方向发生改变。

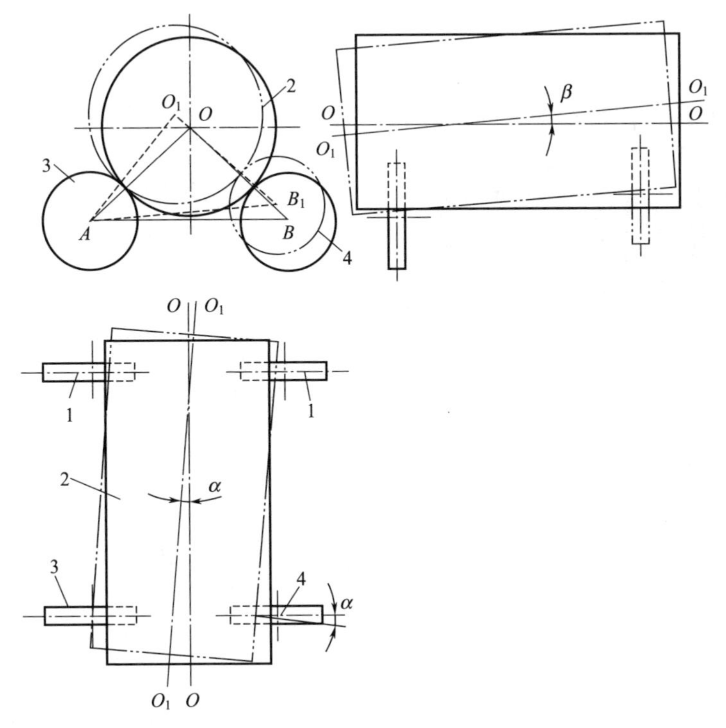

图 5-37　升降式执行机构的调节原理

1—主动滚轮；2—焊件；3—从动滚轮；4—升降式从动滚轮

升降式执行机构如图 5-38、图 5-39 所示。前者是通过机电控制使电动机正反转，带动杠杆梁绕支点变向转动，使从动滚轮升降。后者是通过电液伺服阀，控制液压缸活塞杆的伸缩，使从动滚轮升降。

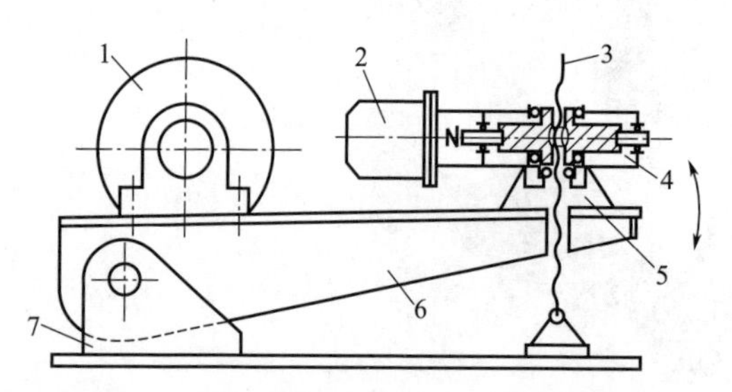

图 5-38 电动机驱动的升降式执行机构

1—从动滚轮；2—减速电动机；3—举升丝杠；4—非标蜗轮减速器；5—非标蜗轮减速器的铰接支座；6—杠杆梁；7—支座

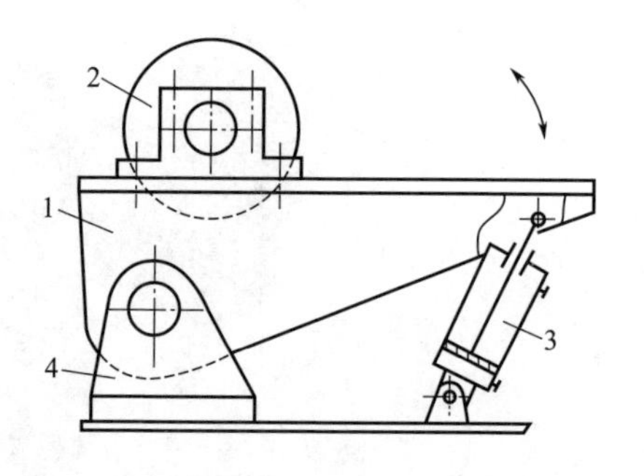

图 5-39 液压驱动的升降式执行机构

1—杠杆梁；2—从动滚轮；3—举升液压缸；4—支座

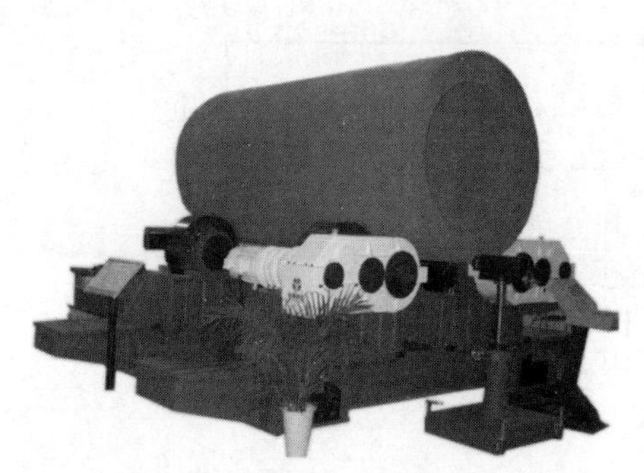

图 5-40 顶升式防窜滚轮架

图 5-40 所示为顶升式防窜滚轮架，该设备用于厚壁、窄隙筒体焊接以及需要防止工件轴向窜动的场合，采用滚轮顶升调节，具有结构紧凑、外形美观、纠偏动力小等优点，防窜精度为±2mm。

(3) 平移式执行机构 如图 5-41 所示，当控制位于同一滚轮架上的两个从动滚轮沿垂直于焊件轴线的方向同步水平移动时，例如从 A 点移到 B 点，则焊件以主动滚轮为支点发生位移。其轴线由 OO 位置偏至 O_1O_1 位置，使焊件轴线相对于滚轮轴线偏转了 α 角，从而达到了调节轴向位移的目的。

平移式执行机构如图 5-42、图 5-43 所示。前者控制电动机（图中未画出）的正反转，经针轮摆线减速器减速后驱动曲柄在 $\pm\alpha$ 的范围内转动，从而带动连杆使滑块座平移，而滑块座是通过直线轴承与从动滚轮座固结在一起的，直线轴承套装在光杠上。这样从动滚轮座根据位移传感器发出的信号，沿光杠向左或向右移动以调节焊件的窜动方向。后者是液压驱动的平移式执行机构。从动滚轮座沿光杠的移行，是根据位移传感器的信号，由电磁换向阀控制液压缸活塞杆的伸缩来实现的。

图 5-44 所示为平移式防窜滚轮架，该设备用于厚壁、窄隙筒体焊接以及需要防止工件轴向窜动的场合，采用滚轮径向平移式调节，具有结构紧凑、外形美观、纠偏动力小等优点，防窜精度为±1.5mm。一些主要参数同顶升式防窜滚轮架。

上述三种执行机构的性能比较见表 5-9。

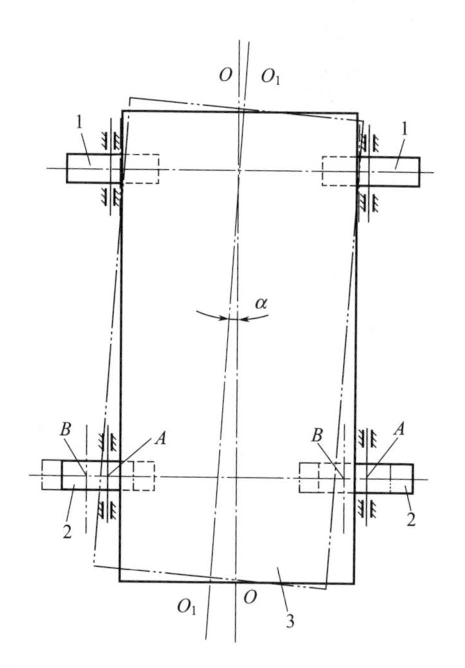

图 5-41 平移式执行机构的调节原理（俯视图）
1—主动滚轮；2—从动滚轮；3—焊件

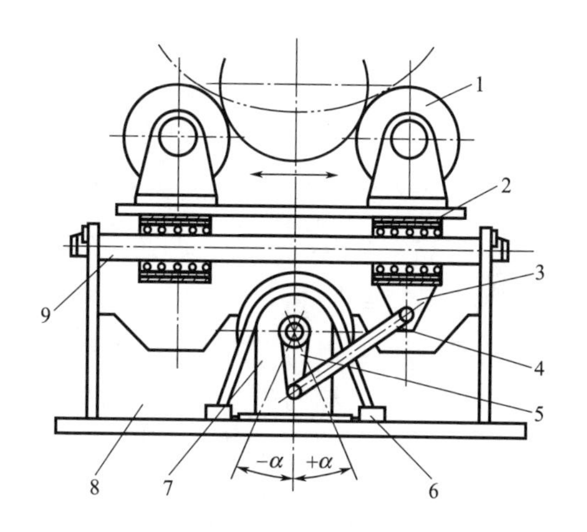

图 5-42 电动机驱动的平移式执行机构
1—从动滚轮座；2—直线轴承；3—滑块座；4—连杆；5—曲柄；6—针轮摆线减速器；7—曲柄轴承座；8—底座；9—光杠

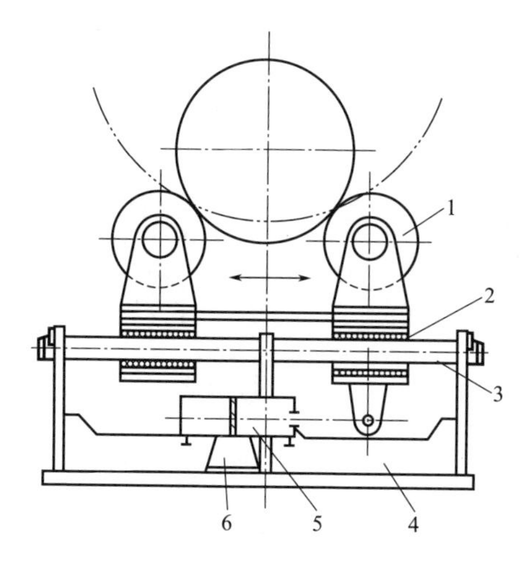

图 5-43 液压驱动的平移式执行机构
1—从动滚轮座；2—直线轴承；3—光杠；4—底座；5—液压缸；6—液压缸铰接支座

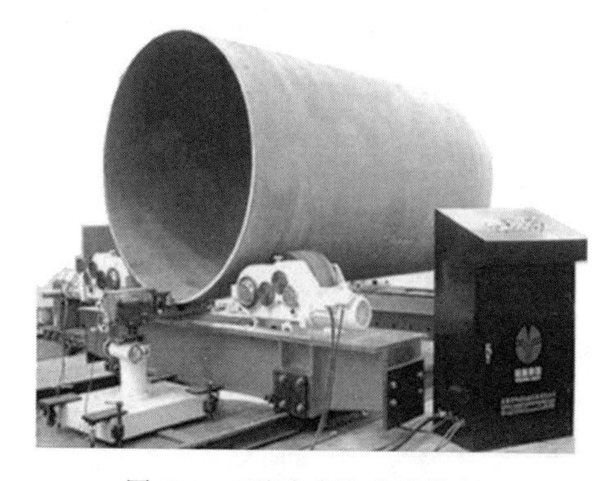

图 5-44 平移式防窜滚轮架

表 5-9 三种防窜执行机构的性能比较

比较内容	偏转式	升降式	平移式
调节灵敏度	高	较高	较高
调节精度	较高	高	较高
滚轮与焊件的磨损	大	较大	较小
机构横向尺寸	小	较大	较小
滚轮间距的调节	可以	可以	一般不能
对焊接位置精度的影响	无	在从动滚轮一侧稍有影响	在从动滚轮一侧稍有影响
对焊件直径的适用范围	宽	宽	较窄
从动滚轮的结构	钢轮	钢轮或组合轮	钢轮或组合轮
使用场合	多用于 5～100t 的焊件	多用于 100t 以上的焊件	多用于 5～50t 的小径厚壁焊件

6. 焊剂垫装置

进行埋弧焊时为了防止将焊件烧穿或使背面变形，常在焊缝背面敷以衬垫。衬垫有紫铜的、石棉的或焊剂的。滚轮架上用的焊剂垫，有纵缝用的和环缝用的两种。图 5-45 所示为焊接内纵缝用的软管式焊剂垫。气缸动作将焊剂槽举升接近焊件表面，然后，夹布胶管充气鼓胀，将帆布衬槽托起，使焊剂与焊缝背面贴紧。这种装置结构简单，压力均匀，也可用于焊缝背面的成形。图 5-46 所示为用于内环缝的圆盘式焊剂垫。转盘在摩擦力的作用下随焊件的转动而绕自身主轴转动，使焊剂连续不断地送到施焊处，其结构简单，使用方便，国内已有定型产品。图 5-47 所示为螺旋推进式的焊剂垫，也用于内环缝的焊接。该装置移行方便，可达性好，装置上的成对螺旋推进器可使焊剂自动循环。缺点是焊剂易被搅碎，焊剂垫透气性差。这种装置国内也有定型产品。

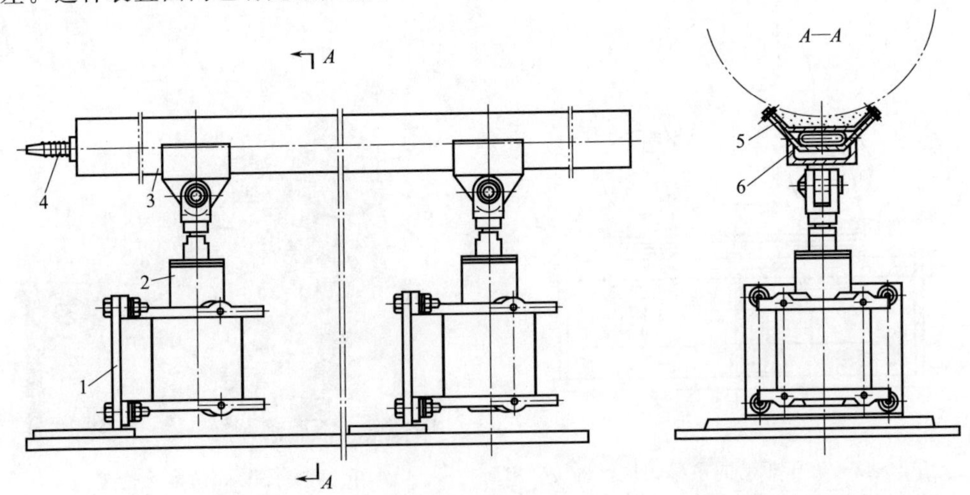

图 5-45 软管式纵缝焊剂垫

1—气缸支座；2—举升气缸；3—焊剂槽；4—气嘴；5—帆布衬槽；6—夹布胶管

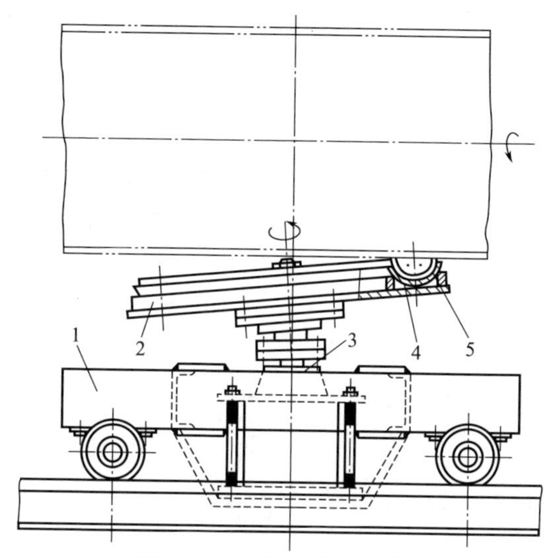

图 5-46　圆盘式环缝焊剂垫

1—行走台车；2—转盘；3—举升气缸；4—环形焊剂槽；5—夹布橡胶衬槽

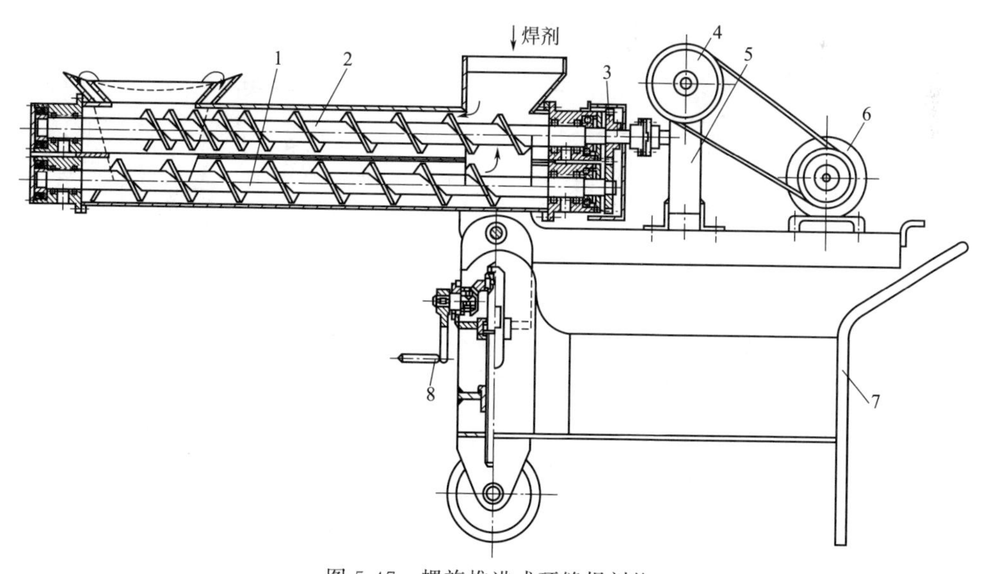

图 5-47　螺旋推进式环缝焊剂垫

1—焊剂回收推进器；2—焊剂输送推进器；3—齿轮副；4—带传动；5—减速器；6—电动机；7—小车；8—手摇升降机构

三、焊接翻转机

焊接翻转机是将焊件绕水平轴转动或倾斜，使之处于有利装焊位置的焊件变位机械。焊接翻转机的种类较多，常见的有框架式、头尾架式、链式、环式和推举式等（图 5-48），其基本特征及使用场合见表 5-10。

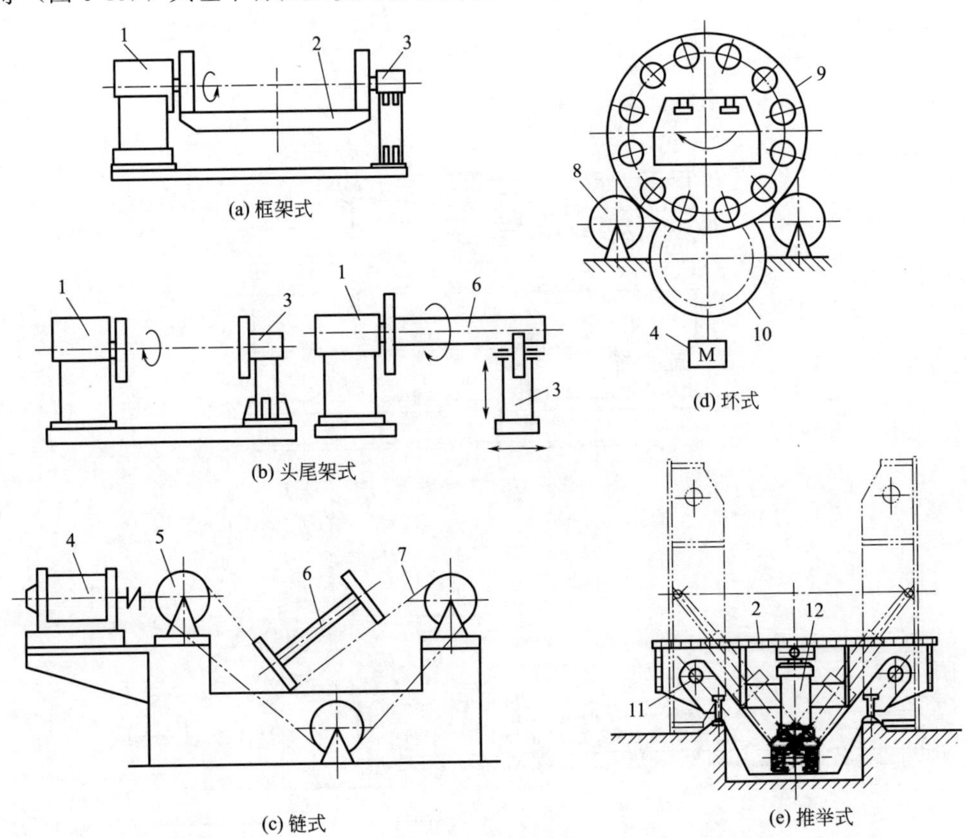

图 5-48 焊接翻转机

1—头架；2—翻转工作台；3—尾架；4—驱动装置；5—主动链轮；6—焊件；7—链条；8—托轮；9—支承环；10—钝齿轮；11—推拉式轴销；12—举升液压缸

表 5-10 常用焊接翻转机的基本特征及使用场合

形　　式	变位速度	驱动方式	使用场合
框架式	恒定	机电或液压（旋转液压缸）	板结构、桁架结构等较长焊件的倾斜变位，也可进行装配作业
头尾架式	可调	机电	轴类及筒形、椭圆形焊件的环焊缝以及表面堆焊时的旋转变位
链式	恒定	机电	已装配点定，且自身刚度很强的梁柱构件的翻转变位
环式	恒定	机电	已装配点定，且自身刚度很强的梁柱构件的转动变位，多用于大型构件的组对与焊接
推举式	恒定	机电	小车架、机座等非长形板结构、桁架结构焊件的倾斜变位。装配和焊接作业可在同一工作台上进行

头尾架式翻转机，在头部装上工作台及相应夹具后，可用于短小焊件翻转变位（图 5-49）。有的翻转机尾架制成移动式的（图 5-50、图 5-51），以适应不同长度焊件的翻转变位，应用于大型构件的翻转机工作台制成升降式的，如图 5-50(b) 所示。

生产中，使用环式翻转机时应注意如下问题。

① 正确安放焊件，使其重心尽可能与转环的中心重合。

② 支承环应以不影响焊件的正常焊接工作为准。

③ 采用电磁闸瓦制动装置时，避免因支承环的偏心作用而旋转。

④ 一般采用两个支承环同时对焊件进行支承，一为主动环，一个为从动环。

链式翻转机的结构简单，工件装卸迅速，但使用时应注意因翻转速度不均而产生的冲击作用。

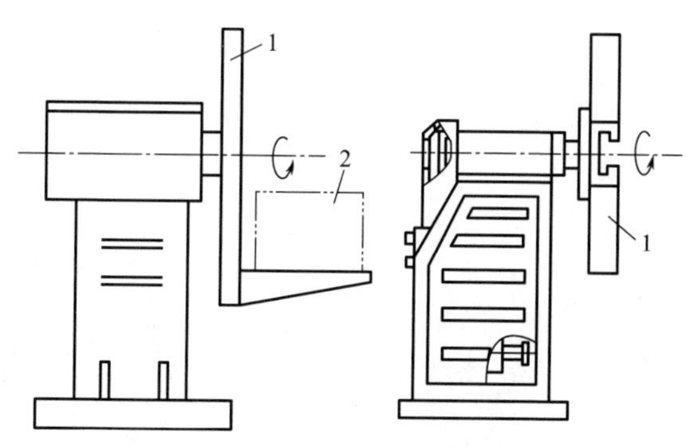

图 5-49　头架单独使用的翻转机

1—工作台；2—焊件

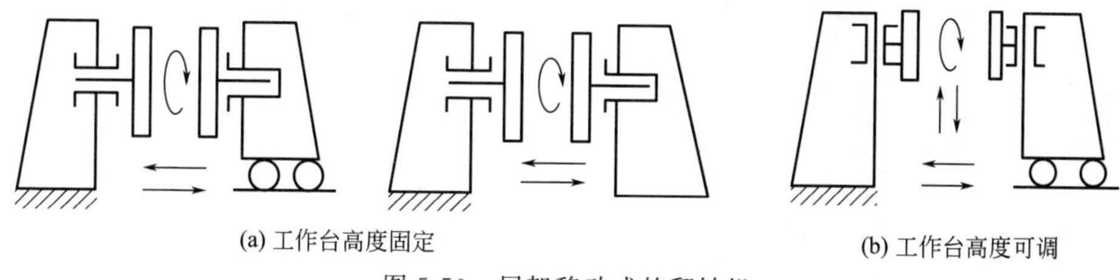

图 5-50　尾架移动式的翻转机

目前，我国还没有对各种形式的焊接翻转机制定出系列标准，但已有厂家生产头尾架式的焊接翻转机，并已成系列，其技术数据见表 5-11。

图 5-52 所示为双立柱升降式翻转机。操作方便，可在较低位置安装和操作，升到高位后翻转，使焊缝处于理想的位置；大吨位翻转机采用变频器无级调速，减缓启停冲击，运行平稳；工作台翻转采用蜗杆减速器传动，在 $n \times 360°$ 范围内翻转，翻转力矩大且具有自锁功能；升降系统安全、可靠、停位准确。该变位机比普通变位机具有结构稳定、承载吨位大、操作更方便等优点；设备需要固定在地基

上，用户需要制作地基；主控柜和手控盒控制，利用手控盒可以在设备的不同位置对设备进行操作。

表 5-11　国产头尾架式焊接翻转机技术数据

参　数	FZ-2	FZ-4	FZ-6	FZ-10	FZ-16	FZ-20	FZ-30	FZ-50	FZ-100
载重量/kg	2000	4000	6000	10000	16000	20000	30000	50000	100000
工作台转速/$r \cdot min^{-1}$	0.1～1.0		0.15～1.5	0.1～1.0	0.06～0.6	0.05～0.5			
回转力矩/N·m	3450	6210	8280	13800	22080	27600	46000		
允许电流/A	1500		2000				3000		
工作台尺寸/mm	800×800		1200×1200		1500×1500		2500×2500		
中心高度/mm	705		915		1270			1830	
电动机功率/kW	0.6	1.5	2.2	3			5.5	7.5	
自重(头架)/kg	1000	1300	3500	3800	4200	4500	6500	7500	20000
自重(尾架)/kg	900	1100	3450	3750	3950	3950	6300	6900	17000

图 5-51　头尾架式翻转机

图 5-52　双立柱升降式翻转机

图 5-53　重型容器筒体翻转机

图 5-53 所示为重型容器筒体翻转机，该机可以使容器在焊接过程中整体实现翻身，避免吊装，减小危险性。

配合机器人使用的框架式、头尾架式翻转机，国内外均有生产，它们都是点位控制的，控制点数依使用要求而定，但多为 2 点（每隔 180°）、4 点（每隔 90°）、8 点（每隔 45°）控制。翻转速度以恒速为多。翻转机与机器人联机，按程序动作，载重量多在 20～3000kg 之间。

我国汽车、摩托车制造行业使用的弧焊机器人加工中心，已成功地使用了国产头尾架式和框架式焊接翻转机。由于是恒速翻转，点位控制，并辅以电磁制动和气缸锥销强制定位，所以多采用交流电动机驱动和普通齿轮副减速，其机械传动系统的制造精度比轨迹控制的低1～2级，使产品造价大大降低。

图5-27所示的各种导电装置也应用在翻转机上，其中图5-27(a)、(b)所示的导电装置宜用在环式、链式、推举式翻转机上，若将夹持轴1改成框架式和头尾架式翻转机的轴颈，即成为这两种翻转机常用的导电装置。图5-27(c)～(e)所示的导电装置，在头尾架式的翻转机上有所应用。

焊接翻转机驱动功率的计算公式见表5-12。

表5-12　焊接翻转机驱动功率计算公式

结构形式			传动简图	计算公式
头尾架式翻转机	用摩擦力夹紧焊件	滑动轴承	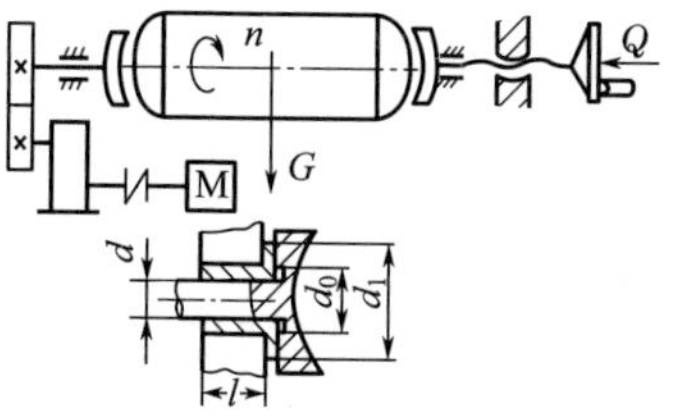	$M=Gf\dfrac{d}{2}+\dfrac{2}{3}f_1\dfrac{\left(\dfrac{d_1}{2}\right)^3-\left(\dfrac{d_0}{2}\right)^3}{\left(\dfrac{d_1}{2}\right)^2-\left(\dfrac{d_0}{2}\right)^2}Q$ $Q=\dfrac{pld}{1.27}$
		滚动轴承	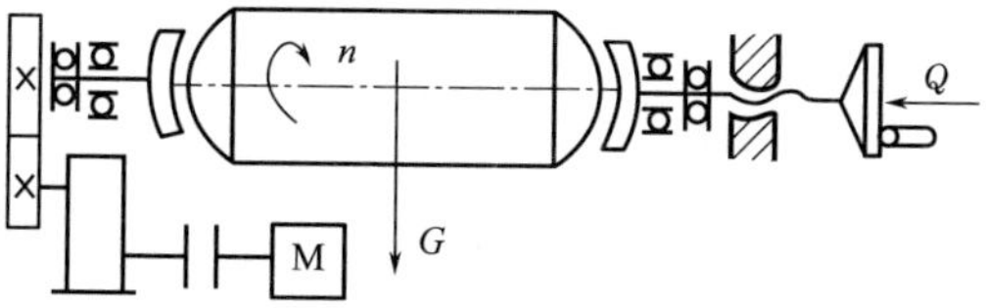	$M=1.3\mu G\left(1+\dfrac{D_0}{\delta}\right)+\dfrac{\mu DQ}{\delta}$ $Q=\dfrac{pld}{1.27}$
	用卡盘夹紧焊件	滑动轴承	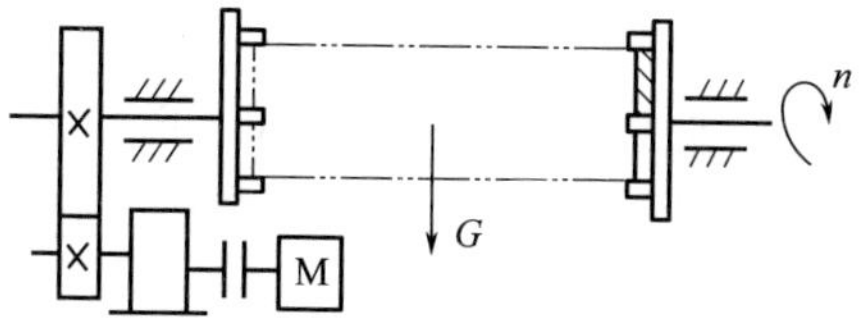	$M=Gf\dfrac{d}{2}$
		滚动轴承	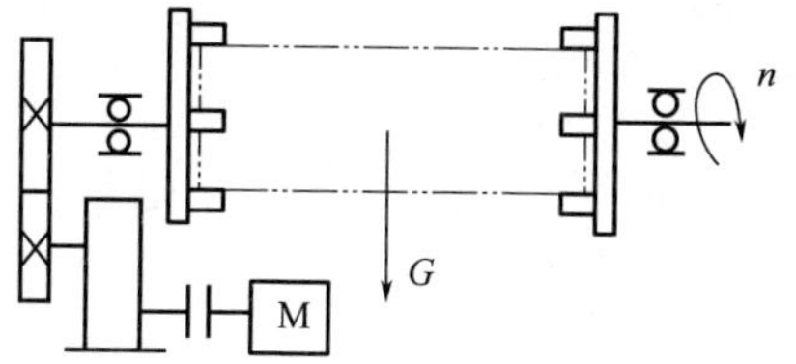	$M=1.3\mu G\left(1+\dfrac{D_0}{\delta}\right)$
框架式翻转机		滑动轴承	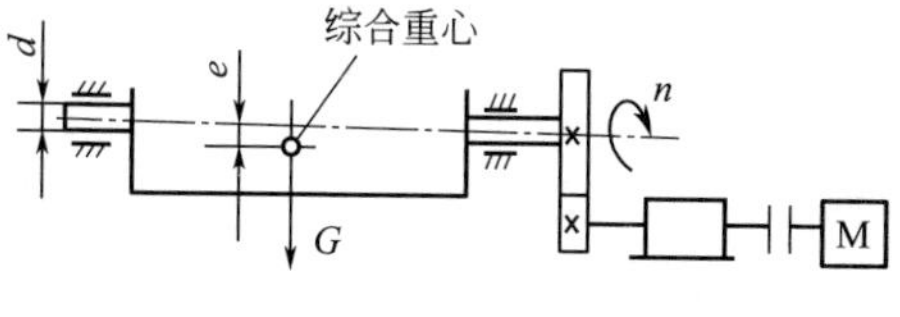	$M_1=Gf\dfrac{d}{2}$ $M_2=Ge$ $M=K(M_1+M_2)$

续表

结构形式		传动简图	计算公式
环式翻转机	滚动轴承	支承环 支承滚轮 带钝齿轮的支承滚轮	$M_2=Ge$ $M_3=\frac{G}{\cos\alpha}\mu\left(\frac{R}{r}+1\right)$ $M_4=\frac{G}{\cos\alpha}f\frac{r_1}{r}R$ $M=K(M_3+M_4)+M_2$
翻转机驱动功率 P/kW		$P=\frac{Mn}{9550\eta}$	

注：1. 头尾架式翻转机未考虑偏心力矩的影响。

2. G—工件和机器翻转部分的重力，N；r_1—支承滚轮转轴半径，mm；d—轴径，mm；f—轴颈处的滑动摩擦因数；d_1—卡盘摩擦外径，mm；f_1—止推轴颈处的滑动摩擦因数；Q—轴向夹紧力，N；d_0—卡盘摩擦内径，mm；μ—滚动摩擦因数，mm；l—轴颈长度，mm；δ—轴承滚珠直径，mm；D_0—向心轴承的内圈外径，mm；p—单位夹紧力，MPa，其中钢与钢为13～20MPa，钢与铜为6～9MPa，钢与铸铁为1.5～2.5MPa；D—推力轴承座圈的中径，mm；M_1—轴颈处的滑动摩擦阻力矩，N·mm；e—偏心距，mm；K—考虑惯性力的系数，$K=1.2$～1.3；M_2—偏心阻力矩，N·mm；α—支承滚轮的斜角，(°)，M_3—支承滚轮与支承环接触处阻力矩，N·mm；r—支承滚轮的半径，mm；R—支承环的半径，mm；M_4—支承滚轮转轴处的摩擦阻力矩，N·mm；M—驱动力矩，N·mm；n—终端输出轴转速，r/min；η—传动系统的总效率。

四、焊接回转台

焊接回转台是将焊件绕垂直轴或倾斜轴回转的焊件变位机械，主要用于焊件的焊接、堆焊与切割。

图5-54所示为150t焊接回转台，此水平回转工作台具有$n\times360°$回转功能。设备重量轻、刚性好、外形美观；回转台面加工有放射性的T形槽，用于固定工件；工作盘采用热性能较好的材料，可防止因工件预热高温引起工作盘开裂。

图5-54　150t焊接回转台

系统配置水冷循环装置，确保了设备的使用寿命；回转采用直流无级调速，或交流变频调速，两种调速方式根据需要确定，也可根据用户要求而定。驱动系统采用制动电动机和蜗轮蜗杆减速器，保证了变位机的停位准确。驱动系统采用单驱。

该水平回转工作台结构稳定、承载吨位大、操作方便；设备可以不固定在地基上，搬移方便；主控柜和手控盒控制，利用手控盒可以在设备的不同位置对设备进行操作；电气箱留有联动接口，可与操作机、焊机控制系统相连实现联动操作。有的工作台还做成中空的，以适应管材与接盘的焊接（图 5-55）。

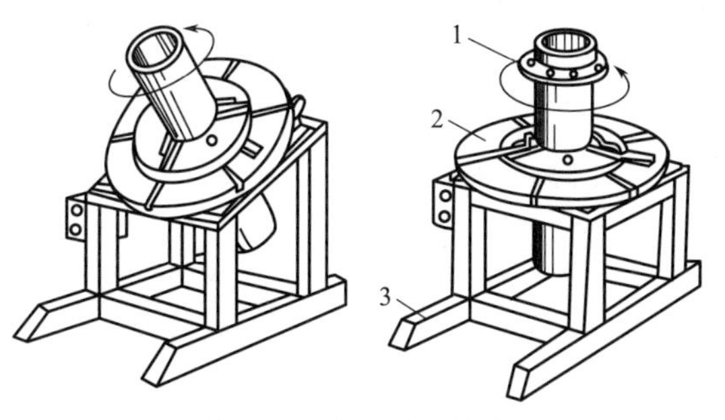

图 5-55　中空式回转台

1—焊件；2—回转台；3—支架

图 5-56　SKT12 系列数控焊接回转台

我国已有厂家定型生产焊接回转台，并成系列供应，图 5-56 所示为 STK12 系列数控焊接回转台，其规格及参数见表 5-13。

表 5-13　SKT12 系列数控回转台规格及参数

项　目		SKT121000A	SKT121200	SKT121600C	SKT122000	SKT122500
工作台面直径/mm		ϕ1000	ϕ1200	ϕ1600	ϕ2000	ϕ2500
总厚度/mm		410	410	460	500	
中心定位孔尺寸/mm		ϕ135H7×35	ϕ135H7×35	ϕ150H7×30	ϕ150H7×30	ϕ150H7×30
工作台 T 形槽宽度/mm		8-18H12	8-22H12	16-22H12	16-22H12	16-22H12
总传动比		1∶360	1∶360	1∶720	1∶720	1∶720
工作台最高转速/$r \cdot min^{-1}$		5.6	3.7	2.7	2.7	2.7
设定最小分度单位		0.001°	0.001°	0.001°	0.001°	0.001°
伺服电动机(用户自备)带 2000 脉冲编码器	功率/kW	≥3.8	≥3.8	≥11.3	≥11.3	≥11.3
标准电动机接口	FANUC	α22	α22			
	SIEMENS					
水平承载能力/kg		4000	4000	10000	15000	
刹紧力矩/N·m	油压刹紧(15×10^5Pa)	6000	6150	11760	14700(20×10^5Pa)	
	气压刹紧(15×10^5Pa)	2000	2050	3920	4900	
分度精度		15°	15°	15°	15°	15°
重复精度		4″	4″	4″	4″	4″
转台质量/kg		≈1660	≈1920	≈5200	≈8500	
伺服电动机转矩/N·m		22	22	36	36	36

第三节 焊机变位机械

焊机变位机械是改变焊接机头空间位置进行焊接作业的机械装备。它主要包括焊接操作机和电渣焊立架。

焊接操作机的结构形式很多，常与焊件变位机械配合使用，完成多种焊缝，如环缝、纵缝、对接焊缝、角焊缝及任意曲线焊缝的自动焊接工作，也可以进行工件表面的自动堆焊和切割工艺。若更换作业机头，还能进行其他相应作业。电渣焊立架的结构形式和功能相对单一，主要用于厚壁焊件立缝的焊接。

一、焊接操作机

焊接操作机是能将焊接机头（焊枪）准确送到待焊位置，并保持在该位置或以选定焊速沿设定轨迹移动焊接机头的变位机械。

1. 分类及应用场合

（1）平台式操作机 焊机放置在平台上，可在平台上移动；平台安装在立架上，能沿立架升降；立架座落在台车上，可沿轨道运行。这种操作机的作业范围大，主要应用于外环缝和外纵缝的焊接。平台式焊接操作机又分为双轨台车式（图5-57）和单轨台车式（图5-58）两种。单轨台车式的操作机实际上还有一条轨道，不过该轨道一般设置在车间的立柱上，车间桥式起重机移动时，往往引起平台振

图5-57 平台式操作机（双轨台车式）

动，从而影响焊接过程的正常进行。平台式操作机的机动性、使用范围和用途均不如伸缩臂式操作机，在国内的应用已逐年减少。

图 5-58　平台式操作机（单轨台车式）

（2）伸缩臂式操作机　如图 5-59 所示，焊接小车或焊接机头和焊枪安装在伸

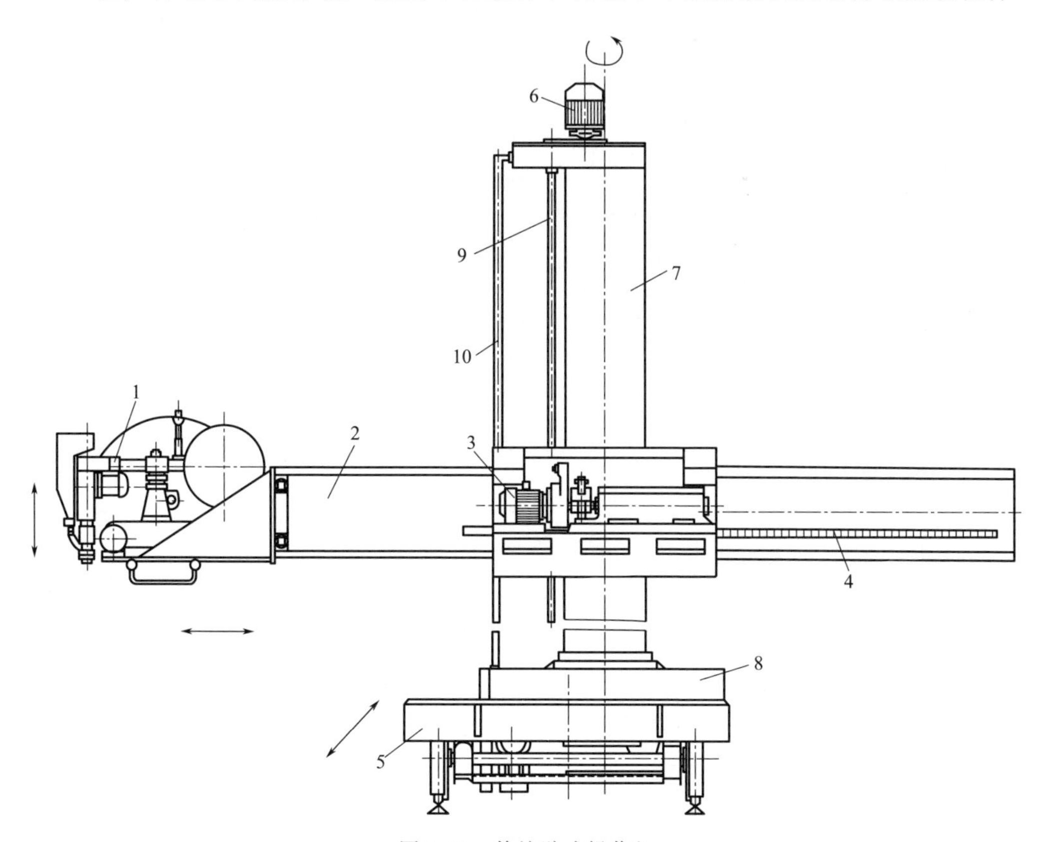

图 5-59　伸缩臂式操作机

1—焊接小车；2—伸缩臂；3—滑鞍和伸缩臂进给机构；4—传动齿条；5—行走台车；6—伸缩臂升降机构；7—立柱；8—底座及立柱回转机构；9—传动丝杠；10—扶梯

缩臂的一端，伸缩臂通过滑鞍安装在立柱上，并可沿滑鞍左右伸缩。滑鞍安装在立柱上，可沿立柱升降。立柱有的直接固接在底座上；有的虽然安装在底座上，但可回转；有的则通过底座，安装在可沿轨道行驶的台车上。这种操作机的机动性好，作业范围大，与各种焊件变位机构配合，可进行回转体焊件的内外环缝、内外纵缝、螺旋焊缝的焊接，以及回转体焊件内外表面的堆焊，还可进行构件上的横、斜等空间线性焊缝的焊接，是国内外应用最广的一种焊接操作机。此外，若在其伸缩臂前端装上相应的作业机头，还可进行磨修、切割、喷漆、探伤等作业，用途广泛。

图5-60所示为重型压力容器伸缩臂式焊接操作机，该类焊接操作机主要技术参数见表5-14。

图5-60 重型压力容器伸缩臂式焊接操作机

表5-14 重型压力容器伸缩臂式焊接操作机主要技术参数（横梁）

横梁伸缩有效行程/m	2	3	4	5	6	7	8
横梁伸缩长度（最大）/mm	2650	3650	4650	5650	6650	7650	8650
横梁伸缩长度（最小）/mm	650	650	650	650	650	650	650
横梁允许最大承载量/kg	350	350	350	350	350	350	350
一端最大总承载量/kg	200	200	200	200	200	200	200
一端载荷与横梁端面距离/mm	300	300	300	300	300	300	300
横梁端面直径/mm	380	380	380	380	380	380	380
横梁伸缩速度/$m \cdot min^{-1}$	0.15～2.5	0.15～2.5	0.15～2.5	0.15～2.5	0.15～2.5	0.15～2.5	0.15～2.5

为了扩大焊接机器人的作业空间，国外将焊接机器人安装在重型操作机伸缩臂的前端，用来焊接大型构件。伸缩臂式操作机的进一步发展，形成了直角坐标式工业机器人，它在运动精度、自动化程度等方面比前者具有更优良的性能。

(3) 门式操作机 其焊接机头可在门梁上横向移动，或者在另设的可沿门柱上下升降的横梁上横向移动，后者可用于不同高度焊接结构的焊接。门式操作机主要用于压力容器制造过程中圆筒形工件外纵缝、环缝的焊接。门式操作机由门架、行走台车、升降机、工作平台、操作机电气控制系统及安全报警装置等组成，具有工作稳定、安全可靠、操作简单、适用性强等特点。

这种操作机有两种结构，一种是焊接小车座落在沿门架可升降的工作平台上，并可沿平台上的轨道横向移行（图 5-61、图 5-62）；另一种是焊接机头安装在一套升降装置上，该装置又座落在可沿横梁轨道移行的台车上（图 5-63）。

图 5-62 所示为 LMZH 型钢龙门自动埋弧焊机，该机主要用于 H 型钢埋弧焊接，焊接自动化程度高、操作方便，机头具有垂直升降、角度调整（0°～180°）等功能，以适应不同工件焊接的需要，焊剂靠重力送进，两个焊接机头既能同时焊接，又能单独焊接，而且焊接速度匀速无级可调，符合 GB 8118—2010 标准要求。焊接电源及送丝机头采用仿林肯 ZD5 系列直流弧焊电源及拥有三项专利技术的 K/129 型送丝机头，性能稳定，可靠性高。设有自动双向导弧装置，能对焊缝进行动态跟踪，并可实现双向往复焊接，保证焊缝质量，提高工作效率。配有焊剂自动给料及回收装置，可减少焊剂损耗，减轻工人劳动强度。门架行走由变频器控制，交流电动机驱动，实现无级调速。机械动作控制及焊接电源控制集成设计。可根据用户焊接工艺要求选择单丝单弧、双丝单弧或双丝双弧焊接工艺。LMZH 型钢龙门自动埋弧焊机主要技术参数见表 5-15。

图 5-63 所示为 X 型单悬臂龙门焊接操作机，采用双丝双弧埋弧焊接工艺，配置直流、交流焊接系统各一套，对 H 型钢进行船形位置焊接。电流大，效率高，焊缝质量好。

这两种操作机的门架，一般沿轨道纵向移动。其工作覆盖面很大，主要用于板材的大面积拼接和筒体外环缝、外纵缝的焊接。有的门式操作机安装有多个焊接机头，可同时焊接多道相同的直线焊缝，用于板材的大面积拼接或多条立筋的组焊，效率很高。

为了扩大焊接机器人的作业空间，满足焊接大型焊件的需要，或者为了提高设备的利用率，也可将焊接机器人倒置在门式操作机上使用。机器人本体除可沿门架横梁移动外，有的还可升降和纵向移动，这样也进一步增强了机器人作业的灵活性、适应性和机动性。

焊接机器人使用的门式操作机，有的门架是固定的（图 5-64），有的则是移动的。除弧焊机器人使用的门式操作机，有的结构尺寸较小外，多数门式操作机的结构都很庞大，在大型金属结构厂和造船厂应用较多。

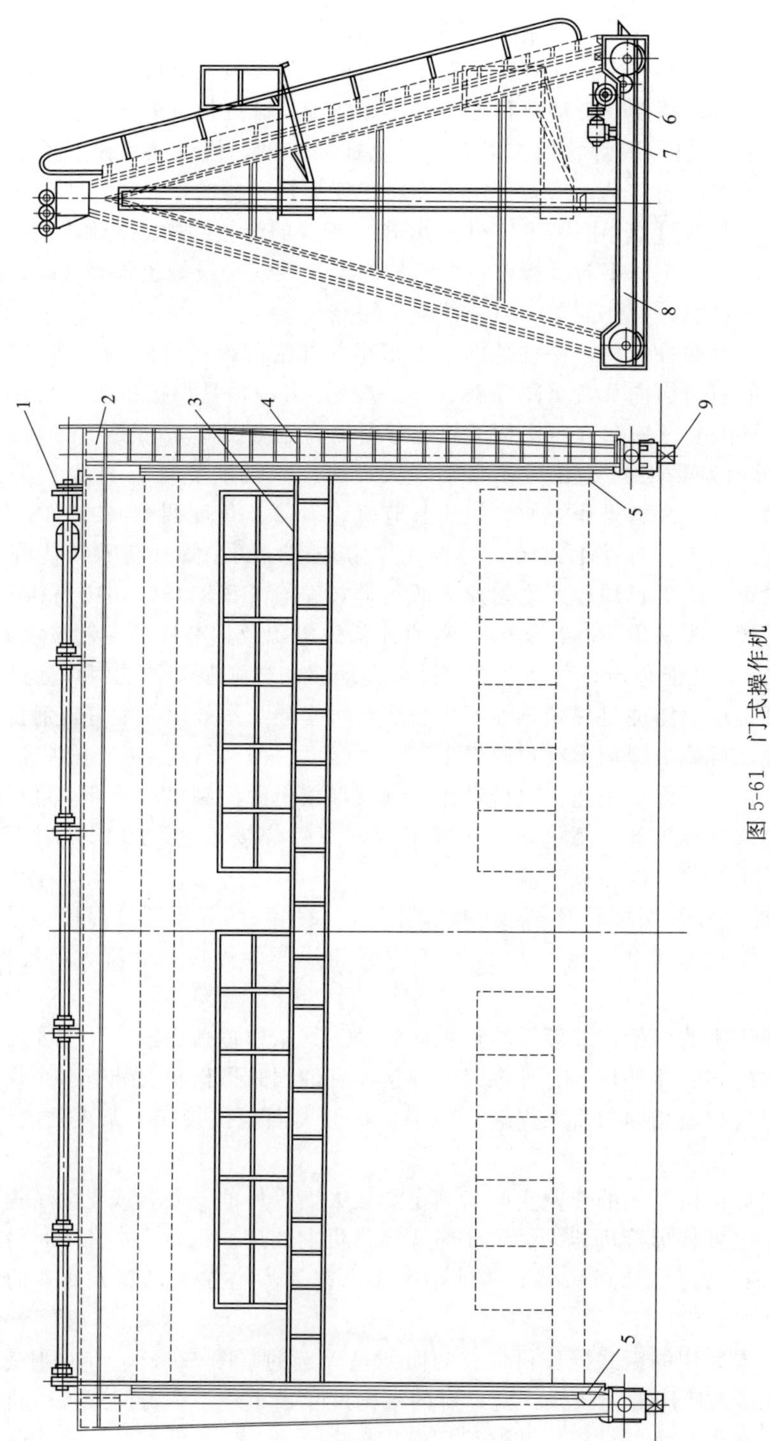

图 5-61　门式操作机

1—平台升降机；2—门架；3—工作平台；4—扶梯；5—限位器；6—台车驱动机构；7—电动机；8—行走台车；9—轨道

图 5-62　LMZH 型钢龙门自动埋弧焊机

图 5-63　X 型单悬臂龙门焊接操作机

表 5-15　LMZH 型钢龙门自动埋弧焊机主要技术参数

型号	LMZH-1500	LMZH-1800
输入电源	AC，三相，380V，50Hz	AC，三相，380V，50Hz
输入电源容量	158kV·A	162kV·A
轨距	4m	5.5m
轨长	18m	18m
焊接速度	0.3～1.2m/min	0.3～1.2m/min
焊丝盘容量	150kg×2	150kg×2
焊剂回收机容量	50L×2	50L×2
适用焊丝	ϕ3～5mm	ϕ3～5mm
配用焊接电源	ZD5-1000，2 套	ZD5-1000，2 套
主机外形尺寸	2.8m×4.8m×3.4m	3.3m×6.5m×3.7m

(4) 桥式操作机　如图 5-65 所示，由梁和两个起支承和行走作用的台车组成，焊接机头可沿梁横向移动，台车沿轨道可纵向移动，可用于不同高度焊接结构的焊接。桥式焊接操作机适用于大面积平板拼接或船体板架结构的焊接。

(5) 台式操作机　这种操作机与伸缩臂式操作机的区别是没有立柱，伸缩臂通过鞍座安装在底座或行走台车上。伸缩臂的前端装有焊枪或焊接机头，能以焊接速度伸缩，多用于小径筒体内环缝和内纵缝的焊接（图 5-66）。

2. 传动形式与驱动机构

(1) 平台与伸缩臂的升降　操作机的平台升降多为恒速或快、慢两挡速度；伸缩臂的升降多为快、慢两挡速度或无级调速，速度在 0.5～2m/min 之间者为多，其各种传动形式及其对比见表 5-16。

图 5-64　建机侧臂焊接用机器人系统（固定的门式操作机）

图 5-65　单悬臂桥式焊接操作机

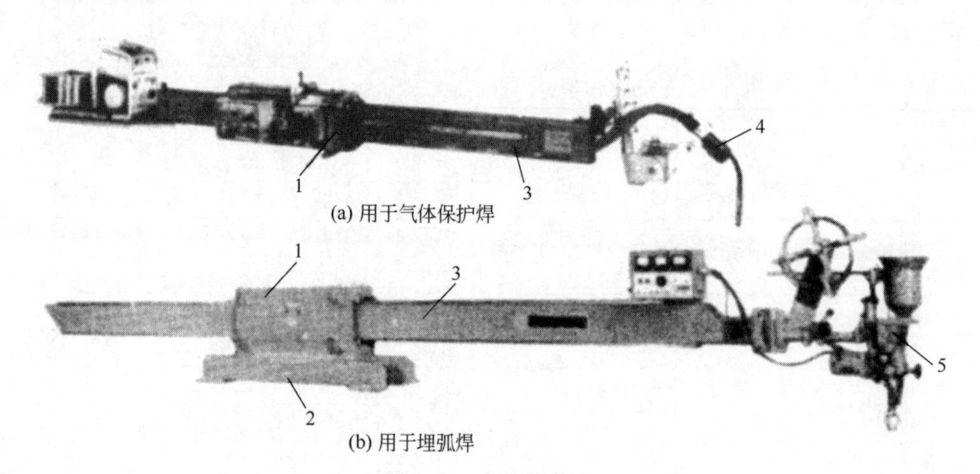

图 5-66　台式操作机

1—鞍座；2—底座；3—伸缩臂；4—焊枪；5—焊接机头

表 5-16　操作机升降系统的传动形式

传动形式	驱动机构	性能及适用范围	备　注
链传动	电动机驱动链轮，通过链条使平台或伸缩臂升降，小型操作机采用单列链条，大型的采用多列链条(图 5-68)	制造成本低，运行稳定可靠，但传动精度不如螺旋和齿条传动，在平台式、伸缩臂式操作机上广泛采用	链条一端设有平衡重，恒速升降
螺旋传动	电动机通过丝杠驱动螺母运动以带动平台或伸缩臂升降(图 5-59)，小型操作机若起升高度不大，也可手动	运行平稳，传动精度高，多用在起升高度不大的各种操作机上	丝杠下端多为悬垂状态，恒速或变速升降

续表

传动形式	驱动机构	性能及适用范围	备　注
齿条传动	电动机与其驱动的齿轮均安装在伸缩臂的滑座上，齿轮与固定在立柱上的齿条相啮合，从而带动伸缩臂升降。小型操作机采用单列齿条，大型的采用双列齿条	运行平稳可靠，传动精度最高，制造费用最大，多用在要求精确传动的伸缩臂式操作机上	恒速或变速升降
钢索传动	电动机驱动钢索卷筒，卷筒上缠绕着钢索，钢索的一端通过滑轮导绕系统与平台或伸缩臂相连，带动其升降	投资最省，运动稳定性和传动精度低于以上各种传动，适用于大升降高度的传动，在平台式操作机上应用最多，在伸缩臂式的操作机上已不采用	恒速升降

操作机升降系统若恒速升降，多采用交流电动机驱动，若变速升降，多采用直流电动机驱动。近来在国外一些公司生产的操作机上，也有采用交流变频驱动和直、交流伺服电动机驱动的。在升降的两个极限位置，应设置行程开关。除螺旋传动的以外，在滑鞍与立柱的接触处应设防平台或伸缩臂坠落的装置。该装置有两种类型：一种是偏心圆或凸轮式的；一种是楔块式的。

另外，为了降低升降系统的驱动功率，并使升降运动更加平稳，在大中型操作机上，常用配重来平衡平台或伸缩臂等构件的自重。

(2) 伸缩臂的回转　有手动和恒速电动两种驱动方式，前者多用于小型操作机（图 5-67），后者则多用于大中型操作机（图 5-60、图 5-68）。回转速度一般为 0.6r/min，在回转系统中还设有手动锁紧装置（图 5-68）。不管是圆形立柱还是非圆形立柱，伸缩臂的回转几乎都采用立柱自身回转式，立柱底端直接（手动回转）或通过齿圈（电动机驱动）座落在推力轴承上，保证立柱的灵活转动。其传动机构如图 5-69 所示。

(3) 伸缩臂的进给（伸缩）　伸缩臂的进给运动多为直流电动机驱动，近来也有用直流或交流伺服电动机驱动的。由于焊纵缝时，伸缩臂要以焊速进给，所以对其以焊速运行的平稳性要求较高，进给速度的波动要小于 5%；速度范围要覆盖所需焊速的上下限，一般在 6～90m/h 之间，并且均匀可调。有的操作机还设有一挡空程速度，多在 180～240m/h 之间，以提高工作效率。为了保证到位精度和运行安全，在进给系统中设有制动和行程保护装置。伸缩臂伸缩系统的传动形式主要有三种，见表 5-17。伸缩臂进给系统结构如图 5-70 所示。

(4) 台车的运行　各种操作机台车的运行，多为电动机单速驱动，行走速度一般在 120～360m/h 之间，最高可达 600m/h。通常门式操作机台车的行走速度较慢；平台式操作机台车的行走速度较快。运行系统中设有制动装置，在台车与轨道之间设有夹轨器。门式和桥式操作机是双边驱动的，并设有同步保护装置。单速运

图5-67 小型操作机

1—伸缩臂升降机构；2—伸缩臂；3—焊接机头；4—伸缩臂手摇进给机构；5—立柱；6—底座；7—立柱回转及锁定机构；8—焊接电源

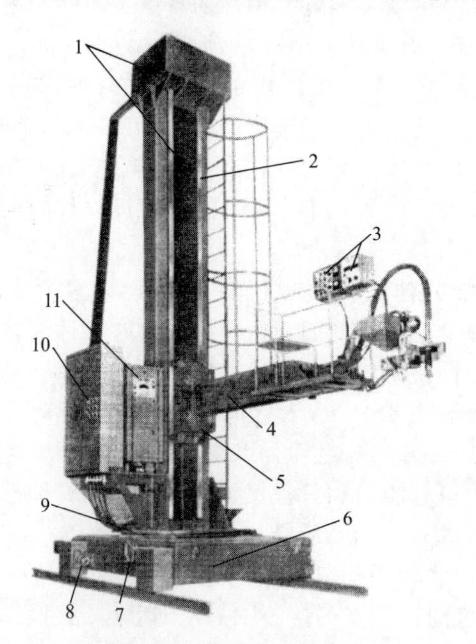

图5-68 伸缩臂式操作机

1—双排滚子链及其驱动机构；2—立柱；3—操作盘；4—伸缩臂；5—滑鞍；6—行走台车；7—手摇立柱锁紧机构；8—手摇台车锁紧机构；9—立柱回转机构；10—控制柜；11—焊接电源

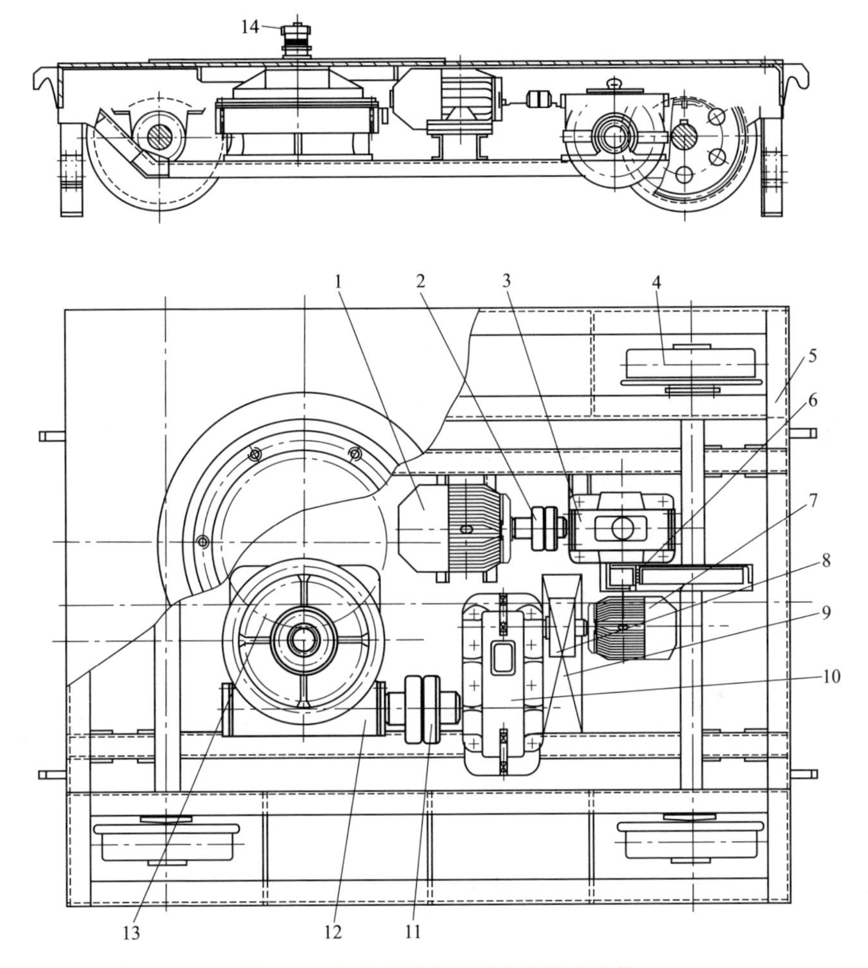

图 5-69 立柱回转机构及台车行走机构

1—台车行走电动机；2—联轴器；3,12—蜗杆减速器；4—行走轮；5—台车架；6—开式齿轮副；7—立柱回转电动机；8—带制动轮的弹性联轴器；9—电磁制动器；10—齿轮减速器；11—联轴器；13—齿圈；14—小齿轮

表 5-17 伸缩臂伸缩系统的传动形式

传动形式	驱动机构	性能
摩擦传动	电动机减速后，驱动胶轮或钢轮，借助其与伸缩臂之间的摩擦力，带动伸缩臂运动	运动平稳，速度均匀，超载时打滑，起安全保护作用，但以高速伸缩时，制动性能差，到位精度低
齿条传动	电动机减速后，通过齿轮驱动固定在伸缩臂上的齿条，从而带动伸缩臂伸缩	运动平稳，速度均匀，传动精确，是采用最多的传动形式，但制造费用较高
链传动	电动机减速后，通过链轮驱动展开在伸缩臂上的链条，从而带动伸缩臂伸缩	制造费用较低，运动平稳性虽不如前两者，但仍能满足工艺要求

行的台车，多用交流电动机驱动；变速运行的台车，现在已多用交流变频方式驱动。

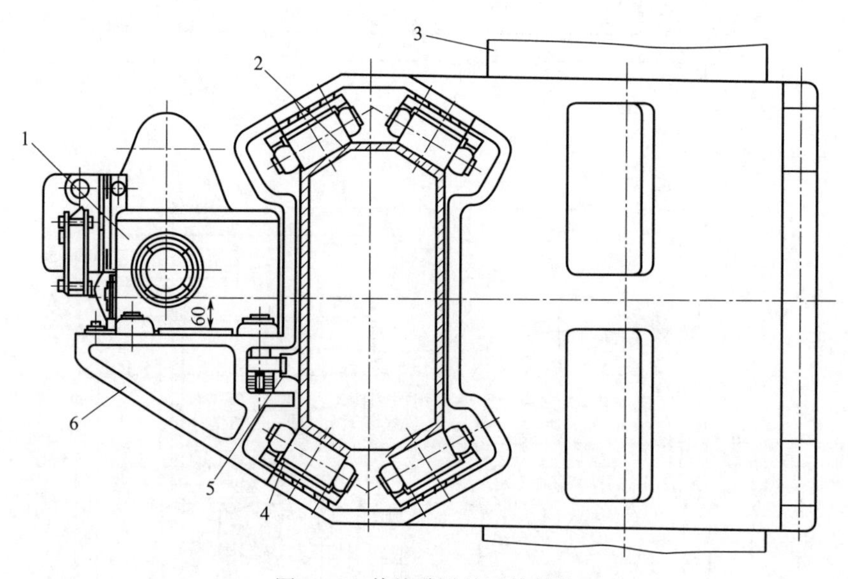

图 5-70 伸缩臂进给系统结构

1—驱动装置；2—伸缩臂；3—立柱；4—托辊；5—齿轮与齿条或链轮与链条；6—滑鞍

3. 结构及其设计要求

门式操作机的门架多为桁架结构和板焊结构；平台式操作机也以桁架结构为多；桥式操作机的横梁则多是Ⅰ形的或箱形板结构的。伸缩臂式操作机的立柱，主要是大径管结构或箱形、Ⅱ形板焊结构。由于立柱是主要承载构件，除强度外，还要求有很好的刚度和稳定性，因此有些伸缩臂式操作机还采用双立柱结构（图 5-68）。焊接结构的立柱，焊后应退火消除内应力。立柱导轨处应机械加工，以保证滑鞍平稳升降所需的垂直度和平行度。

伸缩臂既要求重量轻，又要有很好的刚度，形位精度要高，在运行中不能有颤抖，在全伸状态下，端头下挠应控制在 2mm 以内，否则应设高度跟踪装置。伸缩臂多采用薄壁空腹冲焊整体结构。对伸缩行程较大的操作机，过去采用多节式的伸缩结构，现在行程达 8m 的操作机，也采用整体结构，从而保证了伸缩臂的整体刚性和运行平稳性。另外，在伸缩臂的一端装有焊接机头，另一端装有送丝盘和焊剂回收等装置，要尽可能使两端设备的自重不要悬殊过大。行走台车是操作机的基础，要有足够的强度，车架要采用板焊结构，整体高度要小，要尽量降低离地间隙。行走轮的高度要可调，装配时要保证四轮着地。台车上应放置焊接电源等重物以降低整机的重心，增加运行平稳性并防止整机倾覆。

我国目前生产的操作机，除大型的以外，其性能完全可以满足生产的需要，应优先予以选用。伸缩臂式操作机技术数据见表 5-18。

表 5-18　伸缩臂式操作机技术数据

名　称	W 型(微型)		X 型(小型)				Z 型(中型)				D 型(大型)			
臂伸缩行程/m	1.5	2	3	3	4	4	4	4	5	5	5	5	6	6
臂升降行程/m	1.5	2	3	4	3	4	4	5	4	5	5	6	5	6
臂端载重/kg	120	75	210		120		300		210		600		500	
臂的允许总荷重/kg	200		300				500				800			
底座形式	底板固定式		底板固定式、台车固定式、行走台车固定式											
台车行走速度/mm·min^{-1}	—		80～3000(无级可调)											
立柱与底座结合形式	固定式		固定式、手动回转式				固定式、手动或机动回转式				固定式、机动回转式			
立柱回转范围/(°)	—		±180											
立柱回转速度/r·min^{-1}	—		—				机动回转 0.03～0.75							
臂伸缩速度/mm·min^{-1}	60～2500(无级可调)													
臂升降速度/mm·min^{-1}	2000						2280				3000			
台车轨距/mm	—		1435				1730				2000			
钢轨型号	—		P43											

此外，在选用焊接操作机时，还应注意以下事项。

① 操作机的作业空间应满足焊接生产的需要。

② 对伸缩臂式操作机，其臂的升降和伸缩运动是必须具备的，而立柱的回转和台车的行走运动，要视具体需要而定。

③ 根据生产需要，考虑是否要向制造厂提出可搭载多种作业机头的要求，例如，除安装埋弧焊机头外，是否还需安装窄间隙焊、碳弧气刨、气体保护焊、打磨等作业的机头。

④ 施焊时，若要求操作机与焊件变位机械协调动作，则对操作机的几个运动，要提出运动精度和到位精度的要求。操作机上应有和焊件变位机械联控的接口。

⑤ 小筒径焊件内环缝、内纵缝的焊接，因属盲焊作业，要设有外界监控设施。

⑥ 操作机伸缩臂运动的平稳性以及最大伸出长度时端头下挠度的大小，是操作机性能好坏的主要指标，选购时应予特别重视。

二、电渣焊立架

电渣焊立架（图5-71）是将电渣焊机连同焊工一起按焊速提升的装置。它主要用于立缝的电渣焊，若与焊接滚轮架配合，也可用于环缝的电渣焊。

电渣焊立架多为板焊结构或桁架结构，一般都安装在行走台车上。台车由电动机驱动，单速运行，可根据施焊要求，随时调整与焊件之间的位置。

桁架结构的电渣焊立架由于重量较轻，因此也常采用手驱动使立架移行。电渣焊机头的升降运动，多采用直流电动机驱动，无级调速。为保证焊接质量，要求电渣焊机头在施焊过程中始终对准焊缝，因此在施焊前，要调整焊机升降立柱的位置，使其与立缝平行。调整方式多样，有的采用台车下方的四个千斤顶进行调整（图5-71）；有的采用立柱上下两端的球面铰支座进行调整。在施焊时，还可借助焊机上的调节装置随时进行细调。

有的电渣焊立架，还将工作台与焊机的升降制成两个相对独立的系统，工作台可快速升降，焊机则由自身的电动机驱动，通过齿轮齿条机构，可沿导向立柱进行多速升降。由于两者自成系统，可使焊机在施焊过程中不受工作台的干扰。电渣焊立架在国内外均无定型产品生产，我国企业使用的都是自行设计制造的。

图5-71所示为国内一金属结构厂使用的电渣焊立架，其技术数据见表5-19。

表5-19 电渣焊立架技术参数

项目		参数
焊件最大高度		7000mm
升降台行程		7000mm
升降台起升速度	焊速运行	0.5～9.6m/h
	空程运行	50～80m/h
升降台允许载重量		500kg
升降电动机功率		0.7kW(直流)
台车行走速度		180m/h
行走电动机功率		1kW
机重		6867kg

图5-72所示为某锅炉厂使用的电渣焊立架及机头，可以双丝焊接厚度在100mm以内的筒节。

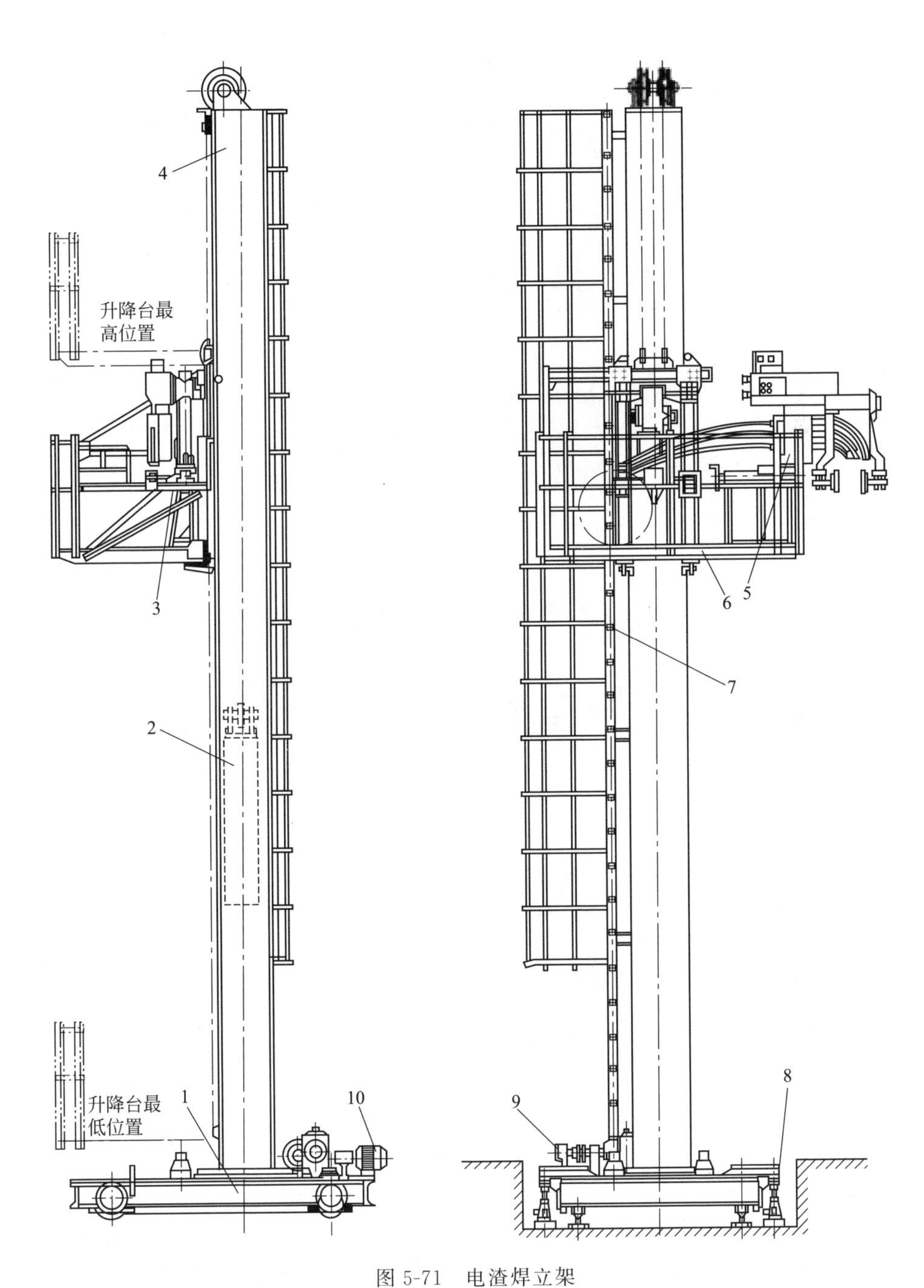

图 5-71　电渣焊立架

1—行走台车；2—升降平衡重；3—焊机调节装置；4—焊机升降立柱；5—电渣焊机；6—焊工、焊机升降台；7—扶梯；8—调节螺旋千斤顶；9—起升机构；10—运行机构

图 5-72 电渣焊立架及机头

第四节 焊工变位机械

一、焊工升降台的分类与结构

焊工变位机械（焊工升降台）是改变焊工空间位置，使之在最佳高度进行作业的设备。它主要用于高大焊件的手工机械化焊接，也用于装配和其他需要登高作业的场合。

焊工升降台的常用结构有肘臂式（图 5-73～图 5-75）、套筒式（图 5-76）、铰链式（图 5-77）三种。图 5-75 所示的肘臂式移动焊工升降台，装上轮子移动方便，撑脚可保证工作时的稳定性。

肘臂式焊工升降台又分管焊结构的（图 5-73）、板焊结构的（图 5-74）两种。前者自重小，但焊接施工麻烦；后者自重大，但焊接工艺简单，整体刚度也优于前者，在国外已获得广泛应用。

图 5-73 所示的管焊结构的肘臂式焊工升降台，其整体结构除个别部分用了少量钢板和槽钢外，其余均由钢管焊成。工作台由柱塞式液压缸起升，靠自重返回。装在升降台底座下方的伸缩式撑脚，其高度可以调节。

液压缸结构如图 5-78 所示，其有效行程为 900mm、活塞推力为 9800N、工作压力为 8MPa。液压缸的动力来自于底座上的手摇液压泵和工作台上的脚踏液压泵，并由两个手动二位三通方向阀进行控制。整个液压传动系统如图 5-79 所示，组成系统的各元件如手动液压泵、单向阀、节流阀、方向控制阀等，均为标准件，各液压件厂都有生产。

管焊结构肘臂式焊工升降台技术数据见表 5-20。

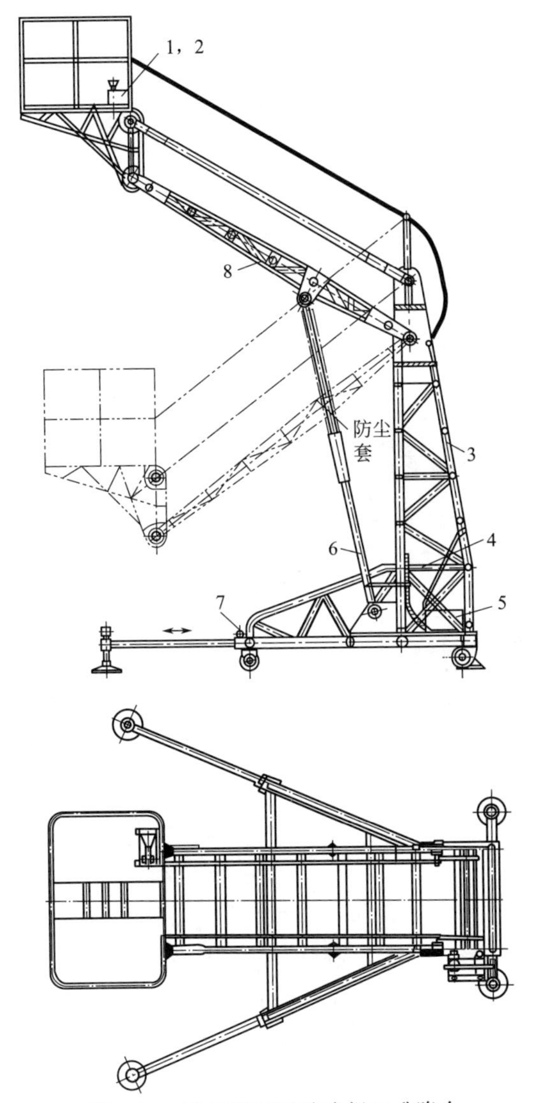

图 5-73　管焊结构肘臂式焊工升降台

1—脚踏液压泵；2—工作台；3—立架；4—油管；5—手摇液压泵；6—液压缸；7—行走底座；8—转臂

表 5-20　管焊结构肘臂式焊工升降台技术参数

工作台起升高度	4m
工作台离地最小高度	1.5m
工作台面尺寸	0.9m×1.35m
工作台允许最大载重量	250kg
转臂长度	2.3m
外形尺寸	3.3m×2.65m×4.7m
自重	约 705kg

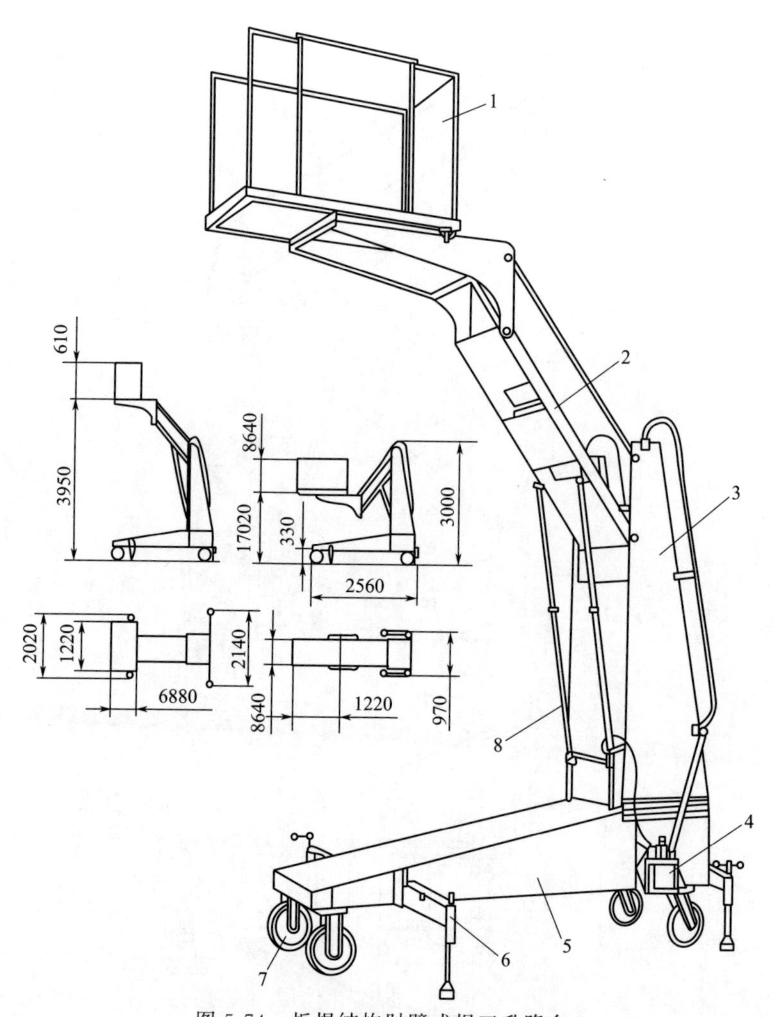

图 5-74 板焊结构肘臂式焊工升降台

1—工作台；2—转臂；3—立柱；4—手摇液压泵；5—底座；6—撑脚；7—行走轮；8—液压缸

图 5-75 肘臂式移动焊工升降台

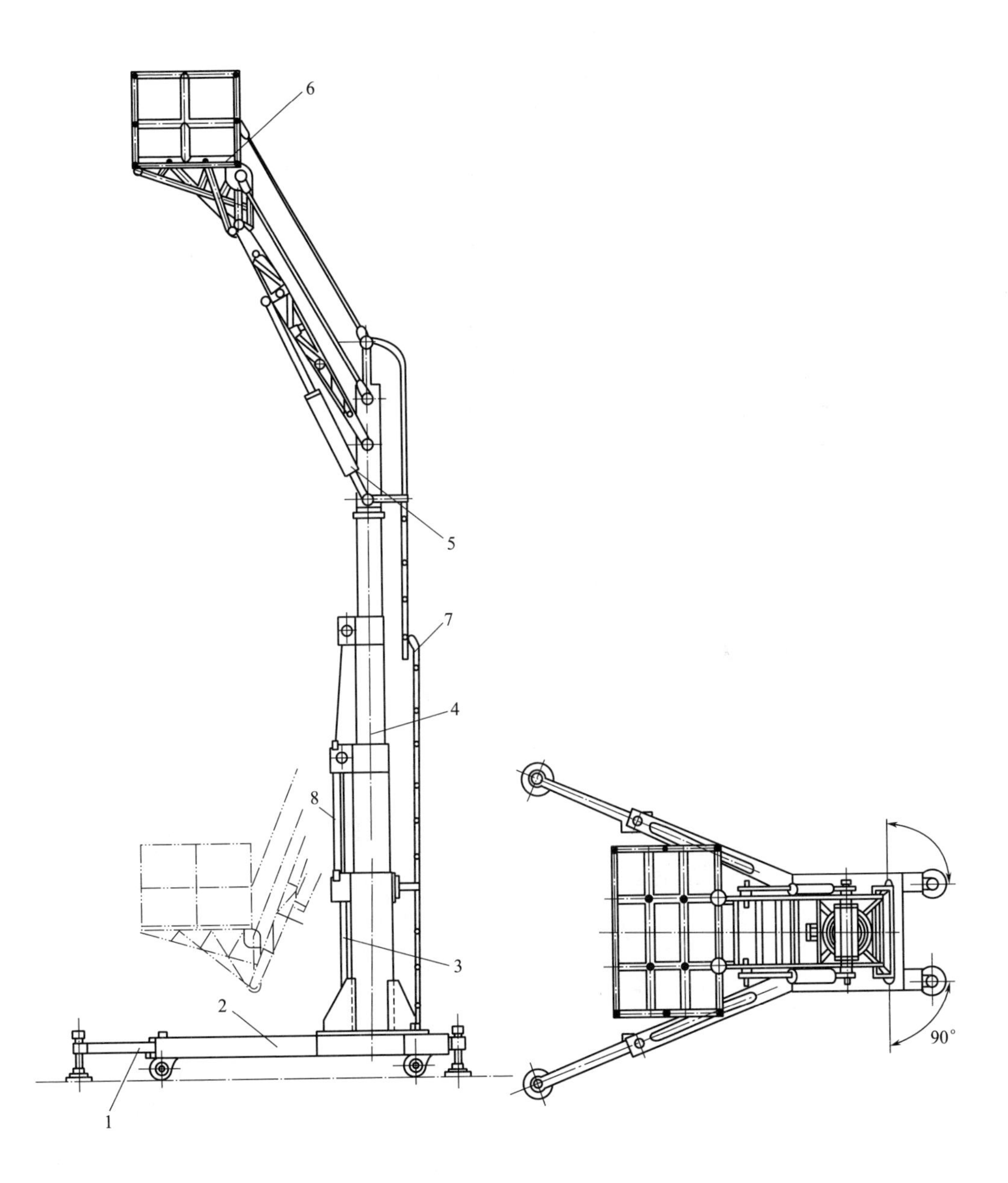

图 5-76　套筒式焊工升降台
1—可伸缩撑脚；2—行走底座；3—套筒升降液压缸；4—升降套筒总成；5—工作台升降液压缸；6—工作台；7—扶梯；8—滑轮钢索系统

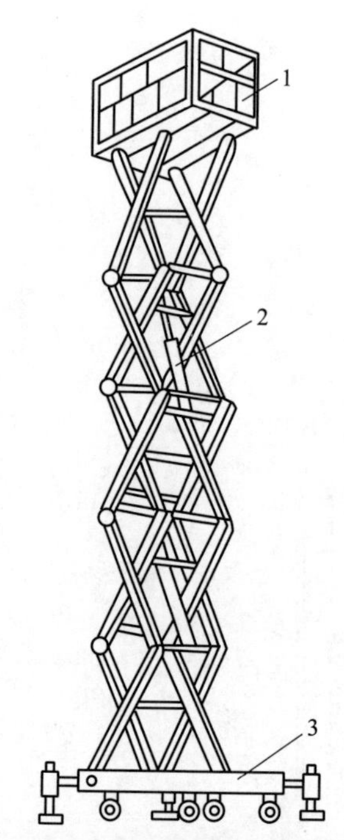

图 5-77 铰链式焊工升降台示意

1—工作台；2—推举液压缸；3—底座

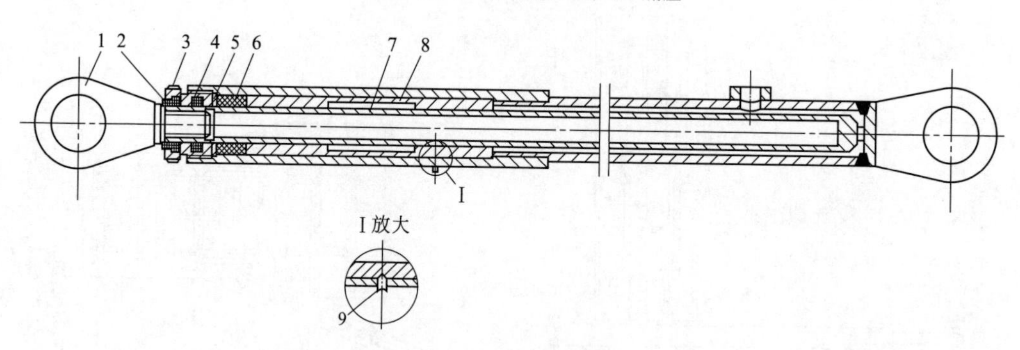

图 5-78 柱塞式液压缸

1—柱塞；2—J 形密封圈；3—压紧螺母；4—O 形密封圈；5—压紧环；6—V 形夹织物密封圈；7—缸筒；8—导向套筒；9—紧固螺钉

图 5-76 所示的套筒式焊工升降台起升高度较大，采用两台手动液压泵驱动。液压方式与肘臂式的类似，其传动系统如图 5-80 所示。套筒的伸出是由液压缸推动一套钢索滑轮系统实现的，其结构和伸出原理分别如图 5-81 和图 5-82 所示。若推举液压缸的倾斜角度可以忽略，则套筒顶部的伸出行程 h 与液压缸活塞行程 l 的关系为 $h=3l$。

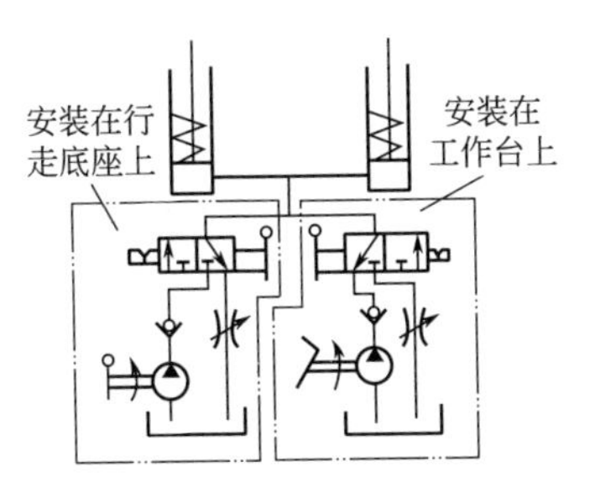

图 5-79 肘臂式焊工升降台液压传动系统

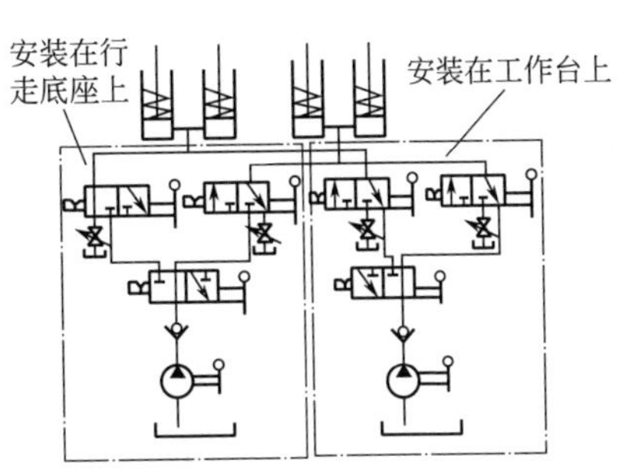

图 5-80 套筒式焊工升降台液压传动系统

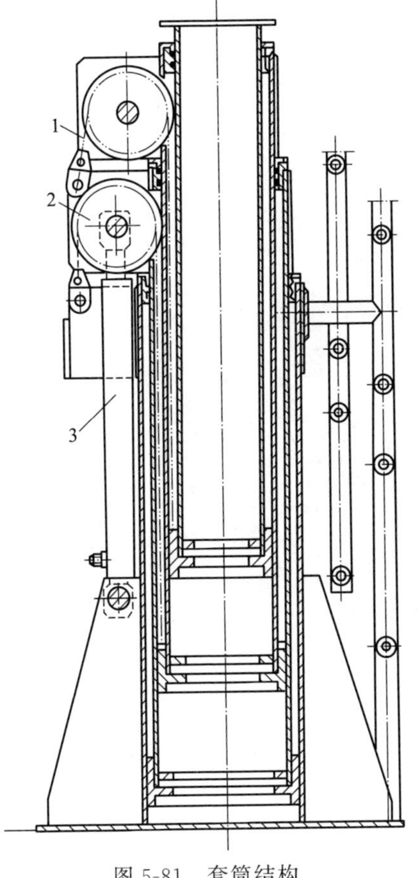

图 5-81 套筒结构

1—钢索；2—滑轮；3—推举液压缸

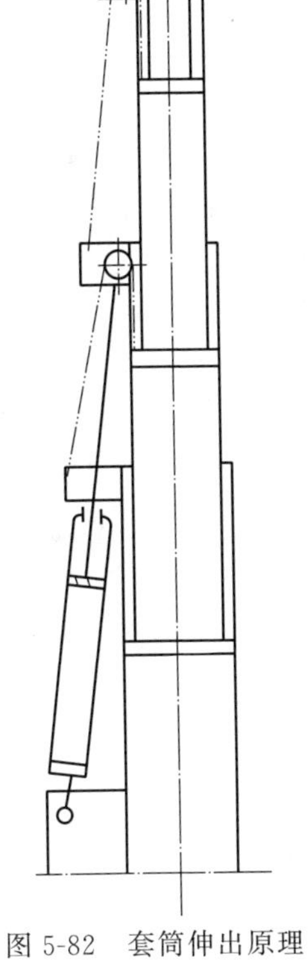

图 5-82 套筒伸出原理

套筒式焊工升降台技术数据见表 5-21。

表 5-21 套筒式焊工升降台技术参数

工作台起升高度		8.1m
工作台离地最小高度		1.3m
工作台面尺寸		0.9m×1.35m
工作台允许最大载重量		300kg
液压缸行程		900mm
自重		1t
外形尺寸	工作台在最高位置时	3m×2.5m×9m
	工作台在最低位置时	2.5m×2m×3.75m

肘臂式和套筒式的焊工升降台国内还没有定型产品供应，大都是用户自行设计制造的。目前，我国有厂家生产多用途的铰链式升降台和用于飞机检修的升降台，有些工厂将其作焊工升降台使用，效果也很不错。图 5-83 所示为国内某锅炉厂大直径容器外环缝焊接时，焊工采用肘臂式焊工升降台进行操作。

图 5-83 焊工升降台生产应用

二、焊工升降台的驱动及主要参数

焊工升降台的工作台升降几乎都是液压驱动的。大高度的升降台采用电动液压泵驱动，一般高度的采用手动或脚踏液压泵驱动，而且操作系统有两套，一套在地面上粗调升降高度，另一套在工作台上进行细调。

焊工升降台的载重量一般在 200～500kg 之间，工作台最小高度为 1.2～1.7m，最大高度为 4～8m，台面有效工作面积为 1～3m^2，台面上应铺设木板或橡胶绝缘板并设置护栏。底座下方设有行走轮，靠拖带移动，工作时利用撑脚承载。升降台的整体结构，要有很好的刚度和稳定性，在最大载荷且工作台位于作业空间的任何位置时，升降台都不得发生颤抖和整体倾覆。焊工升降台的液压系统要有很好的密封性，特别是液压缸前后油腔的密封和控制阀在中间位置的密封，都至关重要。为保证安全，设计安全系数均在5以上。

习题与思考题

1. 大型容器环缝焊接所用的滚轮架有什么特点？如何防止轴向窜动？
2. 从焊接工艺角度来看，设计电渣焊工装应注意哪些问题？
3. 从焊接工艺角度来看，设计窄间隙环缝焊接工装应注意哪些问题？
4. 门式焊接操作机有哪些特点及应用场合？

第六章

焊接机器人及其机械装备

第一节　焊接机器人

一、焊接机器人概述

焊接机器人是集机械、计算机、电子、传感器、人工智能等多方面技术于一体的现代化、自动化设备。根据国际标准化组织（ISO）工业机器人术语标准的定义，工业机器人是一种多用途的、可重复编程的自动控制操作机（Manipulator），具有三个或更多可编程的轴，用于工业自动化领域。为了适应不同的用途，机器人最后一个轴的机械接口，通常是一个连接法兰，可接装不同工具（或称末端执行器）。焊接机器人就是在工业机器人的末轴法兰装接焊钳或焊（割）枪，使之能进行焊接、切割或热喷涂。近年来，由于劳动力成本上升以及企业转型升级的内生需求增长，使机器人产业获得迅速发展。

根据国际机器人联合会的数据，韩国、日本等东亚市场的机器人销量均有所上升，而我国的工业机器人销量成为增幅最大的市场。根据 IFR 的数据，我国已经成为世界最大的机器人市场。机器人产业将是继汽车、计算机之后最有潜力的新型高技术产业。

目前，国内市场的焊接机器人应用主要分日系、欧系和国产三种。日系焊接机器人主要以 FANUC、安川、爱普生、OTC、松下、那智不二越等为主，欧系的主要包括德国的 KUKA 和 CLOOS、瑞典的 ABB、意大利的柯马、瑞士的史陶比尔、奥地利的 IGM 等。国产的主要以沈阳新松、武汉华数、广州数控、埃斯顿、埃夫特、新时达、华昌达、欢颜等为主。

目前在我国虽然已有具有自主知识产权的焊接机器人系列产品，但却不能批量生产、形成规模，主要有以下几个原因。

国内机器人价格没有优势。近十年来，进口机器人的价格大幅度降低，从每台 7 万～9 万美元降低到 2 万～3 万美元，使我国自行制造的普通工业机器人在价格上很难与之竞争。特别是我国在研制机器人的初期，没有同步发展的相应零部件产业，如伺服电动机、减速机等需要进口，使价格难以降低，所以机器人生产成本降不下来。我国焊接装备水平与国外还存在很大差距，这一点也间接影响了国内焊接机器人的发展。对于机器人的大用户——汽车白车身生产厂来说，目前几乎所有的装备都从国外引进，国产机器人几乎找不到表演的舞台。

应该承认，国产机器人无论从控制水平还是可靠性等方面与国外产品还存在一定的差距。国外工业机器人是个非常成熟的工业产品，经历了三十多年的发展历程，并且在实际生产中其技术水平不断地完善和提高，而我国则处于一种单件小批量的生产状态。但是在工艺相对简单的焊接件中，国产焊接机器人有很强的竞争优势。而且结构简单，对员工技能要求相对不高，修理费用相对偏低。在控制器方面，广州数控和南京埃斯顿等企业都相应推出了自主研发的控制系统。经过多年积累，国内机器人控制器所采用的硬件平台和国外产品并没有太大差距，差距主要体现在控制算法、仿真与离线编程和应用软件包上。进口焊接机器人虽可实现复杂工件焊接，但对于操作工和修理工都有很强的技能要求，配件相对昂贵，且很难及时供应。

1. 国外工业机器人发展概况

目前，国际机器人巨头纷纷涌入我国投资或建厂，现介绍如下。

(1) FANUC（发那科） 这是日本一家专门研究数控系统的公司，是世界上唯一提供集成视觉系统的机器人企业。FANUC机器人产品系列多达240种，负重从0.5kg到1.35t，广泛应用在装配、搬运、焊接、铸造、喷涂、码垛等不同生产环节，满足客户的不同需求。FANUC全球机器人装机量已超过25万台，市场份额稳居世界第一。

(2) KUKA（库卡） KUKA及其德国母公司是世界工业机器人和自动控制系统领域的顶尖制造商。1995年KUKA公司分为KUKA机器人公司和KUKA焊接设备有限公司（即现在的KUKA制造系统），2011年3月我国公司更名为库卡机器人（上海）有限公司。KUKA的机器人产品最通用的应用范围包括工厂焊接、操作、码垛、包装、加工或其他自动化作业。

(3) ABB 瑞典ABB公司于1995年成立ABB中国有限公司。2005年起，ABB机器人的生产、研发、工程中心都开始转移到我国上海，目前，我国已经成为ABB全球第一大市场。ABB机器人产品和解决方案已广泛应用于汽车制造、食品饮料、计算机和消费电子等众多行业的焊接、装配、搬运、喷涂、精加工、包装和码垛等不同作业环节，帮助客户大大提高生产率。

(4) 川崎 2006年8月成立的川崎机器人（天津）有限公司主要负责川崎重工生产的工业机器人在我国的销售、售后服务（机器人的保养、维护、维修等）、技术支持等相关工作。川崎的码垛、搬运、焊接等机器人种类繁多，针对客户的不同状况和不同需求提供最适合的机器人、最先进的技术支持。

(5) 那智不二越 该公司在2003年建立了那智不二越（上海）贸易有限公司。其整个产品系列主要是针对汽车产业的。

(6) 史陶比尔 瑞士史陶比尔集团制造生产纺织机械、工业接头和工业机器人。自1982年开始，史陶比尔将其先进的机械制造技术应用到工业机器人领域，并凭借其卓越的技术服务使史陶比尔工业机器人迅速成为全球范围内的领先者之一。目前史陶比尔生产的工业机器人具有更快的速度、更高的精度、更好的灵活性和更好的用户环境的特点。快速、简易的用户操作界面简化了机器操作人员的工作，导航命令的应用为用户带来了最大的生产力，提高了产量。

(7) 柯马 早在1978年，柯马（意大利）便率先研发并制造了第一台机器人，取名为POLARHYDRAULIC机器人。柯马SmartNJ4系列机器人的很多特性都能够给客户耳目一新的感觉。首先，中空结构使所有焊枪的电缆和信号线都能穿行在机器人内部，保障了机器人的灵活性、穿透性和适应性。其次，标准和紧凑版本的自由选择，能够依据客户的项目需求最优化地配置现场布局。另外，节省能源、完美的系统化结构、集成化的外敷设备等都使SmartNJ4系列机器人成为一个特殊而具有革命性的项目。

(8) 爱普生 2009年10月，爱普生机器人（机械手）正式在我国成立服务中心和营销总部。爱普生机器人（机械手）秉承一贯的高速度、高精度、低振动、小型化的特性，为用户提供全球技术领先的高性能产品。同时，爱普生在视觉系统、传送带跟踪技术以及机器人（机械手）力反馈应用技术上有独特的优势，基于这些技术，爱普生机器人（机械手）使独特、高性价比的系统设计成为可能，为我国工业机器人（机械手）的应用提供更为广阔的应用空间。

(9) 日本安川 安川（Yaskawa）机器人活跃在从日本本土到世界各地的焊接、搬运、装配、喷涂以及放置在无尘室内的液晶显示器、等离子显示器和半导体制造等各种各样的产业领域中。

2. 国内工业机器人发展概况

(1) 沈阳新松 新松机器人的产品线涵盖工业机器人、洁净（真空）机器人、移动机器人、特种机器人及智能服务机器人五大系列，其中工业机器人产品填补了多项国内空白，创造了我国机器人产业发展史上多项第一的突破。

(2) 南京埃斯顿 具有全系列工业机器人产品，包括Delta和Scara工业机器人系列，其中标准工业机器人规格从6kg到300kg，应用领域分为点焊、弧焊、搬运、机床上下料等。

(3) 安徽埃夫特 埃夫特机器人被广泛推广到汽车及零部件、家电、电子、卫浴、机床、机械制造、日化、食品和药品、光电、钢铁等行业。

(4) 武汉华数 华中数控研发出四系列27种规格的机器人整机产品；完成了包括冲压、注塑、机械加工、焊接、喷涂、打磨、抛光等几十条自动化线；开发了机器人控制器、示教器、伺服驱动、伺服电动机等近十个规格的机器人核心基础零部件；成立了深圳华数机器人有限公司、重庆华数机器人有限公司、泉州华数机器人有限公司、佛山华数机器人有限公司、武汉机器人事业部。

(5) 广州数控 多年的数控系统技术积淀和数控领域客户资源，使广州数控的机器人业务得以顺利发展。此外，在伺服系统和减速器上也颇有建树，公司计划2020年实现年产3万台工业机器人，实现产值30亿元。

(6) 上海新时达 新时达目前是国内最大的电梯控制系统配套供应商，产品包括电梯控制系统和电梯变频器两个系列。2014年加强了运动控制及机器人领域的资源优势。

(7) 配天 该集团致力于装备制造业解决方案的设计与实施，为客户提供高标准、高质量、高可靠性的产品与服务。集团拥有多技术集成一站式服务能力，秉承低成本生产和高质量服务的原则，公司无论在单个生产环节，或整体技术能力上，都已经在业内具备显著的领先优势。

(8) 广州启帆 主要从事直角、关节机器人本体及其周边配套设备的研发与制造，涵盖喷涂、码垛、搬运、机床上下料、切割、焊接、抛磨、激光等多个行业。

(9) 北京时代科技 由时代集团公司发起并联合清华紫光、联想集团、大恒集团、四通集团等公司共同创建的一个全新的股份公司，主要从事逆变焊机、大型焊接成套设备、弧焊机器人系统、专用焊机及数控切割机的开发、生产与销售。

(10) 上海图灵智造 国产机器人行业的后起之秀。公司的机器人机械本体研发团体，积累了十年以上的机器人行业机械本体开发经验。目前主要攻坚的对象是SCARA 机器人，以及六轴机器人。

3. 焊接机器人的优点

① 稳定和提高焊接质量，保证焊缝均匀性。

② 提高劳动生产率，可 24h 连续工作。

③ 改善工人劳动条件，可在有毒、有害的环境下工作。

④ 降低对工人操作技术的要求。

⑤ 缩短产品改型换代的准备周期，减少相应的设备投资。可实现小批量产品的焊接自动化。

⑥ 能在空间站建设、核能设备维修、深水焊接等极限条件下完成人工无法或难以进行的焊接作业。

⑦ 为焊接柔性生产线提供技术基础。

综上所述可以预料，随着我国经济的进一步发展和市场需求的进一步开拓，焊接机器人及其配套的焊件变位机械，在我国机械制造业中的应用，也会越来越多、越来越广泛。

4. 焊接机器人系统组成

采用机器人进行焊接，仅有一台机器人是不够的，还必须配备外围设备，如焊接电源、焊枪或点焊钳以及焊接工装等。常规的焊接机器人系统由以下五部分组成。

① 焊接机器人本体。一般是伺服电动机驱动的六轴关节式操作机，由驱动器、传动机构、机械手臂、关节以及内部传感器等组成，任务是精确地保证机械手末端（焊枪）所要求的位置、姿态和运动轨迹。

② 焊接工装夹具。主要满足工件的定位、装夹，确保工件准确定位、减小焊接变形，同时要满足柔性化生产要求。柔性化就是要求焊接工装夹具在夹具平台上快速更换，包括气、电的快速切换。

③ 夹具平台。要求满足焊接工装夹具的安装和定位，根据工件焊接生产要求和焊接工艺要求的不同，其设计形式也不同。它对焊接机器人系统的应用效率起到

至关重要的作用。通常都以它的设计形式和布局来确定其工作方式。

④ 控制系统。它是机器人系统的神经中枢，主要是对焊接机器人系统硬件的电气系统控制，通常采用PLC为主控单元，人机界面触摸屏为参数设置和监控单元以及按钮站，负责处理机器人工作过程中的全部信息和控制其全部动作。

⑤ 焊接电源系统。包括焊接电源、专用焊枪或点焊钳等，焊接电源根据种类和应用广泛程度不同可分为弧焊机器人和阻焊机器人。

对于小批量多品种、体积或重量较大的产品，可根据其焊缝空间分布情况，采用简易焊接机器人工作站（图6-1），以适应“多品种、小批量”的柔性化生产。

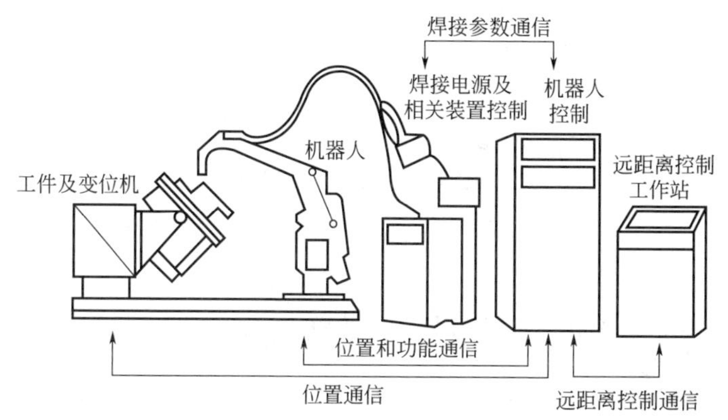

图6-1　典型弧焊机器人工作站

对于工件体积小、易输送，且批量大、品种规格多的产品，将焊接工序细分，即设计合理的工艺分离面。

采用机器人与焊接专机组合的生产流水线，结合模块化的焊接夹具以及快速换模技术，以达到投资少、效率高的低成本自动化目的。

比较简单的焊接机器人生产线是把多台工作站（单元）用工件输送线连接起来组成一条生产线。这种生产线仍然保持单站的特点，即每个站只能用选定的工装夹具及焊接机器人的程序来焊接预定的工件，在更改夹具及程序之前的一段时间内，这条生产线是不能焊接其他工件的（图6-2）。

图6-2　焊接机器人生产线

焊接柔性生产线（FMS-W）也是由多个站组成，不同的是被焊工件都装夹在统一形式的托盘上，而托盘可以与线上任何一个站点的变位机相配合并被自动夹紧，焊接机器人系统首先对托盘的编号或工件进行识别，自动调出焊接这种工件的程序进行焊接，这样每一个站不需进行任何调整就可以焊接不同的工件。

焊接柔性生产线一般有一个轨道子母车，子母车可以自动将点固好的工件从存放工位取出，再送到有空位的焊接机器人工作站的变位机上，也可以从工作站上把焊好的工件取下，送到成品件流出位置。整个焊接柔性生产线由一台调度计算机控制，因此只要白天装配好足够多的工件，并放到存放工位上，夜间就可以实现无人或少人生产了。

工厂选用哪种自动化焊接生产形式，必须根据工厂的实际情况及需要而定。焊接专机适合批量大、改型慢的产品，而且工件的焊缝数量较少、较长、形状规则（直线、圆形）的情况；焊接机器人系统一般适合中小批量生产，被焊工件的焊缝可以短而多，形状较复杂。

焊接柔性生产线特别适合产品品种多、每批数量又很少的情况，目前国外企业正在大力推广无（少）库存，按订单生产（JIT）的管理方式，在这种情况下采用焊接柔性生产线是比较合适的。

二、弧焊机器人的组成及腕、臂部的传动控制特征

弧焊机器人主要由以下四部分组成。

① 操作（执行）部分。该部分是机器人为完成焊接任务而传递力或力矩，并执行具体动作的机械结构，包括机身、臂、腕、手（焊枪）等。

② 控制部分。该部分是控制机械结构按照设定的程序和轨迹，在规定的位置（点）之间完成焊接作业的电子电气器件和计算机，可存储有关数据和指令，可与焊接电源、焊件变位机械、焊件输送装配机械等进行信息交换，协调相互之间的动作，调节焊接规范等。

③ 动力源及其传递部分。其动力以电动为主，也有液压的。

④ 工艺保障部分。该部分主要有焊接电源，送丝、送气装置，电弧及焊缝跟踪传感器等。机器人臂端运动所对应的坐标系有四种形式，即直角坐标系、圆柱坐标系、球形坐标系和多球形坐标系（图6-3）。各坐标系的特性见表6-1。

表6-1 机器人各坐标系的特性

坐标系类型	臂端在空间的运动范围	占用空间	相对工作范围	结构	运动精度	直观性	应用情况
直角坐标系	长方体	大	小	简单	容易达到	强	少
圆柱坐标系	圆柱体	较小	较大	较简单	较易达到	较强	较少
球形坐标系	球体	小	大	复杂	较难达到	一般	较多
多球形坐标系	多球体	最小	最大	很复杂	难达到	差	最多

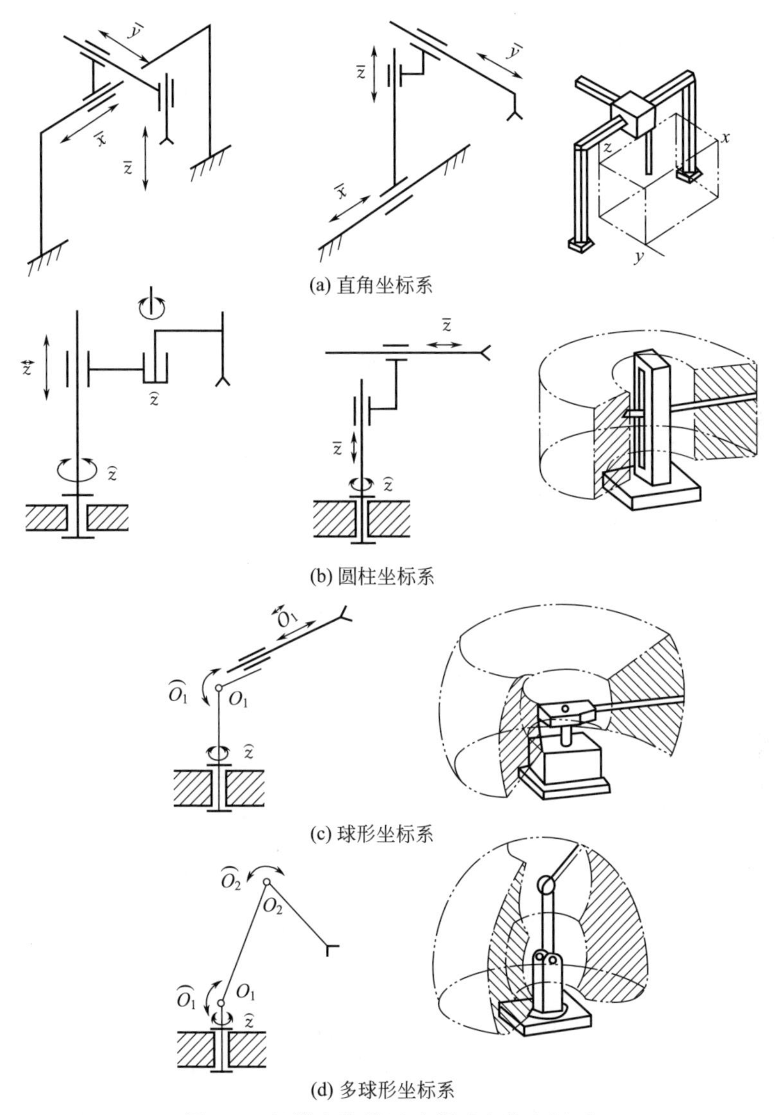

(a) 直角坐标系

(b) 圆柱坐标系

(c) 球形坐标系

(d) 多球形坐标系

图 6-3 机器人臂端运动所对应的坐标系

$\overline{x}$—沿 x 轴的线位移；$\overline{y}$—沿 y 轴的线位移；$\overline{z}$—沿 z 轴的线位移；$\widehat{z}$—绕 z 轴的角位移；$\overleftrightarrow{z}$—垂直于 z 轴的辐射位移；$\widehat{O}_1$—绕 O_1 轴的角位移；$\widehat{O}_2$—绕 O_2 轴的角位移；$\overrightarrow{O}_1$—相对于 O_1 点的辐射位移

任何一种机器人的臂部都有三个自由度，这样机器人臂的端部就能达到其工作范围内的任何一点。但是对焊接机器人来说，不但要求焊枪能够到达其工作范围内的任何一点，而且还要求在该点不同方位上能进行焊接。为此，在臂端和焊枪之间，还需要设置一个“腕”部，以提供三个自由度，调整焊枪的姿态，保证焊接作业的实施（图 6-4）。

由图6-4可知，腕部的三个自由度，是绕空间相互垂直的三个坐标轴x、y、z的回转运动，通常把这三个运动分别称为滚转运动、俯仰运动、偏转运动。在结构不同的机器人中，这三个运动的布置顺序也不相同。焊接机器人有了臂部和腕部提供的六个自由度后，其手部（焊枪）就可以到达工作范围内的任何位置，并在该位置的不同方位上，以所需的姿态完成焊接作业。

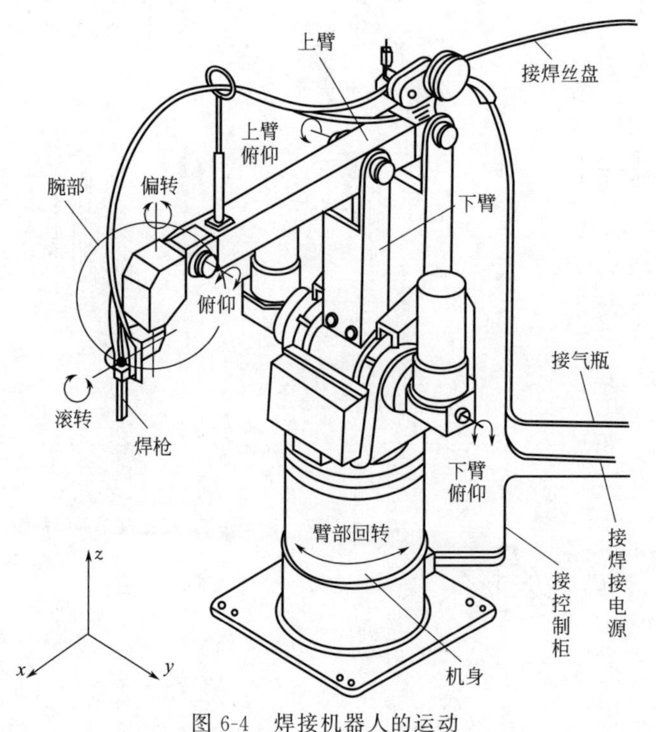

图6-4 焊接机器人的运动

由图6-3、图6-4可知，机器人的每一个自由度，必有一个相应的关节。为了使各关节的运动互不干涉，则各个关节必须是独立驱动的，其驱动方式通常有液压、气动和电动三种。随着高性能伺服电动机的出现，在焊接机器人中几乎都采用了电驱动。过去以永磁直流伺服电动机驱动应用较多，但现在已被永磁同步交流伺服电动机所取代。其原因一方面是永磁材料性能提高且价格下降；另一方面是交流伺服电动机的构造比较简单，没有整流产生的电磁干扰，并且能够实现高性能的优良控制。

在机器人传动系统中，普遍采用了齿形带、滚珠丝杠、精密齿轮副、谐波减速器等先进、精密、轻质、高强的传动器件。

图6-5所示为一台关节式机器人的腕部传动系统结构，交流伺服电动机1通过谐波减速器（由件3、4、21、22、23等组成）驱动一对精密圆锥齿轮副（件7、17）成90°传动后，使腕部产生俯仰运动。另一交流伺服电动机20通过另一谐波减速器（由件10、11、13、14、15组成）直接驱动连接焊枪的法兰12，以产生偏转

运动。这两个运动来自各自的驱动系统，所以不会发生运动干涉。采用谐波减速器的目的，主要是由于其体积小、重量轻、减速比大，经它减速后，可使交流伺服电动机驱动腕部运动的输出转矩得到进一步增大。

图 6-6 所示为上臂俯仰运动简图，图 6-7 所示为下臂俯仰运动简图。它们都是通过交流伺服电动机驱动滚珠丝杠，使上、下臂产生俯仰运动。上、下臂构成一个平行四边形机构，上臂为短边，下臂为长边。它们可同时驱动，也可单独驱动，上臂运动不会改变下臂的姿态，下臂运动也不会改变上臂的姿态，相互均不发生运动干涉。

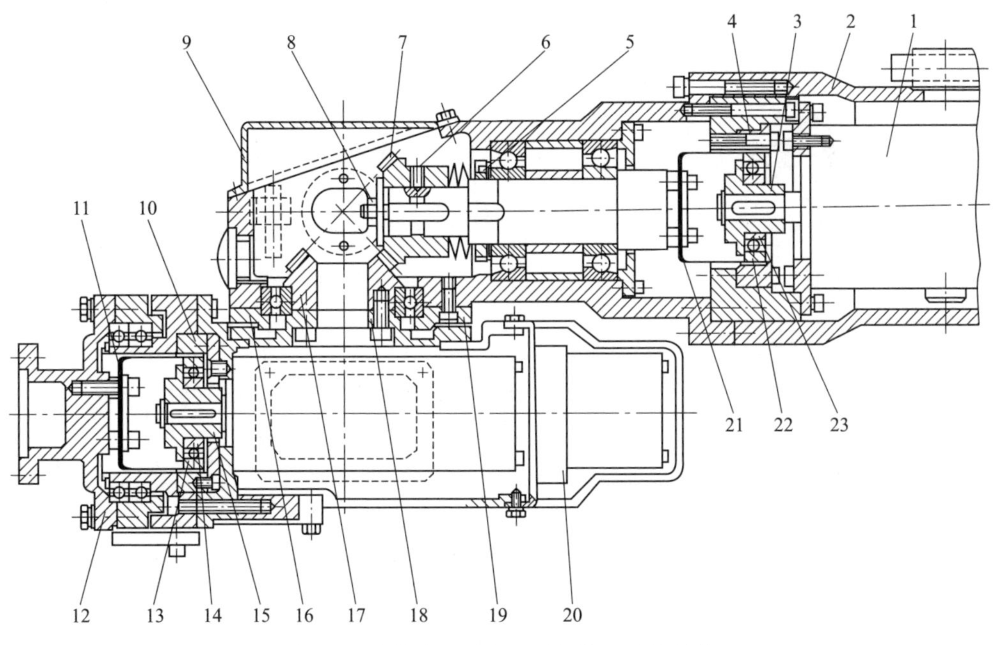

图 6-5　关节式机器人的腕部传动系统结构

1,20—交流伺服电动机；2—上臂；3,15—发生器椭圆轮；4,10—刚性轮；5—防松螺母；6—紧固螺钉；7,17—圆锥齿轮；8—紧固螺母；9—侧盖；11,21—柔性轮；12—焊枪连接法兰；13,22—发生器外圈；14,23—发生器内圈；16—端盖；18—连接法兰；19—连接套筒

有的机器人，下臂的运动是由交流伺服电动机直接驱动的，上臂运动有的也是直接驱动的；有的则是通过齿形带将动力传递到上方驱动的。上述传动形式，与经滚珠丝杠驱动的相比，要求电动机的输出转矩要大。

机器人机身的回转，多是由交流伺服电动机经谐波减速器减速后直接驱动，或者再经一级齿轮副，驱动固定在机身上的齿圈使机身转动。

在机器人控制系统中，采用“示教”编程。但是近年来，以程序语言编程的方法，因其固有的优点而受到重视，必将在重要关键性焊件的焊接中得到应用。

各种焊接机器人的技术性能，主要由两部分表示：一部分是机器人本体的技术数据；另一部分是控制系统的技术数据。表 6-2 列出了 TB1400 型焊枪电缆内藏式机器人本体的技术数据。其作业空间范围如图6-8所示。

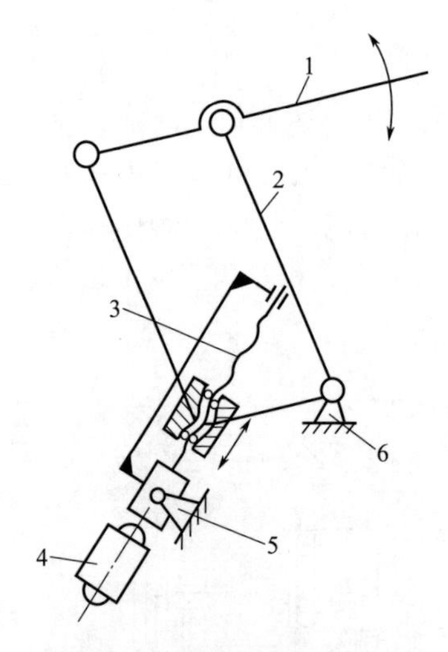

图6-6 上臂俯仰运动简图

1—上臂；2—下臂；3—滚珠丝杠传动副；4—交流伺服电动机；5—驱动系统铰链支座；6—下臂铰链支座

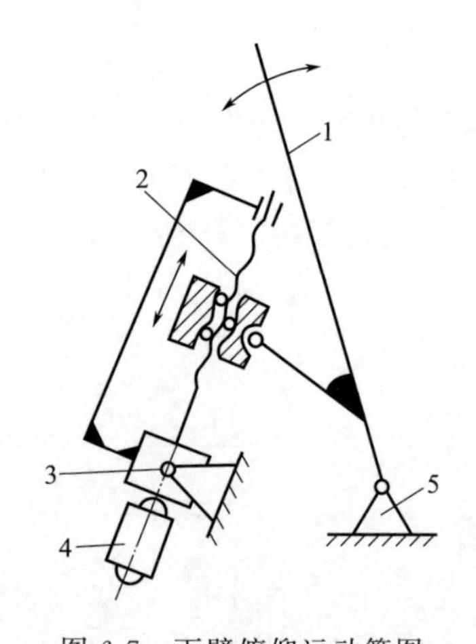

图6-7 下臂俯仰运动简图

1—下臂；2—滚珠丝杠传动副；3—驱动系统铰链支座；4—交流伺服电动机；5—下臂铰链支座

表6-2 TB1400型焊枪电缆内藏式机器人本体的技术数据

<table>
<tr><td colspan="3">型号</td><td>TB1400</td></tr>
<tr><td colspan="3">适用</td><td>TAWERS控制器</td></tr>
<tr><td colspan="3">类型</td><td>焊枪电缆内藏型</td></tr>
<tr><td colspan="3">结构</td><td>六轴独立多关节型</td></tr>
<tr><td colspan="3">手腕负载能力</td><td>4kg</td></tr>
<tr><td colspan="2" rowspan="3">动作范围</td><td>最大到达距离</td><td>1437mm</td></tr>
<tr><td>最小到达距离</td><td>376mm</td></tr>
<tr><td>前后动作范围</td><td>1061mm</td></tr>
<tr><td rowspan="6">动作速度</td><td rowspan="3">手臂</td><td>旋转(RT轴)</td><td>2.97rad/s(170°/s)</td></tr>
<tr><td>抬臂(UA轴)</td><td>2.97rad/s(170°/s)</td></tr>
<tr><td>前伸(FA轴)</td><td>3.32rad/s(190°/s)</td></tr>
<tr><td rowspan="3">手腕</td><td>回转(RW轴)</td><td>5.93rad/s(340°/s)</td></tr>
<tr><td>弯曲(BW轴)</td><td>6.54rad/s(375°/s)</td></tr>
<tr><td>扭曲(TW轴)</td><td>10.5rad/s(600°/s)</td></tr>
<tr><td colspan="3">重复定位精度</td><td>±0.1mm以内</td></tr>
<tr><td colspan="2" rowspan="2">电动机</td><td>总驱动功率</td><td>3kW</td></tr>
<tr><td>制动器规格</td><td>带全轴制动器</td></tr>
<tr><td colspan="3">安装方式</td><td>地面、天吊</td></tr>
<tr><td colspan="3">机器人本体质量</td><td>约171kg</td></tr>
</table>

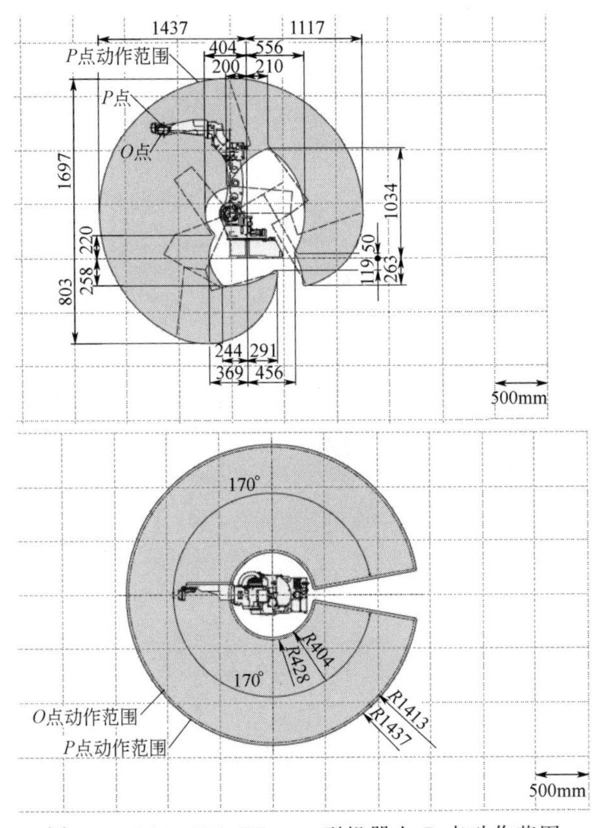

图 6-8　TAWERS-TB1400 型机器人 P 点动作范围

三、点焊机器人

点焊机器人的典型应用领域是汽车工业。一般装配每台汽车车体大约需要完成3000～4000 个焊点，而其中的 60%是由机器人完成的。在有些大批量汽车生产线上，服役的机器人台数甚至多达 150 台。汽车工业引入机器人已取得了下述明显效益：改善多品种混流生产的柔性；提高焊接质量；提高生产率；把工人从恶劣的作业环境中解放出来。今天，机器人已经成为汽车生产行业的支柱。

最初，点焊机器人只用于增强焊点作业（在已拼接好的工件上增加焊点）。后来，点焊机器人逐渐被要求具有更全的作业性能。具体来说有安装面积小，工作空间大；快速完成小节距的多点定位（例如每 0.3～0.4s 移动 30～50mm 节距后定位）；定位精度高（±0.25mm），以确保焊接质量；持重大（300～1000N），以便携带内装变压器的焊钳；示教简单，节省工时；安全可靠性好。

点焊机器人虽然有多种结构形式，但大体上都可以分为三大组成部分，即机器人本体、点焊焊接系统及控制系统。典型点焊机器人系统如图 6-9 所示。

图 6-9 典型点焊机器人系统

1. 点焊机器人本体

以图 6-10 所示的库卡 KR180 R3100 prime K 为例，其最大负载能力达 180kg，作用半径达 3101mm。作为新一代紧凑型加工机器人中的代言人，该机器人特别适合于点焊并能提供最佳的工艺结果。其允许的工作范围非常大，因此在狭小的空间也可自如作业。这对于电极修磨等操作来说是极其有益的。库卡 KR180 R3100 prime K 本体技术数据见表 6-3。

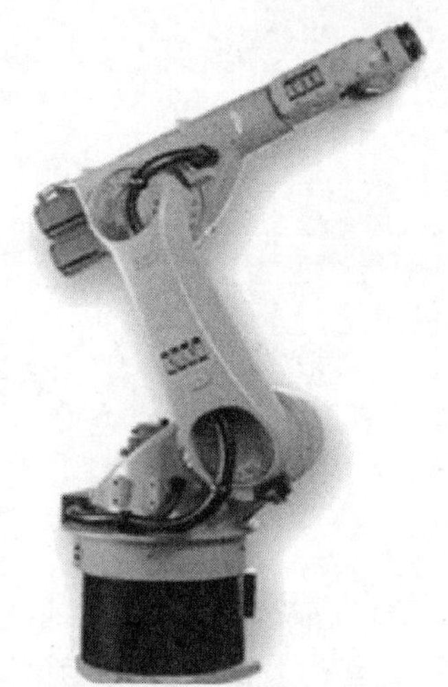

图 6-10 库卡 KR180 R3100 prime K 本体

2. 点焊机器人焊钳

如图 6-11 所示，点焊机器人焊钳从用途上可分为 C 形和 X 形两种。C 形焊钳用于点焊垂直及近于垂直倾斜位置的焊缝；X 形焊钳则主要用于点焊水平及近于水平倾斜位置的焊缝。

表 6-3 库卡 KR180 R3100 prime K 本体技术数据

手腕负载能力	180kg
最大工作范围	3101mm
轴数	6 轴
重复定位精度	0.06mm(多台机器人测试综合平均值)
机器人版本	标准版
防护等级	IP65

续表

轴	动作范围	最大速度
A1	+185°～-185°	105°/s
A2	+70°～-140°	107°/s
A3	+155°～-120°	114°/s
A4	+350°～-350°	179°/s
A5	+125°～-122.5°	172°/s
A6	+350°～-350°	219°/s
电源	三相四线 380V,50Hz	
机器人重量	1168kg	

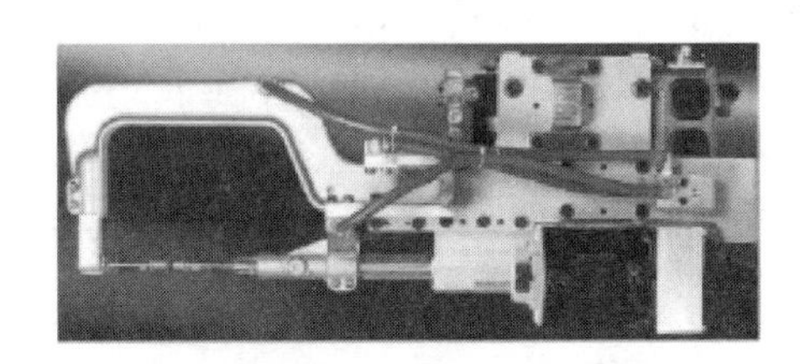

(a) C形伺服焊钳

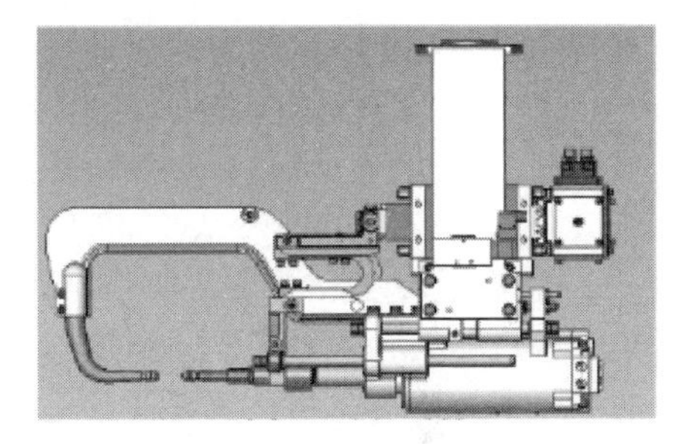

(b) C形气压焊钳

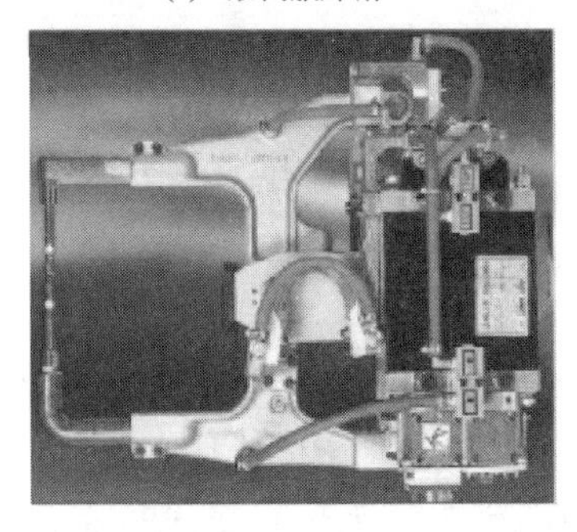

(c) X形伺服焊钳

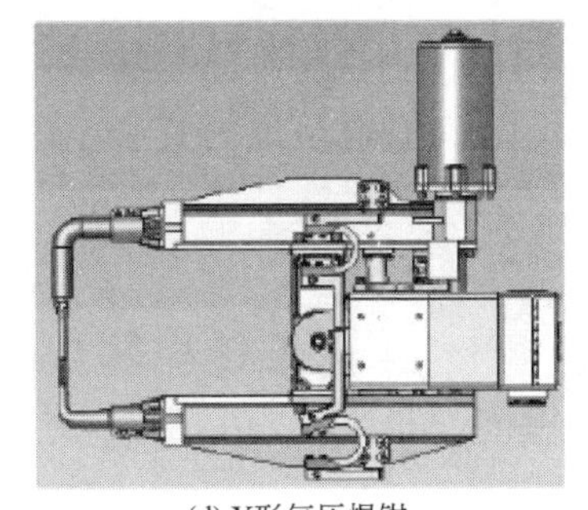

(d) X形气压焊钳

图 6-11 点焊机器人焊钳

3. 点焊工艺对机器人的基本要求

① 点焊作业一般可采用点位控制（PTP），其定位精度应不大于±1mm。

② 必须使点焊机器人可达到的工作空间大于焊接所需的工作空间，该空间由焊点位置及焊点数量确定。一般来说，该工作空间应大于 $5m^3$。

③ 按工件形状、种类、焊缝位置选用机器人末端执行器，即垂直及近于垂直

的焊缝选C形焊钳，水平及近于水平倾斜的焊缝选用X形焊钳。某些先进的点焊机器人，可自动更换焊钳种类和型号。焊钳重量要轻，可具有长、短两种行程，以便于快速焊接及修整、更换电极、跨越障碍等。一体式焊钳的重心应设计在固定法兰盘的轴心线上。

④ 根据选用的焊钳结构（分离式、一体式、内藏式）、焊件材质与厚度及焊接电流波形（工频交流、逆变直流等）选取适当抓重（腕部负载能力）的点焊机器人，通常抓重为50～120kg。

⑤ 机器人应具有较高的抗干扰能力和可靠性（平均无故障工作时间应超过2000h，平均修复时间不大于30min）；具有较强的故障自诊断功能，例如可发现电极与工件发生“黏结”而无法脱开的危险情况，并能使电极沿工件表面反复扭转直至故障消除。

⑥ 点焊机器人示教记忆容量（控制器计算机可存储的位置、姿态、顺序、速度等信息的容量—编程容量，通常用时间或位置点数来表示）应大于1000点。

⑦ 机器人应具有较高的点焊速度（例如每分钟60点以上），它可保证单点焊接时间（含加压、焊接、维持、休息、移位等点焊循环）与生产线物流速度匹配，且其中50mm短距离（焊点间距）移动的定位时间应缩短到0.4s以内。

⑧ 需采用多台机器人时，应研究是否选用多种型号，并与多点焊机及简易直角坐标机器人并用等问题；当机器人布置间隔较小时，应注意动作顺序的安排，可通过机器人群控或相互间联锁作用避免干涉。

4. 引入点焊机器人可取得的效益

① 机器人取代了笨重、单调、重复的体力劳动。

② 能更好地保证点焊质量。

③ 可长时间重复工作，提高生产率30%以上。

④ 组成柔性自动生产系统（FMS），特别适应新产品开发和多品种生产，增强企业应变能力。

四、采用焊接机器人的注意事项

焊接机器人，特别是弧焊机器人，对其使用的生产技术环境要求较高。例如，焊件的结构形式、焊缝的多少和形状复杂程度，焊接产品的批量大小及其变化频率、采用的焊接方法及对焊接质量的要求、外围设备的性能及配套完备程度、调试及维修技术保障体系的健全程度等，都影响着机器人使用的合理性与经济性。因此，在采用焊接机器人之前，应从以下几个方面进行充分的论证。

① 从拟生产焊件的品种和批量及其变化频率论证，确认焊件的生产类型，只有“多品种、小批量”生产性质，才适宜采用焊接机器人。否则，宜使用焊接机械手或焊接操作机、专用焊接机床或通用机械化焊机。

② 仔细分析焊件的结构尺寸。如果是以中小型焊接零件为主，则宜采用机器

人焊接；如果以大型金属结构件（例如大型容器、金属构架、重型机床床身等）为主，则只能将焊接机器人安装在大型移动门式操作机或重型伸缩臂式操作机上才能进行焊接。

③ 如果焊件材质和厚度有利于采用点焊或气体保护焊工艺，则宜采用焊接机器人。

④ 考虑选用焊接机器人是否用于焊接产品的关键部位，对保证产品质量能否起决定性的作用；能否把焊工从有害、单调、繁重的工作中解放出来。

⑤ 考虑由上游工序提供的坯件，在尺寸精度和装配精度方面能否满足机器人焊接的工艺要求。如果不能，要考虑对上游工序的技术改造，否则将会影响机器人的使用。

⑥ 考虑与机器人配套使用的外围设备（上下料设备、输送设备、焊接工装夹具、焊件变位机械）是否满足机器人焊接的需要，是否能与机器人联机协调动作，夹具的定位精度、变位机械的到位精度（非同步协调时）和运动精度（同步协调时）是否满足机器人焊接的工艺要求。如果上述外围设备不能满足机器人焊接的需要，则将极大地限制机器人作用的发挥。

⑦ 目前，在我国许多工厂引进的弧焊机器人中，有些已具有机器人与焊件变位机械同步协调运动的功能，因而能使一些空间曲线焊缝或较复杂的焊缝始终保持在水平位置上进行焊接，并能一次起弧就连续焊完整条焊缝。但是这些带同步协调运动控制的弧焊机器人系统，都是由外国机器人生产厂事先编程、调好后交付使用的，目前国内还未掌握有关技术。因此，在引进该类机器人时，除注意针对当前产品需要提出同步协调控制要求外，也要适当考虑今后产品发展的需要，要求外方给予后续编程、调试的承诺。

⑧ 考虑工厂的现行管理水平、调试维修的技术水平和二次开发能力，能否保证对焊接机器人高质、高效地应用，以达到保证产品质量，降低生产成本，提高生产率，实现自动化、省力化操作的目的。否则，应采取相应的措施。

在确认和通过上述内容的论证后，再从焊接机器人对各种焊接方法的适应性、自由度（一般5～6个）、空间作业范围（固定式机器人一般为4～6m^3）、载重量（一般小于10kg，满足焊枪搭载即可，但点焊机器人要远远大于此值）、运动速度（空程速度约1000mm/s，焊接速度随施焊工艺可调）、重复定位精度（0.1～1mm，点焊机器可大于此值）、程序编制与存储容量等基本参数出发，结合具体产品要求，选用适合生产需要的焊接机器人。目前，从控制方式和技术成熟程度来看，以选用示教再现型的关节式焊接机器人为宜。

对于高校或科研院所以及自动化程度较高的企业，可以考虑选用ABB机器人，特别是可以学习专门为ABB机器人配的仿真软件“Robotstudio”，在此软件中可以进行实际产品的焊接模拟及仿真和真正实现机器人的焊接离线编程。仿真的结果、参数、配置真实可靠，可以直接传送到实际机器人使用。还可以此为基础建立数字化生产线，缩短调试时间，从而节省人力和物力进行焊接机器人的教学、科研及生产工作。

五、焊接机器人专用夹具的设计

在机器人自动焊接加工中，专用夹具起着非常关键的作用，夹具设计的成败往往直接影响机器人焊接加工系统的成败，好的夹具系统是成功开发机器人自动化焊接系统的关键因素。随着焊接方法的增多和改进，焊接工艺水平的提高，焊接夹具也由原来传统的手动夹具，逐步过渡到气动夹具、电动夹具，以至机器人专用夹具，夹具设计思想也由原来低精确度的形面、孔位定位，逐步向高精确度、模拟智能型发展。

传统的焊接夹具设计，一般要从制件的操作顺序、制件的自由度控制、制件施焊部位的操作性三个主要方面对夹具进行考虑，其设计理念是尽量在一个夹具上实现点焊的施焊过程，尽量避免辅助结构及不必要的夹紧、定位方式，使夹具结构简单、装夹迅速。

机器人焊接夹具在设计思想上与传统手工夹具完全不同，它有自己的设计原则和规范。机器人专用夹具要求精度高，因为机器人本身不具备判断能力，它每次都严格执行给定的程序，或者执行示教过的工作。高精度的夹具不仅保证了工件本身的精度要求，而且也保证了机器人能正常完成焊接工作，尽量减少工件误差对施焊的影响。

图 6-12 点焊机器人焊接夹具

在机器人焊接夹具设计时，还要考虑给机器人焊枪留有足够的空间，因为机器人焊枪相比手工焊接焊枪要大一些。对于点焊机器人焊接工艺的夹具结构，除了要满足传统焊接夹具设计思想，还应考虑到机器人手臂轨迹控制的难易程度、轨迹运行的稳定性以及路径规划，还有夹具在工作状态时，其操作面的位置是否对焊枪运动轨迹控制有所影响。图 6-12 所示为点焊机器人焊接夹具，其设计就考虑了机器人焊枪的可达性。

点焊机器人系统的生产节拍相对较短，夹具出现磨损或变形也必然较快，尤其是夹具承受冲击载荷的部位，对这些部位应设计成可以调整或更换的结构，保证夹具的定位和夹紧。

第二节　焊接机器人用的焊件变位机械

一、焊件变位机械与焊接机器人的运动配合及精度

焊接机器人虽然有5～6个自由度，其焊枪可到达作业范围内的任意点以所需的姿态对焊件施焊，但在实际操作中，对于一些结构复杂的焊件，如果不将其适时变换位置，就可能会和焊枪发生结构干涉，使焊枪无法沿设定的路径进行焊接。另外，为了保证焊接质量，提高生产效率，往往要把焊缝调整到水平、船形等最佳位置进行焊接，因此，也需要焊件适时地变换位置。基于上述两个原因，焊接机器人几乎都是配备了相应的焊件变位机械才实施焊接的，其中以翻转机、变位机和回转台为多。

图6-13所示为弧焊机器人与焊接翻转机的配合；图6-14所示为弧焊机器人与焊接变位机的配合。焊件变位机械与焊接机器人之间的运动配合，分非同步协调和同步协调两种。前者是机器人施焊时，焊件变位机械不运动，待机器人施焊终了时，焊件变位机械才根据指令动作，将焊件再调整到某一最佳位置，进行下一条焊缝的焊接，如此周而复始，直到将焊件上的全部焊缝焊完。后者不仅具有非同步协调的功能，而且在机器人施焊时，焊件变位机械可根据相应指令，带着焊件协调运动，从而将待焊的空间曲线焊缝连续不断地置于水平或船形位置上，以利于焊接。由于在大多数焊接结构上都是空间直线焊缝和平面曲线焊缝，而且非同步协调运动的控制系统相对简单，所以焊件变位机械与机器人的运动配合，以非同步协调运动的居多。

图6-13　弧焊机器人与焊接翻转机的配合

图6-14　弧焊机器人与焊接变位机的配合

这两种协调运动，对焊件变位机械的精度要求是不同的，非同步协调要求焊件变位机械的到位精度高；同步协调除要求到位精度高外，还要求高的轨迹精度和运

动精度。这就是机器人用焊件变位机械与普通焊件变位机械的主要区别。

焊件变位机械的工作台，多是做回转运动和倾斜运动，焊件随工作台运动时，其焊缝上产生的弧线误差，不仅与回转运动和倾斜运动的转角误差有关，而且与焊缝微段的回转半径和倾斜半径成正比。焊缝距回转或倾斜中心越远，在同一转角误差情况下产生的弧线误差就越大。

通常，焊接机器人的定位精度多在0.1～1mm之间，与此相匹配，焊件变位机械的定位精度也应在此范围内。现以定位精度1mm计，则对距离回转或倾斜中心500mm的焊缝，变位机械工作台的转角误差需控制在0.36°以内；而对相距1000mm的焊缝，则需控制在0.18°以内。因此，焊件越大，其上的焊缝离回转或倾斜中心越远，要求焊件变位机械的转角精度就越高。这无疑增加了制造和控制大型焊件变位机械的难度。

二、焊接机器人用焊件变位机械的结构及传动

焊接机器人用的焊件变位机械主要有回转台［图6-15(a)、图6-17(a)］、翻转机［图6-15(b)、(c)、图6-17(b)］、变位机（图6-16、图6-18）三种。为了提高焊接机器人的利用率，常将焊件变位机械做成两个工位（图6-17、图6-18）的，对一些小型焊件使用的变位机还做成多工位的，另外也可将多个焊件变位机械布置在焊接机器人的作业区内，组成多个工位（图6-19）。

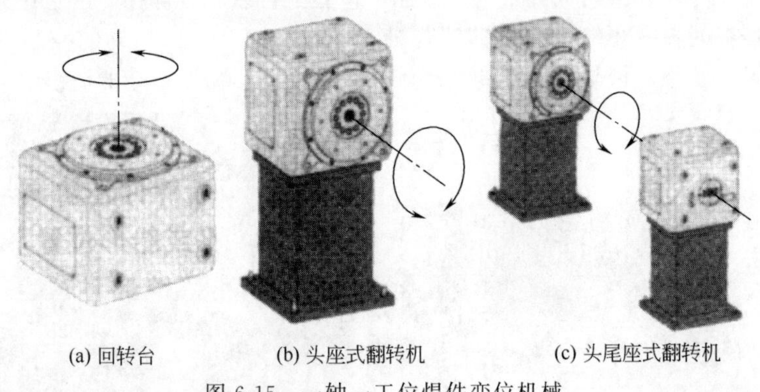

(a) 回转台　(b) 头座式翻转机　(c) 头尾座式翻转机

图6-15　一轴一工位焊件变位机械

为了扩大焊接机器人的作业空间，可将机器人设计成倒置式的（图6-20），安装在门式和重型伸缩臂式焊接操作机上，用来焊接大型结构或进行多工位焊接。除此之外，还可将焊接机器人置于滑座上，沿轨道移行，这样也可扩大机器人的作业空间，并使焊件的装卸更方便（图6-13）。图6-21所示为将弧焊机器人吊在门形梁上，沿轨道移动，构成加工单元，用来焊接长形构件。

焊接机器人所用焊件变位机械的动力头，在国外已有系列标准，且有市售产品供应。图6-15～图6-18所示的焊件变位机械，都是由不同载荷的标准动力头组装而成的。焊接机器人移行用的精密导轨，在国外也有标准化、系列化的产品供应。

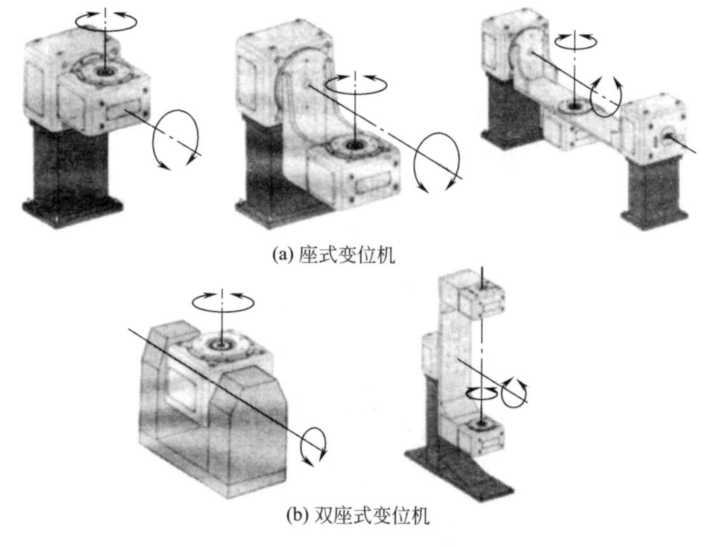

(a) 座式变位机

(b) 双座式变位机

图 6-16　二轴一工位焊件变位机械

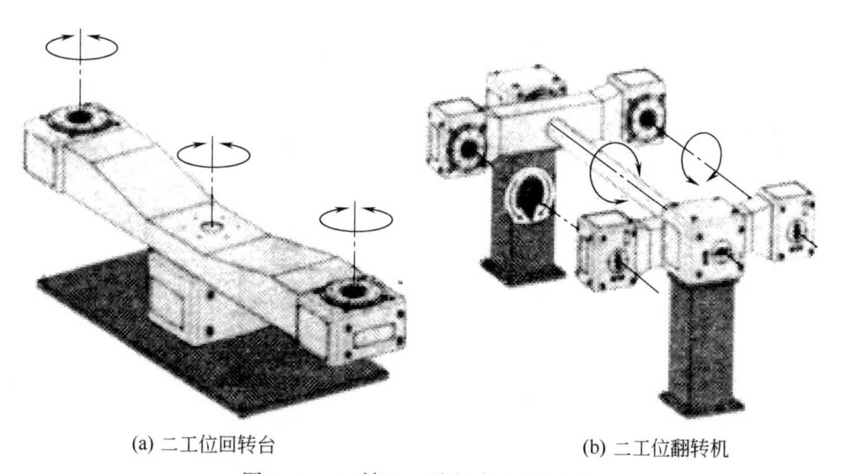

(a) 二工位回转台　(b) 二工位翻转机

图 6-17　三轴二工位焊件变位机械

用于非同步协调运动的焊件变位机械，因是点位控制，故其传动系统和普通变位机械的相仿，恒速运动的采用交流电动机驱动；变速运动的采用直流电动机驱动或交流电动机变频驱动。但是为了精确到位，常采用带制动器的电动机，同时在传动链末端（工作台）设有气动锥销强制定位机构。定位点可视要求按每隔 30°、45°或 90°分布。图 6-22 所示为控制气动锥销动作的气路，气缸 2 的头部装有锥销 1，锥销的伸缩由电磁换向阀 3 控制，当工作台 6 转到设定的角度后，其上的撞块与固定在机身上的行程开关接触（图中未画出），行程开关发出电信号使电磁换向阀切换阀位，改变气缸的进气方向，使气缸反向动作。

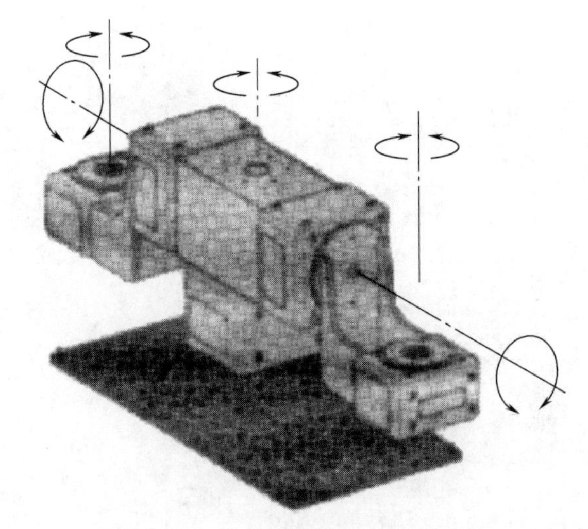

图 6-18 五轴二工位焊接变位机

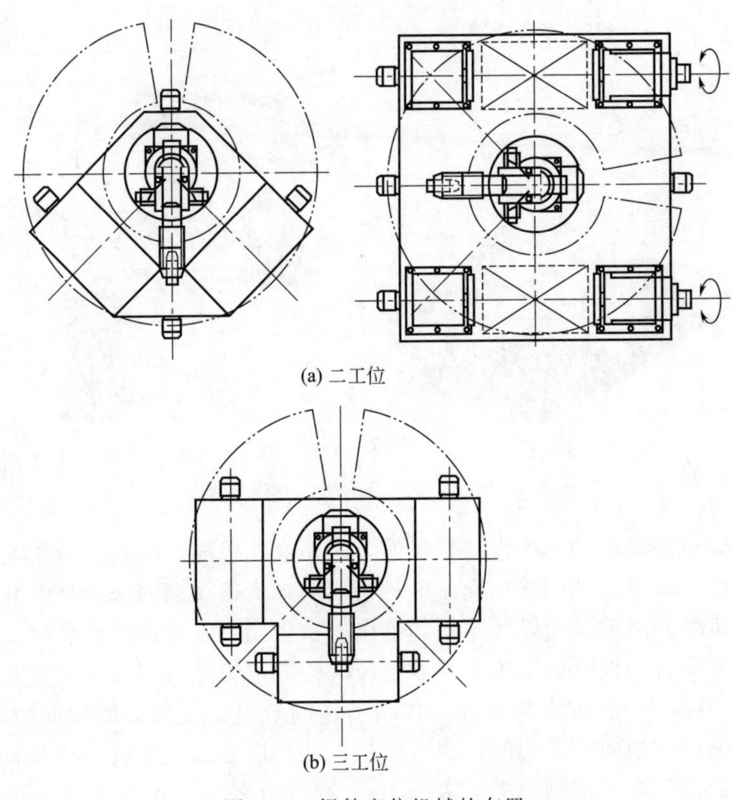

(a) 二工位

(b) 三工位

图 6-19 焊件变位机械的布置

用于同步协调运动的焊件变位机械，因为是轨迹控制，所以传动系统的运动精度和控制精度，是保证焊枪轨迹精度、速度精度和工作平稳性的关键。因此，多采用交流伺服电动机驱动，闭环、半闭环数控。在传动机构上，采用精密传动副，并将其布置在传动链的末端。有的在传动系统中还采用了双蜗杆预紧式传动机构（图6-23），以消除齿侧间隙对运动精度的影响。另外，为了提高控制精度，在控制系统中应采用每转高脉冲数的编码器，通过编码器位置传感元件和工作台上作为计数基准的零角度标定孔，使工作台的回转或倾斜与编码器发出的脉冲数联系在一起。为了提高焊枪运动的响应速度，要降低变位机的运动惯性，为此应尽量减小传动系统的飞轮矩。

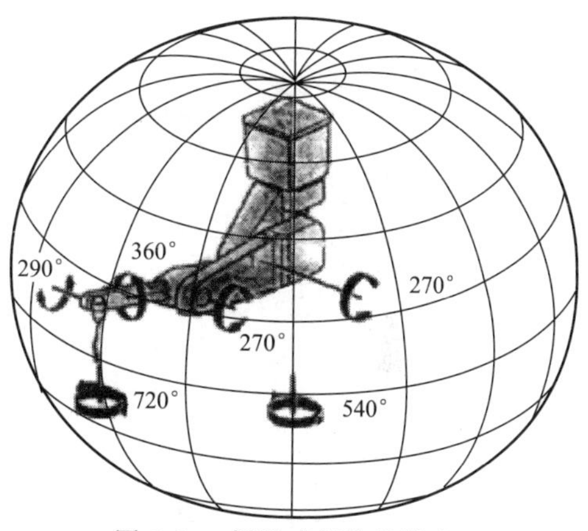

图 6-20 倒置式焊接机器人

图 6-21 焊接长形构件的弧焊机器人加工单元

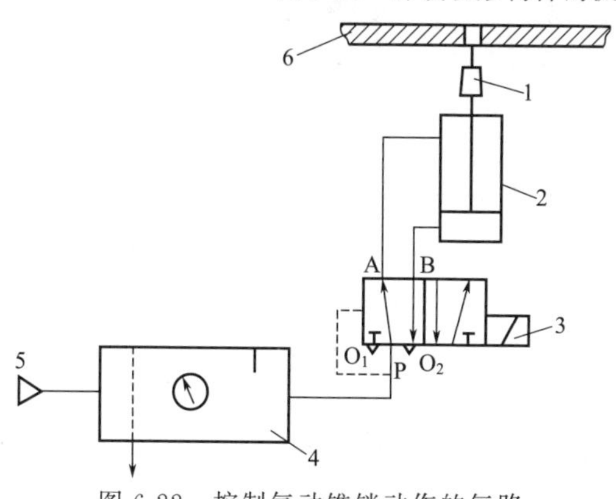

图 6-22 控制气动锥销动作的气路

1—锥销；2—气缸；3—电磁换向阀；4—三联件（空气水分滤气器、减压阀、油雾器）；5—气源；6—回转工作台

采用伺服驱动后，若选用输出转矩较大的伺服电动机，则可使传动链大大缩短，传动机构可进一步简化，有利于传动精度的提高。若采用闭环控制，则对传动机构制造精度的要求相对半闭环控制的为低，并会获得较高的控制精度，但控制系统相对复杂，造价也高。

图 6-24 所示为 0.5t 数控焊接变位机，其技术性能见表 6-4。

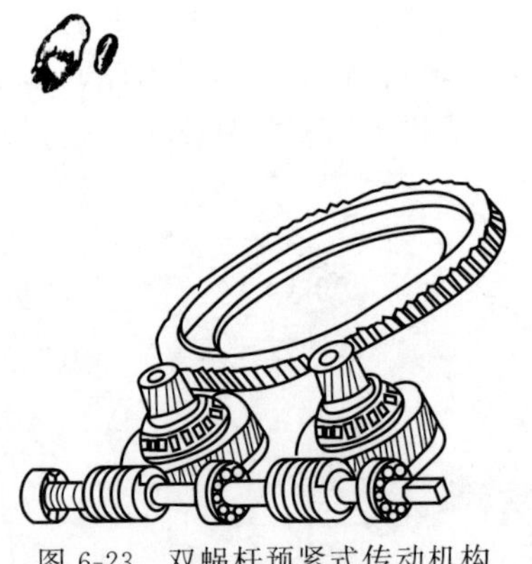

图 6-23 双蜗杆预紧式传动机构

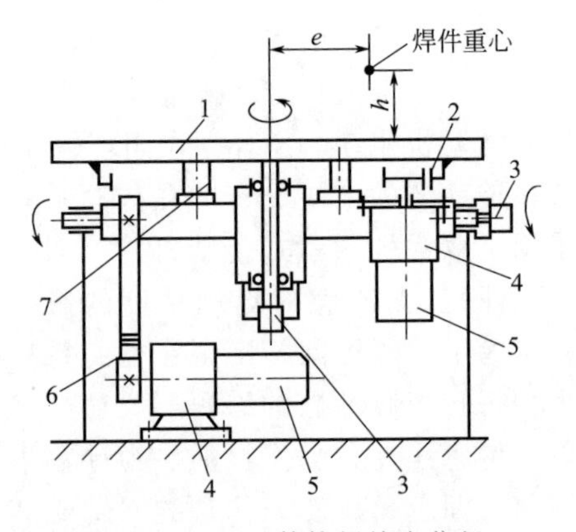

图 6-24 0.5t 数控焊接变位机

1—工作台；2—内啮合齿轮副；3—编码器；4—谐波减速器；5—交流伺服电动机；6—外啮合齿轮副；7—导电装置

表 6-4 数控焊接变位机技术数据

<table>
<tr><td colspan="3">载 重 量</td><td>500kg</td><td rowspan="8">谐波减速器</td><td rowspan="4">回转用</td><td>型 号</td><td>XBI 立-100-80-I-6/6</td></tr>
<tr><td colspan="3">允许焊件重心高 h①</td><td>400mm</td><td>减速比</td><td>80</td></tr>
<tr><td colspan="3">允许焊件偏心距 e①</td><td>160mm</td><td>输出转矩</td><td>200N·m</td></tr>
<tr><td colspan="3">工作台直径</td><td>1000mm</td><td>输出转速</td><td>38r/min</td></tr>
<tr><td colspan="3">工作台回转速度</td><td>0.05～1.6r/min</td><td rowspan="4">倾斜用</td><td>型 号</td><td>XBI 卧-120-100-I-6/6</td></tr>
<tr><td colspan="3">工作台倾斜速度</td><td>0.02～0.7r/min</td><td>减速比</td><td>100</td></tr>
<tr><td colspan="3">工作台最大回转力矩</td><td>784N·m</td><td>输出转矩</td><td>450N·m</td></tr>
<tr><td colspan="3">工作台最大倾斜力矩</td><td>2572N·m</td><td>输出转速</td><td>30r/min</td></tr>
<tr><td rowspan="6">交流伺服电动机</td><td rowspan="3">回转用</td><td>型 号</td><td>1FT5071-OAF71-2-ZZ:45G</td><td colspan="2" rowspan="2">内啮合齿轮副</td><td>模数</td><td>4mm</td></tr>
<tr><td>额定转矩</td><td>4.5N·m</td><td>齿数</td><td>$z_1=37, z_2=178$</td></tr>
<tr><td>额定转速</td><td>3000r/min</td><td colspan="2" rowspan="2">外啮合齿轮副</td><td>模数</td><td>5mm</td></tr>
<tr><td rowspan="3">倾斜用</td><td>型 号</td><td>IFT5074-OAC71-2-ZZ:45G</td><td>齿数</td><td>$z_1=35, z_2=196$</td></tr>
<tr><td>额定转矩</td><td>14N·m</td><td colspan="2" rowspan="3">编码器</td><td>型 号</td><td>LFA-501A-20000</td></tr>
<tr><td>额定转速</td><td>2000r/min</td><td>每转输出脉冲数</td><td>20000</td></tr>
<tr><td colspan="3">伺服电动机驱动器型号</td><td>611A</td><td>电源电压</td><td>DC,5V</td></tr>
</table>

① 参见图 6-24。

三、弧焊机器人焊接工装夹具的特点与设计原则

1. 弧焊机器人焊接工装夹具的特点

弧焊机器人焊接工装夹具与普通焊接工装夹具比较有如下特点。

① 对零件的定位精度要求更高，焊缝相对位置精度较高，为1mm。

② 由于焊件一般由多个简单零件组焊而成，而这些零件的装配和定位焊，在焊接工装夹具上是按顺序进行的，因此它们的定位和夹紧是一个一个单独进行的。

③ 机器人焊接工装夹具前后工序的定位必须一致。

④ 由于变位机变位角度较大，机器人焊接工装夹具应尽量避免使用活动或手动插销。

⑤ 机器人焊接工装夹具应尽量采用气缸压紧，且需配置带磁开关的气缸，以便将压紧信号传递给焊接机器人。

⑥ 与普通焊接工装夹具不同，机器人焊接工装夹具除正面可以施焊外，其反面也能够对工件进行焊接。

以上六点是机器人焊接工装夹具与普通焊接工装夹具的主要不同之处，设计机器人焊接工装夹具时要充分考虑这些区别，使设计出来的夹具能满足使用要求。

2. 弧焊机器人焊接工装夹具的设计原则

弧焊机器人焊接工装夹具设计时遵循以下几点原则。

① 在设计机器人焊接工装夹具时必须使夹具的结构方案与产品的产量相匹配，并要对产品进行焊接工艺分析。

② 机器人焊接工装一般采用双工位形式，即为机器人配置两套独立的工装，如图6-25所示，机器人在焊接时，工人在挡板后那套工装进行卸料和装配，焊接完后再转过来焊接，这样工件的装配、卸料和焊接可以交叉进行，从而大大提高机器人的利用率。

图6-25　双工位机器人焊接

③ 为了便于控制，在同一个夹具上，定位器和夹紧机构的结构形式不宜过多，并且尽量只选用一种动力源。

④ 夹具应有足够的装配、焊接空间，所有的定位元件和夹紧机构应与焊道保持适当的距离。

⑤ 夹紧可靠，刚性适当。夹紧时不破坏焊接的定位位置和几何形状，夹紧后既不使焊件松动滑移，又不使焊件的拘束度过大而产生较大的应力。夹具除定位、夹紧可靠外，还应便于装配和卸件。

⑥ 夹紧薄件时，应限制夹紧力，或采取压头行程限位、加大压头接触面积以及添加铜、铝衬套等措施。

四、焊接机器人工作站应用

1. 单工位焊接机器人工作站

该方式是由一台单轴或双轴变位机与焊接机器人组成工作站。这种方式比较简单，焊接夹具由变位机进行变位或与机器人联动变位来实现工件各焊缝位置的焊接。在装卸工件时机器人处于等待状态，该方式机器人的利用率一般低于80%，所以这种方式适用于批量不大的焊接生产。图6-26所示为工程车钢制油箱焊接机器人工作站。该工作站带七套焊接工装夹具，满足七种油箱的焊接生产。由于油箱焊缝位置涉及的面达四个以上，焊缝长度较长，所以工装平台采用了双轴变位方式以满足焊接工艺要求。

图6-26 工程车钢制油箱焊接机器人工作站

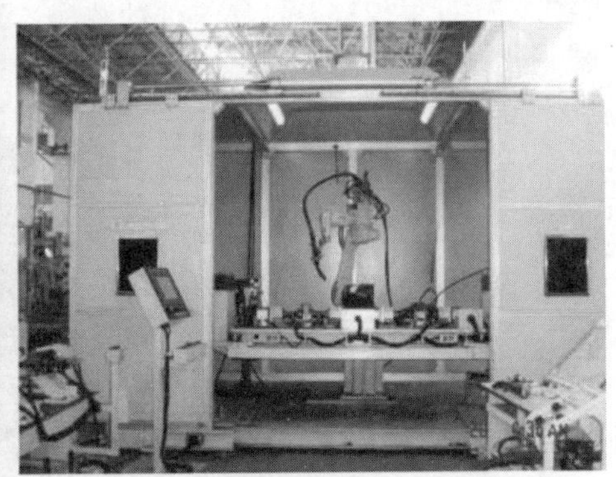

图6-27 单工位焊接机器人工作站

图6-27所示为另一种形式的单工位焊接机器人工作站，夹具为独立的夹具单元，气和电的连接都采用快换接头形式，独立夹具单元定位安装在单轴变位的翻转夹具平台上，满足柔性化焊接生产要求。该设备为越野车悬架焊接机器人工作站。

2. 单工位双机器人工作站

该方式是由一台单轴或双轴变位机与两台焊接机器人组成工作站。这种方式要求两台机器人要协调工作，同时与外部轴变位机也要协调工作。焊接夹具由变位机进行变位并与两台机器人联动来实现工件各焊缝位置的焊接。该工作站采用两台机器人，可提高生产效率，更主要的是利用两台机器人的对称焊接减小工件的焊接变形，所以这种方式适用于工件焊缝量大、冲压件焊接变形大的焊接生产，主要在汽车车桥、摩托车车架、悬架等焊接生产中应用。

图 6-28 所示为汽车后桥壳双 Y 形焊缝焊接机器人工作站。该设备利用焊接机器人的摆动焊接功能，桥壳及三角板间隙在 3mm 以下均能保证焊接质量要求。与采用专机方式相比，大大提高了焊接质量和生产效率。

图 6-28　汽车后桥壳双 Y 形焊缝焊接机器人工作站

3. 双工位焊接机器人工作站

该方式是由两台单轴变位机和两套夹具单独布局或利用回转平台整体布局与一台或多台机器人组成工作站。两件相同工件或不同工件在两副焊接夹具上通过焊接机器人转位进行或回转平台的变位实现交替焊接，这样一副焊接夹具上工件在焊接的同时，在另一副焊接夹具上对工件进行装卸，这种焊接方式可使机器人的利用率达到 90%以上。目前，该工作站应用较为广泛。

图 6-29 所示为越野车悬架焊接机器人工作站。夹具为独立的夹具单元，气和电的连接都采用快换接头形式，两套独立夹具单元定位安装在带外部轴变位的翻转夹具平台上，该翻转夹具平台带回转机构，可实现工位的交替焊接，同时也满足了柔性化焊接生产要求。

图 6-30 所示为空调压缩机三点塞焊焊接机器人工作站。该工作站特点是可与物流传输线接口实现高效自动化焊接生产。

4. 四工位焊接机器人工作站

该方式是由四台单轴变位机＋回转平台与一台或两台机器人组成工作站。它是在双工位焊接机器人工作站基础上发展而来的，四台外部轴变位机带四副夹具对称分布安装，通过外部控制实现对称交替焊接，这种焊接方式可提高机器人的利用率，同时提高机器人工作站的利用率，主要为了满足多品种工件的焊接生产。图 6-31 所示为轿车座椅骨架的阻焊机器人工作站。另外还有一种工作方式是夹具平台为滑台式，四个工作滑台将装好工件的焊接工装夹具按控制要求自动送至机器人进行焊接，该方式的特点是适合小型工件高效率焊接生产，减小设备空间，同时可与物流传输线接口实现高效自动化焊接生产。图 6-32 所示为空调压缩机封盖焊接机器人工作站。

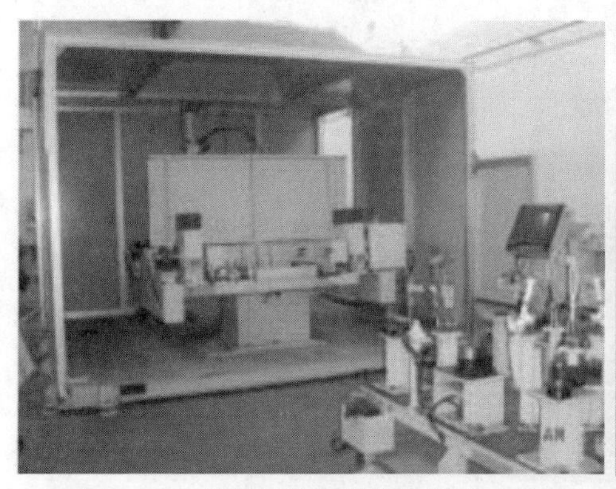

图 6-29 越野车悬架焊接机器人工作站

图 6-30 空调压缩机三点塞焊焊接机器人工作站

图 6-31 轿车座椅骨架的阻焊机器人工作站

图 6-32 空调压缩机封盖焊接机器人工作站

5. 定位运动滑台焊接机器人工作站

该方式是由外部轴变位机、单轴或双轴运动滑台＋焊接机器人组成工作站。焊接机器人固装于单轴或双轴运动滑台，在滑台上可进行水平、上下定位，从而扩大机器人的工作范围，适用于大工件的焊接。目前在工程机械、机车车箱上应用广泛。

6. 机器人焊接生产线

该方式是由焊接自动物流线与焊接机器人工作站组成自动生产线。工装夹具随物流线进行传输，在焊接机器人工位进行定位装夹。通过对工装夹具的合理设计，可实现多品种工件柔性化焊接生产。图 6-33 所示为摩托车车架机器人焊接生产线。该设备采用多层传输线方式，利用自动升降机将焊接工装自动分配，每个工装都带有编码识别系统。机器人焊接生产线因其高效率、高自动化和高柔性化的特点，在现代制造业中越来越多地被采用。

图 6-33　摩托车车架机器人焊接生产线

习题与思考题

1. 常用的焊接机器人工作站由哪几部分组成？各自的作用是什么？
2. 焊接机器人用的焊件变位机械有哪几类？各自的特点是什么？
3. 为充分发挥焊接机器人的作用，设计焊接工装时应遵循哪些基本原则？
4. 焊接机器人工作站的工装夹具设计原则有哪些？

第七章

焊接工装夹具实例

第一节　汽车装焊夹具

一、汽车装焊夹具的特点

汽车装焊夹具与一般的装焊夹具一样，其基本结构也是由定位件、夹紧件和夹具体等组成，定位夹紧的工作原理也是一样的。但由于汽车焊接结构件本身形状的特殊性，其装焊夹具有如下特点。

① 汽车装焊构件是一个具有外形复杂的空间曲面结构件，并且大多是由薄板冲压件构成（尤其是车身），其刚性小、易变形，装焊时要按其外形定位，因此定位元件的布置也具有空间位置特点，定位元件一般是由几个零件所组成的定位器。

② 汽车构件的窗口、洞口和孔较多，因而常选用这些部位作为组合定位面。

③ 汽车生产批量大，分散装配程度高，为了保证互换性，要求保证同一构件的组合件、部件直至总成的装配定位基准的一致性，并与设计基准（空间坐标网格线）尽量重合。

④ 由于汽车生产效率高，多采用快速夹紧器，如手动杠杆-铰链夹紧器、气动夹紧器和气动杠杆夹紧器等。

⑤ 汽车装焊夹具以专用夹具为主，随行夹具与机械化、自动化程度高的汽车装焊生产线相匹配。

⑥ 汽车车身焊接一般采用电阻点焊和CO_2气体保护焊，装焊夹具要与焊接方法相适应，保证焊接的可达性及夹具的开敞性。

对于某些有外观要求的车身外覆盖件，其点焊表面不允许有凹陷，在产品结构设计时应考虑在固定点焊机上完成焊接，所要求的表面应能与下电极平面接触，或采用单面双点焊。甚至有的车型在车门、发动机罩和行李厢盖板的折边结构上，采用折边胶代替点焊工艺，以提高产品的外观质量和耐蚀性能。

二、车门装焊夹具

汽车车身是汽车的重要组成部分，其重量和制造成本占了整车的40%～60%，而车门又是汽车车身中一个重要的部件，它起着密封、承载等作用。车门总成必须达到以下要求。

① 一定的刚度。因为其承载了大量功能件，如玻璃、车门锁、门内饰板等，若刚度不足会造成车门下沉。

② 一定的强度。当汽车承受侧面冲击时，车门是一个重要的承载部件，如果车门强度不够，必然会影响汽车的安全性。

③ 一定的精度。车门的制造精度直接影响车门的装配，如果车门匹配尺寸精度低，将造成漏水、漏风等气密性差的现象。由于汽车车门制造涉及冲压覆盖件、

铰链、夹具设计、包边工艺及点焊和弧焊工艺等，加之其精度调试复杂，所以车门的焊接质量是衡量一个企业白车身制造水平的重要标志。

车门的制造过程为冲压、凸焊、点焊、弧焊、包边等，而点焊又是重中之重。为了达到以上刚度、强度及精度方面的要求，在点焊过程中使用一副可靠的焊接夹具是极其重要的。在焊接生产过程中，焊接所需要的工时较少，而约占全部加工工时2/3以上的时间都是用于备料、装配及其他辅助工作。因此，必须大力推广使用机械化和自动化程度较高的装配焊接工艺装备。车门装焊夹具的主要作用如下。

① 准确、可靠地定位和夹紧，减小制品的尺寸偏差，提高零件精度和可换性。

② 有效地防止焊接变形。

③ 使工件处于最佳施焊部位，焊缝成形良好，缺陷明显降低，焊接速度得以提高。

④ 扩大先进的工艺方法使用范围，促进生产机械化和自动化的综合发展。

车门装焊夹具的优劣决定着车门的质量，因此车门装焊夹具的设计必须达到以下要求。

① 保证焊件焊后几何形状和尺寸精度符合要求。

② 使用时安全可靠，凡是受力件，都应有足够的强度和刚度。

③ 便于施工和操作，松、夹应省力而迅速，简化焊接过程，操作顺序合理。

④ 容易制造和便于维修，零部件应尽量标准化、通用化，易于加工及更换。

⑤ 降低夹具制造成本，尽量使用标准件。

1. 车门焊接要求

图7-1所示为车门组件装配图及焊点分布图，车门焊接采用悬挂式电焊机进行点焊。最小焊核直径为4.5mm，焊点位置度公差为10mm，焊接后焊点不得出现漏焊、虚焊、扭曲变形等缺陷。

2. 车门装焊夹具设计方案

① 夹具高度。根据中国人的平均身高，将夹具夹紧时的高度定为1000mm。

② 摆放方式。车的前后方向为 X 方向，车的宽度方向为 Y 方向，垂直于地面的方向为 Z 方向。垂直零线在前壁板前方距离车体2000mm处的平面上，水平零线位于轮胎下方距离车架顶部500mm处，车体中心面为 $Y=0$ 的平面，左边为负，右边为正。考虑到车门整体呈扁平状，并且为方便焊接操作，将零件的摆放方式定为车门按车身坐标来摆放，即 ZX 面与地面平行，Y 方向为BASE板的法线方向。

3. BASE板方案

BASE板是夹具的基本件，它要把夹具的各种元件、机构装置连接成一个整体。夹具BASE板的形状和尺寸主要取决于夹具各组成件的分布位置、工件外形尺寸及加工条件等。为保证夹具的刚度和强度，夹具的BASE板采用厚度为20mm的Q235板材或者Q255板材，板材下面用槽钢在两个垂直方向呈网状搭接，槽钢

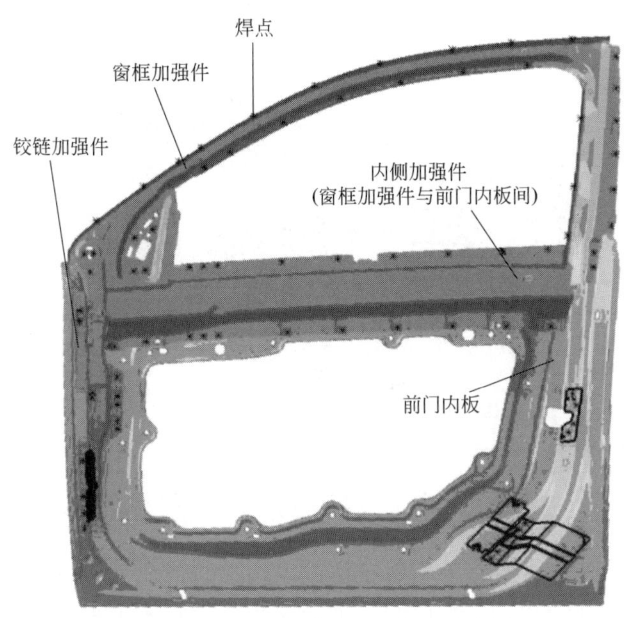

图 7-1 车门组件装配图及焊点分布图

与 BASE 板通过焊接连接，焊后退火以消除焊接应力。BASE 板的平面度公差为 0.10mm。在槽钢靠近地面的底部焊接五个支脚底座。

4. 定位方案（孔、面定位）

定位的作用是要使工件在夹具中具有准确和确定不变的位置，在保证加工要求的情况下，限制足够的自由度。

自由物体在空间直角坐标系中有六个自由度，有些自由度是不必限制的，故可以采用不完全定位的方法，而欠定位是不允许的。选用两个或更多的支承点限制一个自由度的方法称为过定位，过定位容易使位置变动，夹紧时造成工件或定位元件的变形，影响工件的定位精度，但是在大的钣金件中，常常需要多设置若干定位点。

钣金件的典型定位方式如图 7-2 所示。一个钣金件由一个主定位孔和一个副定位孔及三个定位面进行定位。H 为主定位孔，呈圆形；h 为副定位孔，呈长圆形，以防止与主定位孔配合时出现过定位；S 为定位面。H 中插入主定位销以限制 X、Y 方向的平动自由度，在 h 中插入销配合 H 中的销可以限制绕 Z 轴的转动自由度，三个 S 面相当于三个点，限制板件 Z 向的移动及绕 X 轴和 Y 轴的转动，即 S 面限制板件三个自由度，H 限制板件两个自由度，h 限制一个自由度。至此，板件得以完好定位。

这种定位方法中，定位销轴向需与孔平面垂直。但是为了方便取件，有必要将销制成轴向可移动的。

对于 S 面的定位，需尽量保证支承块与支承处平面垂直，当无法保证支承块与

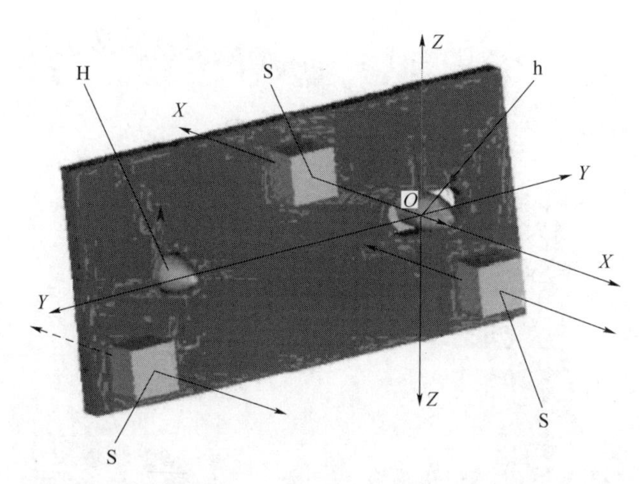

图7-2 钣金件的典型定位方式

钣金件平面垂直时，允许钣金件与支承块成一较小的角度。理论上三个S面即可将一个面定位，钣金件使用三个S面时，可能导致钣金件无法放置平稳，所以要增加支承面以保证钣金件的平稳放置。当焊点350mm范围内没有夹持单元时，焊接时容易造成焊点扭曲、零件变形等缺陷，所以有必要增加夹持单元以防止焊接变形。综上两点，实际生产中，大的板件S面不止三个，而是四个或者更多，这种情况下属于过定位，但这是允许的。

前门内板是一个大件，其 Z 向长度约为1100mm，X 向长度约为1100mm。其定位方式如图7-3所示，H为主定位孔，限制 X 和 Z 方向的平动自由度；h为副定位孔，限制绕 Y 轴的转动自由度；S1、S2、S3、S4、S5、S6、S7为S面，限制 Y 方向的平动自由度及绕 X 轴和 Z 轴的转动自由度。此处设置七个S面是由于板件 X 和 Z 方向尺寸过大，并且七个S面周围有密集的焊点。

5. POST数量及位置

连接板用螺栓固定在L支座上，L支座用螺栓固定在BASE板上。一个L支座就称为一个POST。POST的数量及位置取决于定位销位置、数量及S面的位置、数量，一般每隔400mm需设置一个S面，以保证工件平衡稳定，但是POST的布置不能影响焊件的装卸。

图7-4所示为夹具的POST布置方案。根据零件的定位信息，确定了POST的数量及位置。POST1上固定两个定位销，POST2、POST3、POST5、POST6、POST10上均固定一对支承夹紧块。POST4上固定两对支承夹紧块和两个定位销。POST7、POST8上的NC块为异形NC块。POST9上固定两对支承夹紧块。POST1～POST10上均带有一个CK1型的标准夹紧气缸。POST11上附有一个 X 向活动定位销，此POST上有一个CQ2系列的薄型气缸和一个MGP系列的带导

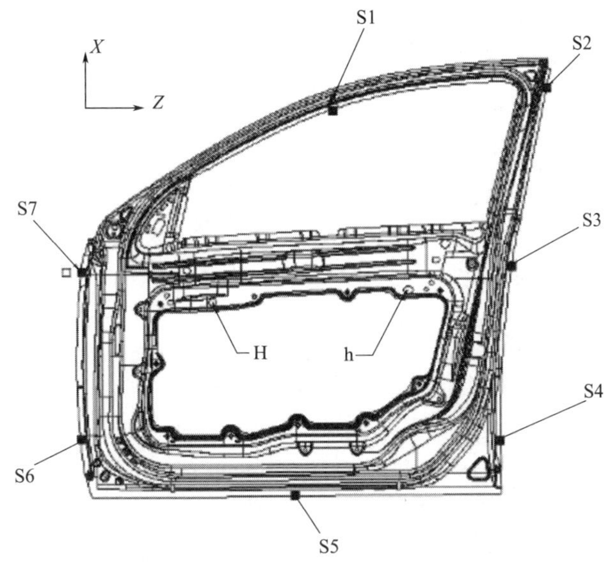

图 7-3　前门内板定位面

杆薄型气缸。为方便气路分别控制不同的动作，将 POST1～POST6、POST9、POST10 中的夹紧气缸确定为 A 组。POST11 中的 MGP 带导杆气缸确定为 B 组，POST11 中 CQ2 系列的薄型气缸确定为 C 组。POST7 和 POST8 中的夹紧气缸确定为 D 组。

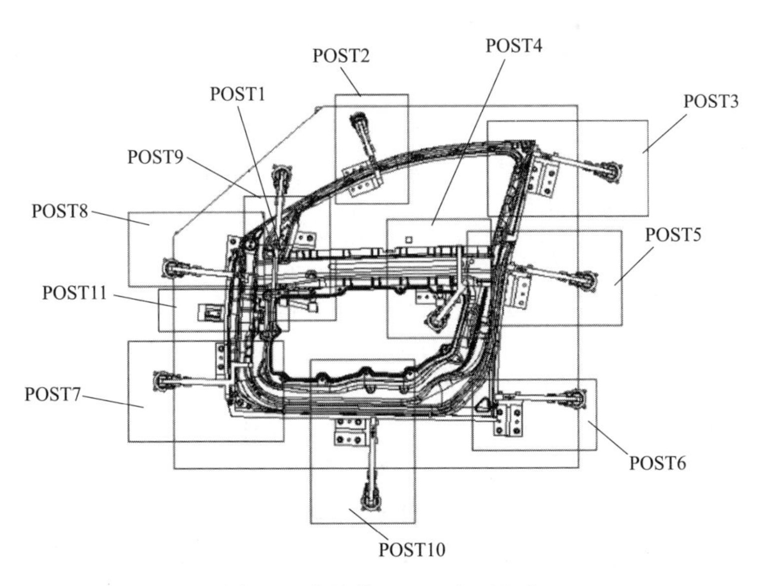

图 7-4　夹具的 POST 布置方案

6. 紧固方案

本夹具典型的紧固方案如图7-5所示。所有的紧固方式必须采用两个销钉和若干螺栓紧固的方式。两个零件的销钉孔中插入销钉实现定位，定位后再用螺栓紧固。

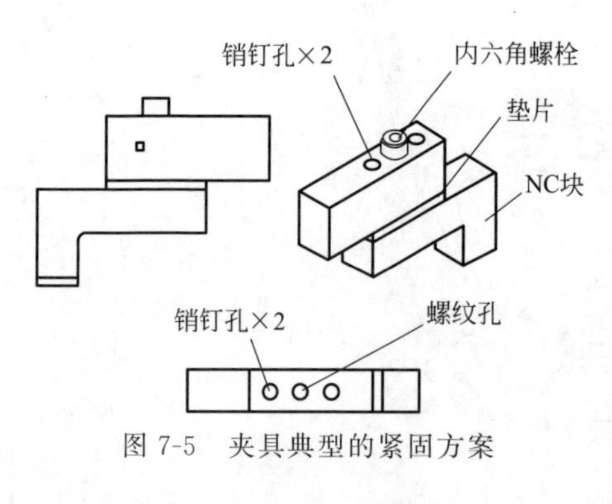

图7-5 夹具典型的紧固方案

在两个被紧固的零件之间必须加一垫片，以保证后期的可调节能力，垫片的厚度为5mm。紧固件要求为高强度内六角螺栓，性能等级为8.8级。L支座的与BASE板之间的紧固采用M12×25的内六角螺栓；连接板与L支座之间的紧固采用M10×35的内六角螺栓；NC块与压爪和连接板之间的紧固采用M8×40的内六角螺栓。销钉必须是新的带有螺纹的孔，以便在需要时取出。

7. 工作原理及使用说明

当夹具处于松开状态时，各压爪位于最高点，活动定位销位于$-X$方向。使用时先将前门内板（左）放入夹具，再放入内侧加强件，接着放入窗框加强件，A组气缸夹紧。然后让B组气缸夹紧，MGP带导杆气缸朝$+X$方向运动，活动销伸入前门内板左的过孔。接着放入铰链加强件，C组气缸夹紧，CQ2薄型的气缸向$-X$方向运动，使活动销内的夹紧装置向$-X$方向运动并张开，力作用在铰链加强件上。此时所有零件已经完好定位和夹紧，可以对工件进行打点焊接。

当焊接完成后，C组气缸率先打开，活动销内夹紧装置$+X$方向运动，并且收缩至销内。接着A、B、D组气缸同时打开，此时夹紧气缸松开，压爪位于最高点，CQ2薄型气缸向$+X$方向运动。此时恢复至夹具松开的状态，取出零件，进入下一个焊接循环。

8. 调试、保养及维护要求

夹具在装配完成后一般都与设计存在一定误差，所以在装配时应确保夹具与设计的数据相符。如果夹具状态不满足要求，需进行调试，如果误差较大需要拆卸重新组装。如果误差较小，由于所设计的定位销有两个方向的调节能力，NC块有一个方向的调节能力，因此可以根据误差大小对夹具使用的厚度为0.5mm的开口垫片进行调节。有必要时，可以对NC块进行打磨修复。进行调试的定位销及NC块由于长期摩擦作用会磨损，属于消耗品，因此需备好备件。气缸保养需注意防尘等。

三、车身装焊夹具

汽车焊接生产线是汽车制造中的关键，各种工装夹具又是焊接生产线的重中之重，工装夹具的设计则是前提和基础。汽车制造四大工艺中，焊装尤其重要，而在焊装的前期规划中，车身装焊夹具的设计又是关键环节。

1. 汽车车身的结构特点

如图 7-6 所示，汽车车身一般由外覆盖件、内覆盖件和骨架件组成，覆盖件的钢板厚度一般为 0.8～1.2mm，有的车型外覆盖件钢钣厚度仅有 0.6mm 或 0.7mm，骨架件的钢板厚度多为 1.2～2.5mm，也就是说它们大都为薄板件。对焊接夹具设计来说，应考虑如下几个车身结构特点。

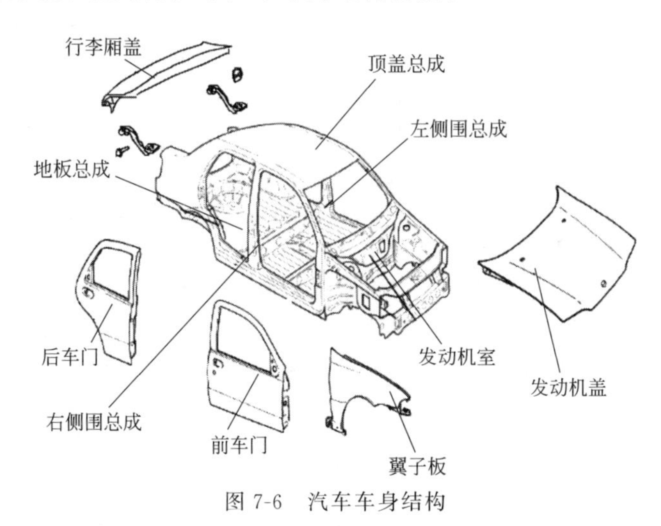

图 7-6　汽车车身结构

① 刚性差、易变形。以轿车车身大侧围外板为例，一般材料厚度为 0.7～0.8mm，绝大多数是 0.8mm，拉延形成空腔后，刚性非常差，当和内板件焊接形成侧围总成后才具有较强的刚性。

② 结构形状复杂。汽车车身都是由薄板冲压件装焊而成的空间壳体，为了造型美观，并使壳体具有一定的刚性，组成车身的零件通常是经过拉延成形的空间曲面体，结构形状较为复杂。特别是随着现代汽车技术的发展和消费者对汽车品质和外观的要求越来越高，车身结构设计也越来越复杂。

③ 以空间三维坐标标注尺寸。汽车车身产品图以空间三维坐标来标注尺寸。为了表示覆盖件在汽车上的位置和便于标注尺寸，汽车车身一般每隔 200mm 或 400mm 划一坐标网线，而整车坐标系各有不同，这里以轿车为例，一般定义整车坐标系坐标原点如下。

X 轴：车身对称平面与主地板下平面之间的交线，向车身后方为正，向车身前方为负。

Y 轴：过前轮的中心连线且垂直于主地板下平面的平面与车身对称平面之间的交线，向车身右侧为正，向车身左侧为负。

Z 轴：过两前轮中心且与主地板下平面垂直的直线，向上为正，向下为负。

2. 汽车车身装焊夹具的设计方法

六点定位原则是汽车车身装焊夹具设计的主要方法，在设计车身装焊夹具时，常有两种误解：一种是认为六点定位原则对薄板装焊夹具不适用；另一种是认为薄板装焊夹具上有超定位现象。产生这些误解的原因是，把限制六个方向运动的自由度理解为限制六个方向的自由度。焊接夹具设计的宗旨是限制六个方向运动的自由度，这种限制不仅依靠夹具的定位夹紧装置，而且依靠制件之间的相互制约关系。只有正确认识了薄板冲压件装焊生产的特点，同时又正确理解了六点定位原则，才能正确应用这个原则。

从定位原则看，支承对薄板件来说是必不可少的，可消除由于工件受夹紧力作用而引起的变形。超定位使接触点不稳定，产生装配位置上的干涉，但在调整夹具时只要认真修磨支承面，其超定位引起的不良后果是可以控制在允许范围内的。

同样以轿车车身大侧围外板在夹具上的定位为例，其尾部涉及行李厢盖装配、尾灯装配、后保险杠装配等多种装配关系，尺寸精度要求较高。为保证侧围外板在焊接过程中的变形受控，外覆面在保证焊钳操作顺利的前提下，考虑多一些支承面（只要修磨到位）是非常必要的。

随着汽车制造技术和工艺装备水平的不断提高，车身装焊夹具的形式也经历了几个阶段的发展。

第一阶段：20世纪80年代，使用整体为铸件的“定位块”式夹具，不仅耗能耗材，而且其设计、制造周期和成本都比较高。

第二阶段：车身装焊夹具的定位转化为定位板定位，板的厚度在16mm、19mm、25mm几挡中选用，整个夹具本体改为焊接合件，在制造、装配上都缩短了周期，相对降低了成本，但此方式要想使车身几何精度在夹具上一次装调成功，对冲压件的精度要求较高，而且定位点的数量也比较多。

第三阶段：直角块可调定位方式，定位板、压头用直角块加垫片过渡，优点在于定位板、压头损伤后修复、装调比较方便，也比较容易形成标准化设计、制造（除定位块、压头上压块外，其余零件均可制成标准件），此方式在夹具设计中应用较普遍。目前，采用三个圆柱销定位各部件的夹具形式也渐渐多起来，该方式使夹具在生产使用中加工、装配上保证了车身装焊精度，但在设计、装配中，要考虑定位部件的使用状况，否则精度会由于磕碰等不良因素丧失。

3. 车身分块和定位基准的选择

如图7-7所示，汽车车身焊接总成一般由底板、前围、后围、侧围和顶盖几大部分组成，不同的车型分块方式也不同，在选择定位基准时，一般应考虑以下几点。

① 保证门洞的装配尺寸。门洞的装配尺寸是整车外观间隙阶差的基础，当总成焊接无侧围分块时，门洞必须作为主要的定位基准。在分装夹具中，凡与前后立柱有关的分总成装焊都必须直接用前后立柱定位，而且从分装到总装定位基准应统一。

当总成焊接有侧围分块时，则门洞应在侧围焊接夹具上形成，总装焊时以门洞及工艺孔定位，从分装到总装定位基准也应统一。

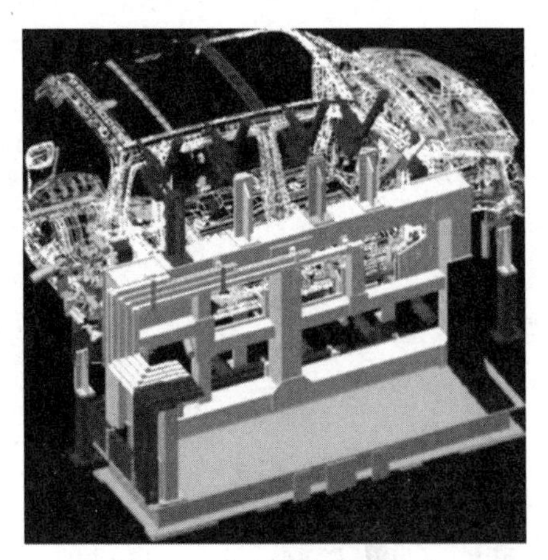

图 7-7　汽车车身焊接总成

② 保证前后悬置孔的位置准确度。车身前后悬置孔的位置准确度是车身整体尺寸精度的关键所在，要保证和控制车身整体尺寸在公差范围内，必须确保前后悬置孔的位置准确度。车身底板上的悬置孔一般冲压在底板加强梁上，装焊时要保证悬置孔的相对位置，以使车身顺利地下落到车架上，这也是后序涂装和总装工艺悬挂和输送的基础。

③ 保证前后风窗口的装配尺寸。窗口的装配尺寸是车身焊接中的关键控制项，涉及整车外观，前后风窗口若尺寸控制不好，会直接影响前机盖与前翼子板、后侧围与行李厢盖的装配及外观质量。

前后风窗口一般由外覆盖件和内覆盖件组成，有的是在前后围总成上形成，在分装夹具上要注意解决其定位；有的在总装夹具上形成，一般用专门的窗口定位装置对窗口精确定位，以保证风窗口的装配尺寸，从而保证整个车身的整体尺寸受控。

4. 汽车车身装焊夹具设计的探索

丰田汽车取得的成绩引起了汽车业的关注，来自韩国贸易协会贸易研究所的一份分析丰田竞争力的研究报告指出，丰田竞争力的秘诀是它的全球车身生产线系统，简称 GBL，能实现丰田全球数据共享。该报告认为 GBL 生产系统可使多种款式的车型在同一生产线上进行组装，从而使其竞争力成倍地提高。它不仅可以及时满足市场的差异化需求，同时还能提高生产效率，保持产品价格的竞争力。GBL 生产系统比柔性生产线（FBL）更先进，广汽丰田的 GBL 全自动车身装焊生产线如图 7-8 所示。

在汽车制造企业的流水线上，其中关键工段是车身焊接。将各个车身部件焊接在一起，必须有夹具固定部件位置。夹具是非常重要的辅助工具，它的合理性不但影响加工位置的精确性、焊接质量，也影响到工作效率和生产成本。

图 7-8 广汽丰田的 GBL 全自动车身装焊生产线

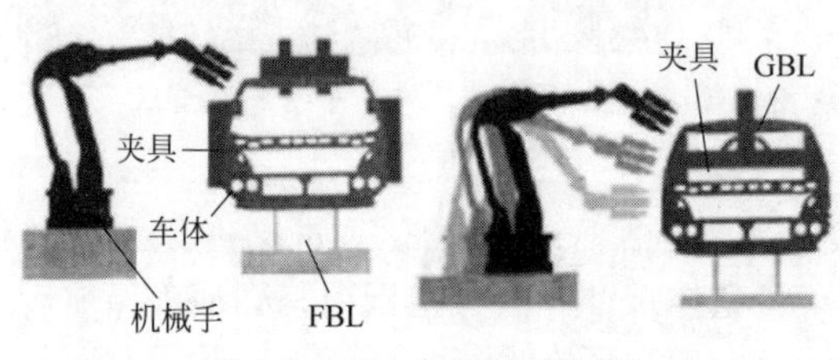

图 7-9 GBL 与 FBL 的对比

丰田公司的 GBL 设计者就从这里进行革新。以前的 FBL 要利用三套昂贵且高精度的夹具（图 7-9 中左边夹具），它们从外面固定住加工车身，从车体的左、右和上方三个位置将车体固定住，然后由机械手或者人工对车身进行焊接。这些托架与车身一起移动，直到完工为止。当一辆轿车车体上线时，传送机械从头顶上方的储放区运来三个一组的夹具，将它们运送到车身组装线的位置。如果顺序生产的下一部车是不同的车型，那么该系统将取来另外一组夹具，并将它们运送到组装线上。

在设计新系统时，丰田公司的工程师产生了“由内往外”制造的想法，这种想法就是 GBL 的核心。GBL 将三套夹具缩减为一套，其运行方式就是在车体内部由一台夹具支承并固定车体。夹具从敞开的顶部伸入，在要焊接的地方固定住车身的侧面。当侧面焊接完毕后，夹具从车体中抽出，车体则随着生产线移动到下一工位，以便进行下一步不需要特殊工具支承的焊接，并装上车顶盖。

这样，制造每一种车型只需要一套夹具，不仅简化了操作，而且增强了灵活性——多种车型可以在同一生产线上生产。当然，这需要相当精确的定位尺寸的配合。这条生产线可以重复不断地将不同型号汽车的车身恰到好处地摆在机器人面前，机器人在不同车型上执行数以千计的点焊指令，对它们来说，唯一的改变只是焊接程序。

总而言之，在焊接夹具的设计中，要掌握夹具的基本工作原理和设计准则，不断地学习和探讨先进的设计思路和方法，把持汽车制造技术和工艺装备水平不断优化和提高的核心，顺应汽车制造潮流的发展。只有这样，才能设计出满足用户需要的好的夹具，也才能制造出满足汽车消费者近乎苛刻要求的产品，这是一个长期不断探索的过程。

四、微型汽车车身制造焊接工艺中需注意的问题

① 必须要为机器人焊接配置人工检查工位。人工焊接检查工位和机器人焊接的比例不应低于 1∶5。这主要是考虑到工人进行在线检查每个焊点时间的需求，人工检查每个焊点的时间约为 0.4s。当生产节拍提高时该比例还要相应提高，即增加人工检查工位的人数。

② 必须要考虑到当出现某台机器人故障且无法在短时间内修复时，应当可在人工工位进行补焊。当出现这种情况时，应保证生产线的连续运行，但可能会出现生产节拍低于设定值的情况。修补工位在每条补焊线应不少于 1 个，和焊接机器人数量的比例应高于 1∶10。

③ 充分考虑到车身的焊点分布特点，用人工焊接工位。通常有相当部分焊点是比较容易人工操作的，人机工程相对理想，人工焊接的速度快。通过生产线工作平衡，人工工位完成一部分焊点的同时还可以检查机器人焊点的质量。具体情况因不同的车型设计有所区别，对多款微型车产品的车身焊点研究统计后发现：全部焊点的 20%左右即 500～700 个为人机工程不理想焊点，30%～40%的焊点为人机工程理想焊点，其余的焊点为普通焊点。

④ 把机器人焊接和简单的自动焊结合起来。如左右侧围下裙边，焊点在低位置的一条有规律的直线上。对于人工焊接来说其处于低工位，人机工程较差，焊接困难。而采用具有一个活动轴的自动焊相对于机器人来说可以节约成本。又如下裙边的焊点，采用单轴的自动焊其成本只有机器人焊接成本的 30%左右。

综合这些特点来看，焊接机器人工位和焊接工人工位比例应当合适，必须要结合不同的情况（节拍、车型等）来考虑机器人的数量，并不是焊接机器人越多越好。焊接机器人优先处理人机工程差的焊点，同时要配置机器人焊点的检查工位。在补焊线机器人数量和焊接工人数量的比例大约在 1∶2 较为合理，实际在项目实施时出于成本控制的原因，比例为 1∶3。

第二节　自动化焊接工装

一、汽车消声器纵缝自动化焊接工装

1. 汽车消声器结构形式

不同的汽车上采用不同结构与形式的消声器。消声器筒体一般为 1.0mm 厚的薄板结构，筒体上的纵缝为卷边或对接接头形式，大多采用 TIG 焊或气焊连接。图 7-10 所示为某厂汽车消声器接头。该消声器的材料为 1.0mm 厚的薄板，先由卷板机卷圆，然后再装上自动焊接装置进行纵缝的 TIG 焊接。

图 7-11 所示为该汽车消声器纵缝自动焊装置，该装置由主机、电控装置、一

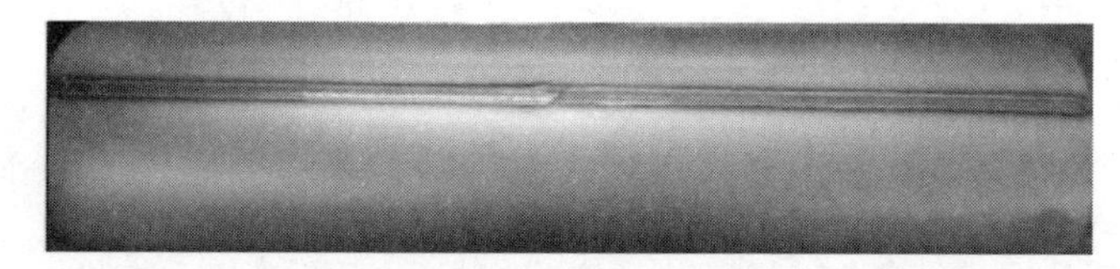

图 7-10 汽车消声器接头

台 TIG 焊接电源和一套自动焊接装置构成。该焊接装置包括丝杠、固定 TIG 焊枪的滑块、活动夹具、固定夹具、手轮等组成。

图 7-11 汽车消声器纵缝自动焊装置

2. 焊接工装工作原理

如图 7-12 所示，转动手轮，与手轮连接的丝杠带动活动夹具向左移动而松开，将工件装入固定夹具，再反向转动手轮，活动夹具向右移动而夹紧工件。调整焊枪位置和角度，按下开关，电动机带动丝杠转动，从而使滑块向前直线移动，完成纵缝焊接。圆弧形的夹具可以与薄壁工件完美贴合，保证工件在焊接过程中不变形。焊接完成后焊缝变形小，焊件圆度保持比较好，不用再进行校圆就可以直接进入下一个装焊工序。

二、马鞍埋弧自动焊机

马鞍埋弧自动焊机简称马鞍焊机，该设备主要用于焊接管子与筒体正交的马鞍形焊缝。为此专门设计的马鞍形运动机构，同时能够进行马鞍同步速度补偿，焊接过程中能调整马鞍落差。该设备配置有 ESAB/Lincoln 焊接电源及控制器，可以实现一体化控制。

图 7-12　汽车消声器纵缝自动焊接

图 7-13　大马鞍埋弧自动焊机

图 7-13 所示为大马鞍埋弧自动焊机，图 7-14 为小马鞍埋弧自动焊机。技术参数见表 7-1。

图 7-14　小马鞍埋弧自动焊机

厚壁锅炉锅筒、核电站压力壳体及其他石油化工容器上大直径接管的焊接，也是厚壁容器制造技术关键之一。图 7-15(a) 所示的大直径管管座的焊接不仅工作量大，劳动条件差（高温焊接），技术难度高，而且质量要求也十分严格。以 560T 热壁加氢反应器接管管座为例，管座焊接壁厚为 210mm、直径达 690mm，材质为 2.25Cr-1Mo，若采用手工焊接是不现实的。根据马鞍形焊缝焊接工艺要求，设计了一种焊机的焊接运动系统，具有机械式马鞍跟踪机构，依靠专门设计的马鞍形运动机构及马鞍同步速度补偿，马鞍落差可达 90mm，能在焊接过程中调整马鞍落差，并具有上坡焊和下坡焊焊接速度补偿功能，以保证焊道在上坡焊和下坡焊时熔池金属处于不同流动方向情况下能获得相同厚度，能够数字设定、显示焊接规范参数，主要用于筒体与管座的正交接头的自动焊接，其焊缝呈空间马鞍形曲线，焊接效果如图 7-15(b) 所示。马鞍焊机技术数据见表 7-2。

表 7-1　马鞍埋弧自动焊机技术参数

型号	MZMA300	MZMA400	MZMA1000	MZMA1600	MZMA2000
筒体与管接头直径比	≥3	≥3	≥3	≥3	≥3
管接头外径/mm	100～300	200～400	325～1000	400～1600	500～2000

续表

最大筒体厚度/mm	30	200	200	300	350
马鞍量/mm	0～50	0～50	0～90	0～180	0～180
焊丝直径/mm	1.2，1.6	2.0，2.4	3，4	3，4	3，4
额定电流/A	300	400	800	800	800
回转速度/$r \cdot min^{-1}$	0.2～2	0.2～2	0.07～0.76	0.07～0.46	0.07～0.46
速度补偿/%	—	—	0～15	0～15	0～15

(a) (b)

图 7-15 核电管座马鞍焊接

表 7-2 马鞍焊机技术参数

型号	MZ300	MZ1000
接管直径/mm	100～300	300～1000
最大筒体厚度/mm	10～30	200
马鞍量/mm	0～50	0～90
焊丝直径/mm	1.2,1.6	3,4
额定电流/A	300	600

三、全位置管道自动焊机

如图 7-16 所示，该轨道式全位置管道自动焊接机配置了熔化极气体保护焊焊接电源、焊接小车（包含爬行系统、摆动系统、送丝系统及干调节系统，带焊丝盘架），还有开启式刚性环形轨道（可根据不同的管径进行选配）。该装置可以用于长输管道的焊接，固定口环形焊缝的焊接，管道直径大于或等于 400mm，焊缝宽度小于 30mm。特殊设计的开启式刚性环形轨道拆装方便、连接可靠，焊接小车体积小、重量轻、装夹方便、操作容易掌握、爬行平稳，弧长

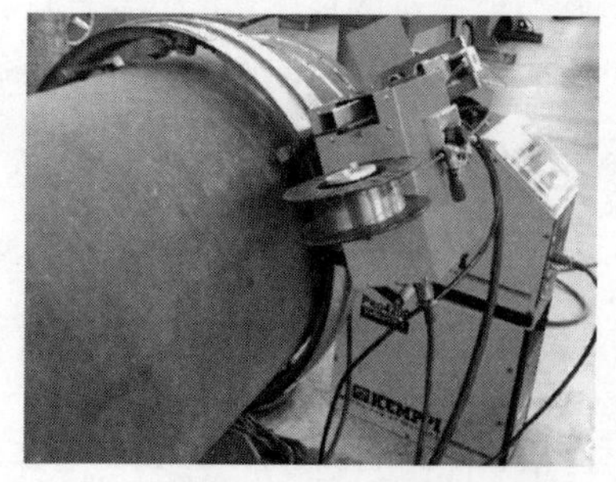

图 7-16 轨道式全位置管道自动焊机

变化小，焊接过程稳定。采用适当的防风措施，可用于野外焊接。

图 7-17 所示为小车行走式管道全位置自动焊机：适用管径在 130mm 以上；适用壁厚为 4～50mm；适用材质为碳钢、不锈钢、合金钢、低温钢等；适用各种管段焊缝，如管子-管子焊缝、管子-弯头焊缝、管子-法兰焊缝（必要时采用假管过渡连接）；驱动系统采用步进电动机与蜗轮蜗杆驱动；调速方式为按键加减调速；调节方式为电动调节；摆动系统为步进电动机摆动。

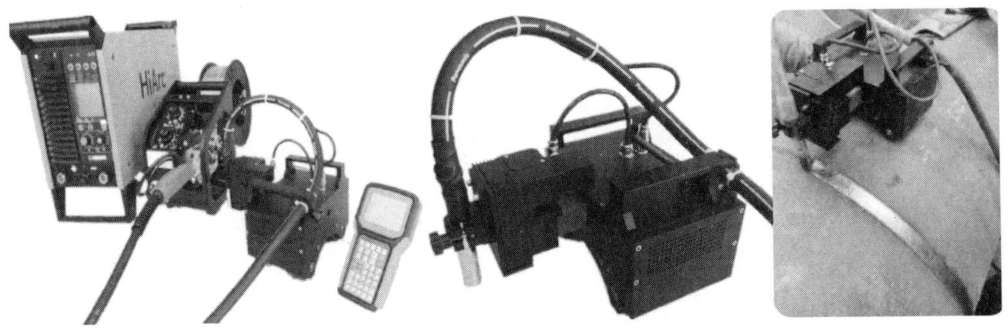

图 7-17　小车行走式全位置管道自动焊机

操作程序：将焊接小车放到管段或工件上并加上二次线；按下遥控盒操作面板上的下降按键，使焊枪离工件 10～15mm（一般为焊丝直径的 10 倍）；按下遥控盒操作面板上的上下按键，焊枪上升或下降；按下遥控盒上的摆动按键，看焊枪在焊缝处摆动的宽度，如摆动宽度不够或者摆速左右定时不够，可按遥控盒上的摆速、摆宽、左定时、右定时的加减来进行调节；将焊接电流、电压及焊接小车转速调到工艺参数要求的数值；根据被焊工件的坡口宽度决定是否需要摆动（坡口宽，按下摆动按键后，调节摆速、摆宽及左右定时；坡口窄，可以调小摆动或者不摆动焊接）；根据焊接方向按下遥控盒上正反转，待焊接小车转动后按下焊接按键。

焊接前分三步，第一步调好摆动参数和焊枪的高度，第二步调好小车行走的参数并行走，第三步调好电流电压在焊接。焊接过程中注意焊枪是否对准焊缝中心，若有偏离，应及时调节，如焊枪向左偏，按下遥控盒右键调节，如焊枪向右偏，按下遥控盒左键调节（焊接小车反方向时，则反调节）。焊接完成后，移走焊接小车，清理焊缝表面。

习题与思考题

1. 汽车装焊夹具设计有哪些基本要求和特殊要求？
2. 结合实例分析自动焊专机工作原理及特点。
3. 大型马鞍形零件的焊接如何进行？对焊接设备有什么要求？
4. 车门的焊接夹紧如何确定定位点？
5. 车身焊接有哪些特点？定位基准如何选择？

附 录

附录 1　焊接夹具精度要求

① 主定位销的位置精度为 ϕ0.1mm（此精度要求详细设计时确认），加工精度为±0.05mm。

② 夹具基准面至所有夹具垂直方向的测量点公差均为+0.1mm，或者为−0.1mm，不能是±0.1mm（此精度要求详细设计时确认）。

③ 水平面上定位孔与定位孔之间的公差为±0.02mm，粗糙度 Ra 为 1.6μm。

④ 所有的定位孔与基准面的公差为±0.05mm，粗糙度 Ra 为 1.6μm。

⑤ 基准面平面度允差为±0.1mm，测量面平面度允差为±0.2mm。

⑥ 翻转机构的重复到位精度为±0.1mm。

⑦ 采用三坐标检测夹具的制造精度，并将检测记录填入设备检测记录。

⑧ 支架的垂直度，每 100mm 的误差小于 0.01mm。

⑨ 支架的平面度，每 100mm^2 的误差小于 0.01mm。

⑩ 有精度要求的孔的同轴度、平行度、垂直度误差小于 0.02mm。

附录 2　GB/T 19804-2005/ISO 13920：1996 焊接结构的一般尺寸公差和形位公差

附表 2-1　线性尺寸公差　　mm

公差等级	公称尺寸 l 的范围										
	2～30	>30～120	>120～400	>400～1000	>1000～2000	>2000～4000	>4000～8000	>8000～12000	>12000～16000	>16000～20000	>20000
A	±1	±1	±1	±2	±3	±4	±5	±6	±7	±8	±9
B	±1	±2	±2	±3	±4	±6	±8	±10	±12	±14	±16
C	±1	±3	±4	±6	±8	±11	±14	±18	±21	±24	±27
D	±1	±4	±7	±9	±12	±16	±21	±27	±32	±36	±40

附表 2-2　角度尺寸公差

公差等级	公称尺寸(工件长度或短边长度)范围/mm		
	0～400	>400～1000	>1000
	以角度表示的公差 Δα/(°)		
A	±20′	±15′	±10′
B	±45′	±30′	±20′
C	±1°	±45′	±30′
D	±1°30′	±1°15′	±1°

续表

公差等级	公称尺寸(工件长度或短边长度)范围/mm		
	0～400	>400～1000	>1000
	以长度表示的公差 t/(mm/m)		
A	±6	±4.5	±3
B	±13	±9	±6
C	±18	±13	±9
D	±26	±22	±18

注：t 为 $\Delta\alpha$ 的正切值，它可由短边的长度计算得出，以 mm/m 计，即每米短边长度内所允许的偏差值。

附表 2-3 直线度、平面度和平行度公差 mm

公差等级	公称尺寸 l(对应表面的较长边)的范围									
	>30～120	>120～400	>400～1000	>1000～2000	>2000～4000	>4000～8000	>8000～12000	>12000～16000	>16000～20000	>20000
E	±0.5	±1	±1.5	±2	±3	±4	±5	±6	±7	±8
F	±1	±1.5	±3	±4.5	±6	±8	±10	±12	±14	±16
G	±1.5	±3	±5.5	±9	±11	±16	±20	±22	±25	±25
H	±2.5	±5	±9	±14	±18	±26	±32	±36	±40	±40

参考文献

[1] 陈祝年．焊接工程师手册．北京：机械工业出版社，2012.

[2] 全国焊接标准化技术委员会．中国机械工业标准汇编：焊接与切割卷．北京：中国标准出版社，2004.

[3] 中国机械工程学会焊接学会．焊接手册：第 3 卷．北京：机械工业出版社，2008.

[4] 孙桓，陈作模，葛文杰．机械原理．第 7 版．北京：高等教育出版社，2006.

[5] 闻邦椿．机械设计手册．第 5 版．北京：机械工业出版社，2010.

[6] 杨练根．互换性与技术测量．武汉：华中科技大学出版社，2010.

[7] 王政，刘萍．焊接工装夹具及变位机械—性能、设计、选用．北京：机械工业出版社，2006.

[8] 王政，刘萍．焊接工装夹具及变位机械图册．北京：机械工业出版社，2006.

[9] 陈祝年．焊接设计简明手册．北京：机械工业出版社，1999.

[10] 陈焕明．焊接工装设计．北京：航空工业出版社，2006.

[11] 戴为志，刘景凤．建筑钢结构焊接技术——“鸟巢”焊接工程实践．北京：化学工业出版社，2008.

[12] 项峰，姚舜．窄间隙焊接的应用现状和前景．焊接技术，2001，30（5）：17-18.

[13] 陈裕川．焊接工艺方法的当代发展水平．现代焊接，2008，5：58.

[14] 丁秋玉，崔志鹏．马鞍型埋弧焊机的特点及应用 [J]．锅炉制造，2009（3）：52-54.

[15] 马鞍型埋弧自动焊机，2010.
http：//www. wtec. com. cn/admin/ewebeditor/UploadFile/2008148463914068. jpg.

[16] 核电马鞍型管座最新自动焊技术．2010.
http：//info. weldcut. hc360. com/2009/07/3213506764. shtml.

[17] 焊接夹具——机器人在汽车制造行业的应用．2012.
http：//www. bysj520. com/article/html/1424. html.

[18] 中国汽车制造行业与数字化制造（连载六）．2012.
http：//www. docin. com/p-186602828. html.

[19] 什么是焊接夹具．2012.
http：//www. bysj520. com/article/html/2095. html.

[20] 三维柔性组合焊接工装．2012.
http：//www. bysj520. com/article/html/2484. html

[21] 焊接工装夹具及其在生产中的运用．2012.
http：//liuan608. blog. 163. com/blog/static/9973618220091124511481 22/

[22] 焊接工艺装备的作用及分类．2012.
http：//wenku. baidu. com/view/121ca8ea551810a6f5248616. html.

[23] S. Y. Yan and Y. Liu：Mech. Sci. Tech. Vol. 29（2010），in press（in Chinese）.

[24] Firata M，Mater J. Proc. Tech.. 2008，196：135.

[25] Lingbeek R，Mater J. Proc. Tech.. 2005，169：115.

[26] 夹紧装置的组成及基本要求．2012.
http：//www. busnc. com/prog/gongyi/jiaju/jiajingzhuangzhi. htm.

[27] 汽车焊接工装的设计概述．2012.
http：//www. doc88. com/p-209931146086. html.

[28] 悬臂式自动焊接操作机．2012.
http：//www. sldhjjs. com/product. asp？ lt＝8.

[29] SKT12 数控回转工作台．2012.
http：//detail. china. alibaba. com/offer/716882555. html？ tracelog＝p4p

[30] 150吨水平回转工作台. 2012.
http://www.topweld.com/hywd/product.php? id=71
[31] 汽车焊接夹具设计毕业论文.2012.
http://www.doc88.com/p-67849872973.html.
[32] 汽车车门焊接工艺设计. 2012.
http://wenku.baidu.com/view/9ae2ff1910a6f524ccbf850f.html.
[33] http://www.chyxx.com/industry/201807/658552.html.
https://bai jiahao. baidu.com/s? id=1623232872802766391&wfr=spider&for=pc.
[34] http://free.chinabaogao.com/it/201804/04203313V2018.html.
[35] https://wenku.baidu.com/view/e3240465f6ec4afe04a1b0717fd5360cbb1a8d5b.html.
[36] http://www.leigle.com/news/3/14032.h.
[37] https://wenku.baidu.com/view/d4c7eeb7fd0a79563c1e7215.html.
[38] http://www.doc88.com/p-2758103353056.html.
[39] https://wenku.baidu.com/view/ad9ad81ceffdc8d376eeaeaad1f34693daef10b9.html.
[40] http://image.baidu.com/search/index? tn=baiduimage&ct=201326592&lm=-1&cl=2&ie=gb18030&word=%D2%BA%D1%B9%B8%D7%B0%B2%D7%B0%B7%BD%CA%BD&fr=ala&ala=1&alatpl=adress&pos=0&hs=2&xthttps=000000.
[41] http://www.tianliyeya.com/zhsh.asp? id=773.
[42] http://www.stepping.cn/products.asp? Action=Detail&ID=2632.
[43] http://www.chmotor.cn/sidelightdetail.php?id=38712.
[44] http://wenku.baidu.com/view/eb5ec2ab27d3240c8447efff.html)
[45] http://www.sdrulai.com/content/?155.html.
[46] http://m.elecfans.com/article/771768.html.
[47] http://m.electans.com/article/655809.html.
[48] https://wenku.baidu.com/view/395aab6a7e21af45b307a825.html.
[49] https://wenku.baidu.com/view/6f10687bff4733687e21af45b307e87101f6f815.html.
[50] https://wenku.baidu.com/view/a40267144a35eefdc8d376eeaeaad1f347931154.html? from=search.
[51] http://www.ttcad.com/news/hjjs/8608.html.
[52] http://www.qiansh.com/a/xw/271.html.
[53] http://www.goepe.com/apollo/prodetail-songxiahanji-10909512.html.